国家社科基金青年项目（14CZW027）结项成果
本书出版得到暨南大学中华文化港澳台及海外传承传播协同创新中心经费支持

蔡亚平/著

海洋文化
对明清小说的影响研究

The Influence of
Oceanic Culture
on the Novels of Ming
and Qing

社会科学文献出版社
SOCIAL SCIENCES ACADEMIC PRESS (CHINA)

目 录

绪 论 ·· 1

第一章 明代之前的海洋文化及其在小说中的体现·············· 16
    第一节 先秦时期 ·· 17
    第二节 秦汉至南北朝时期 ·· 21
    第三节 唐五代时期 ·· 30
    第四节 宋元时期 ·· 39
    小 结 ·· 49

第二章 海洋文化影响下的明清小说作品分布情况·············· 50
    第一节 明代涉海小说的分布情况与特征 ······························· 53
    第二节 清代涉海小说的分布情况与特征 ······························· 59
    小 结 ·· 80

第三章 传统海洋文化对明清小说题材的影响····················· 81
    第一节 海洋奇兽 ·· 83
    第二节 海中仙域 ·· 96
    第三节 海外异域 ·· 104
    第四节 海神信仰 ·· 115

小　结 ………………………………………………………… 131

第四章　奇幻与现实：明清小说中的海洋叙事 ………………… 132
　　第一节　明清短篇小说中的传统海洋叙事 ………………… 132
　　第二节　神话与理想国：长篇小说中的海外世界 ………… 145
　　小　结 ………………………………………………………… 158

第五章　海洋政策和制度对明清小说的影响 …………………… 159
　　第一节　明初外交政策与《三宝太监西洋记通俗演义》… 160
　　第二节　禁海、贸易、海关制度和倭寇问题对明清小说的
　　　　　　影响 ……………………………………………… 165
　　小　结 ………………………………………………………… 178

**第六章　晚清（1840～1911年）涉海小说对传统题材的继承
　　　　　与创新** ……………………………………………… 180
　　第一节　晚清涉海小说对传统题材的继承与发展 ………… 184
　　第二节　晚清涉海小说题材的创新与突破 ………………… 203
　　小　结 ………………………………………………………… 215

**第七章　海洋文化对晚清（1840～1911年）小说思想与艺术的
　　　　　影响** ………………………………………………… 217
　　第一节　海洋文化对晚清小说思想的影响 ………………… 217
　　第二节　海洋文化对晚清小说艺术的影响 ………………… 222
　　小　结 ………………………………………………………… 240

结　语 …………………………………………………………… 242

附录一 《夷坚志》中的涉海小说作品 …………………………… 246

附录二 明代涉海小说作品（1368～1644年）………………… 247

附录三 清代涉海小说作品（1644～1840年）………………… 260

附录四 晚清文人自撰涉海小说作品（1840～1911年）……… 270

附录五 "郑和下西洋"与明代小说《三宝太监西洋记通俗演义》
　　　　——文学与史学的相关研究成果综述 ………………… 276

参考文献 ……………………………………………………………… 292

绪　论

中国是一个陆地大国，也是一个海洋大国。中国东临太平洋，由北至南依次为渤海、黄海、东海和南海，有着丰富的海洋资源和曲折漫长的海岸线。中华民族也是最早认识和利用海洋资源的民族之一，经过数千年的历史沿革与传承，创造了相对于内陆文化而言更具开放性与冒险性的海洋文化。

在论述中国的海洋文化时，很多研究者都提及黑格尔在其著作《历史哲学》中的观点：尽管中国古代可能有着发达的航海技术，但本质上是农耕国家，"闭关自守，并没有分享海洋所赋予的文明"，海洋"没有影响于他们的文化"。[①] 这种看法，既缘于西方学者对中国文化了解的欠缺，也显示出中西方海洋文化观的不同。[②] 实际上，中国拥有特色鲜明的海洋文化传统，"春秋时期的'海王之国'，汉代的海水煮盐工艺，沟通东西方的'海上丝绸之路'，郑和下西洋的航海壮举，海峡两岸的妈祖文化等与海洋相关的文化遗产"等，[③] 都展示出海洋文化是中华文化的重要组成部分。

[①] 〔德〕黑格尔：《历史哲学》，王造时译，生活·读书·新知三联书店，1956，第146页。
[②] 黄伟宗先生指出，黑格尔的海洋文化观是代表和体现哥伦布探险发现新大陆，进而侵占弱国为殖民地的海洋观，是帝国主义、霸权主义利用海上交通称霸于海上的海洋文化观。而中国传统的海洋文化观，如明代郑和下西洋，反映的是和善、交流、文明而又有国威的海洋文化观。见黄伟宗《珠江文化与海洋文化》，《岭南文史》2013年第2期。
[③] 张帆：《中国海洋文化》，海洋出版社，2016，"总序"第7页。

海洋文化在中国古代神话与小说中多有体现，被称为"环伟瑰奇之最"的古籍《山海经》，其《海经》便保存了大量海洋神话资料。"海也者，能发人进取之雄心者也。陆居者以怀土之故，而种种之系累生焉。试一观海，忽觉超然万累之表，而行为思想，皆得无限自由。"① 海洋可激发人类无尽的勇气，引导人们追求自由思想，海洋文化影响下的古代小说也呈现出独特风貌。在小说创作最为繁荣的明清时期，海洋文化对小说的影响更为广泛而深入，出现很多涉海小说作品。这一文学现象在中国古代小说研究领域值得关注。海洋文化如何影响明清小说创作？其丰富内涵和海洋特色在明清小说中怎样体现？学界虽已围绕相关问题开展研究并取得一系列成果，但在不少方面仍待拓展与深入。有鉴于此，本书尝试探讨海洋文化对明清小说的影响问题。

一 研究对象的界定

在展开论述之前，首先对研究对象、相关概念进行界定。

1. "海洋文化"

海洋文化作为人类文化的重要组成部分，中外研究者对它的定义多达上百种，目前还未有一个公认的确切定义。有的学者从"文化"的角度进行延伸，认为海洋文化是人类文化的体系之一，是"人类认识、把握、开发、利用海洋，调整人与海洋的关系，在开发利用海洋的社会实践过程中形成的精神成果和物质成果的总和，具体表现为人类对海洋的认识、观念、思想、意识、心态，以及由此而产生的生活方式，包括经济结构、法规制度、衣食住行习俗和语言文学艺术等形态"。② 有的学者指出，顾名思义，海洋文化"一是海洋，二是文化，

---

① （清）梁启超：《地理与文明之关系》，载《饮冰室合集》第4册，中华书局，2015，第966页。

② 曲金良：《发展海洋事业与加强海洋文化研究》，《青岛海洋大学学报》（社会科学版）1997年第2期。

三是海洋与文化结合……凡是滨海的地域，海陆相交，长期生活在这里的劳动人民、知识分子，一代又一代通过生产实践、科学实验和内外往来，利用海洋创造了社会物质财富，同时也创造了与海洋密切相关的精神文明、文化艺术、科学技术，并逐步综合形成了独特的海洋文化"。[①] 有的学者从地域文化的角度定义海洋文化，强调"海洋文化，其实也是地域文化，主要指中国东南沿海一带的别具特色的文化"。[②] 有的学者将其定义为"人类社会历史实践过程中受海洋的影响所创造的物质财富与精神财富的总和"。[③]

可以看出，诸学者对海洋文化的定义虽有多种，但都点明了它们的共性：一是与海洋相关，即海洋文化是与海洋相关的文化；二是强调人们尤其是滨海居民与海洋的互动："海洋文化的本质，就是人类与海洋的互动关系及其产物。"[④] 因此，参照学界相关研究成果，本书所论"海洋文化"指人类缘于海洋而形成的生产、生活方式以及在此基础上产生的物质成果与精神成果。具体而言分为三个层次：第一个层次是海洋环境；第二个层次是滨海居民的生活方式以及由此衍生的各种风俗信仰；第三个层次是官方制定的相关海洋政策和制度及其影响。

2. "涉海小说"

本书在论述时将使用"涉海小说"这一词语，除非有特别说明，均指涉及（和包含）海洋文化因素的小说。

3. 时间界定

本书研究海洋文化对明清小说的影响，时间范围自1368年明朝建立起至1911年辛亥革命止。

[①] 林彦举：《开拓海洋文化研究的思考》，载《岭峤春秋——海洋文化论集》，广东人民出版社，1997，第45页。
[②] 李天平：《海洋文化的当代现象思考》，载《岭峤春秋——海洋文化论集》，广东人民出版社，1997，第39页。
[③] 徐杰舜：《海洋文化理论构架简论》，《江西社会科学》1997年第4期。
[④] 曲金良主编《海洋文化概论》，青岛海洋大学出版社，1999，第8页。

4. 文体界定

由于小说文体发展的独特性，本书所论小说包括早期神话传说和寓言故事、志怪小说、笔记小说、传奇小说、话本小说和长篇章回小说等。

二 选题价值与相关研究现状

1. 选题价值

第一，中国文明的主体是在农耕背景下形成的，相对而言，海洋文化体系的建构长期以来未得到足够重视。改革开放后中国逐步走向世界，我国海权意识觉醒，逐渐重视海洋文化研究。对明清小说中海洋文化的研究符合这一趋势，可为中国海洋文化体系的构建提供新的支持和视角。

第二，中国海洋文化内涵丰富，包括神话传承、民间信仰、航海活动、贸易交流、海洋政策与制度等等，与明清小说的创作与传播有着密切联系；海洋文化对明清小说的具体影响与明代之前不尽相同，相关作品在题材类型、叙事内容与风格、叙事模式等方面呈现出较为鲜明的时代印记。本书的研究在一定程度上可丰富中国小说史及文学史的相关内容。

2. 相关研究现状

本书的研究主要涉及"海洋文化"和"明清小说"，因此将从以下几方面对已有成果进行回顾。

第一，关于中国海洋文化的研究。

考古学家指出，人类在旧石器时代已在海洋上活动。[1] 出土于北京周口店山顶洞的贝壳以及鱼类化石，证明了中国的海洋文化在旧石器时代已经开始。到了新石器时代，贝丘遗址分布更为广泛，航海活

---

[1] 赵荦：《国外贝丘遗址研究略论》，《东南文化》2016 年第 4 期。

动也始于这一时期。① 可见，中国的海洋文化从上古时期延续至今，是客观的历史存在。但它作为文化学研究中的独立学术领域，长期以来并未得到足够重视。改革开放之后，中外交流日益密切，国家逐渐重视对海洋文化的研究。

将"海洋文化"作为学术和学科意义上的概念进行考察与研究，始于20世纪90年代。宋正海的《东方蓝色文化：中国海洋文化传统》（广东教育出版社，1995）为中国海洋文化的研究拉开帷幕。此书资料翔实，阐述了中国海洋物质文明、海洋科学、海洋航行、海洋政策、海洋神话和海洋艺术诸方面的发展，其结论为：西方海洋文化是海洋商业文化，中国海洋文化是海洋农业文化，两者均为世界海洋文化的基本模式。这一看法"有力地摧毁了中国文化保守论的重要基础——内陆文化论"，② 具有重要的学术价值和时代意义。1997年，广东炎黄文化研究会在举办海洋文化学术会议的基础上主编了《岭峤春秋——海洋文化论集》（广东人民出版社，1997），并于1999年、2002年、2003年分别基于学术会议主编《岭峤春秋——海洋文化论集》（二）（三）（四）（广东人民出版社，1999；中山大学出版社，2002；海洋出版社，2003），共收录与海洋文化相关的论文近200篇，围绕海洋文化的概念界定、对建立海洋文化学的思索与建议、对海洋文化内涵及特质的梳理与探讨、对黑格尔关于中国海洋文化见解的反思、对古籍中反映出的海洋文化的研究以及岭南地区海洋文化的区域研究等论题进行探讨。在这一时期，曲金良主编《中国海洋文化研究》（系列辑刊）（文化艺术出版社于1999年，海洋出版社于2000年、2002年、2005年、2008年出版），李明春著《海洋龙脉》（海洋出版社，2007），对中国海洋文化进行经济、政治、军事、艺术等层面的研究。这些成果

---

① 邓聪：《海洋文化起源浅释》，《广西民族学院学报》（哲学社会科学版）1995年第4期。
② 郁龙余：《评〈东方蓝色文化〉》，《广西民族学院学报》（哲学社会科学版）1997年第2期。

在多个方面促进了学界对"海洋文化"的关注与探讨。

进入 21 世纪以来,更多关于海洋文化的研究和理论构建的著述问世。针对当今世界的海洋发展形势和中国的海洋强国战略,曲金良等著《中国海洋文化基础理论研究》(海洋出版社,2014),对中国海洋文化的基础理论系统进行构建,辨析了中国海洋文化的概念、内涵及其意义等问题,并分析中国海洋文化的精神文化、物质文化、制度文化、社会文化、审美文化等具体形态。另有曲金良主编《中国海洋文化史长编》"先秦秦汉卷""魏晋南北朝隋唐卷""宋元卷""明清卷""近代卷"(中国海洋大学出版社,2012),凡 5 卷,300万字,以"集成"的体例汇总、编选了学界有关中国海洋历史文化的主要研究成果,对中国海洋文化的发展史和海外影响、中外文化的海路传播等问题,进行了系统的钩稽与阐述。

2016 年,海洋出版社推出"中国海洋文化"丛书。丛书属于横向的区域性研究,具体分册为"辽宁卷""河北卷""天津卷""山东卷""江苏卷""上海卷""浙江卷""福建卷""台湾卷""广东卷""澳门卷""香港卷""广西卷""海南卷",揭示了不同区域的文化独特性,并重视区域间的比较性研究。从区域研究的角度探讨海洋文化的学术成果还有:司徒尚纪《中国南海海洋文化》(中山大学出版社,2009)、陈自强《明清时期闽南海洋文化概论》(鹭江出版社,2012)、徐晓望《论福建海洋文化与中外文化交流》(《中共福建省委党校学报》2016 年第 3 期)、曲金良《山东海洋文化在中国海洋文化史上的地位》(《山东省社会主义学院学报》2018 年第 4 期)、周琳琳《论海南海洋文化的民俗表征及基本特征》(《文化学刊》2018 年第 4 期)等。

这些研究成果,尤其是学术专著以及系列丛书,在海洋文化的理论建构和研究方面取得的新成就,为中国海洋文化的后续研究及相关研究奠定了基础,提供了史学资料、理论观念和研究方法等多方面的支持与参考。

第二，关于中国古代海洋文学的研究。

在中国海洋文化研究逐渐兴起的同时，学界开始关注海洋文化与文学的关系，考察前者对后者的影响，相关研究成果也大约自20世纪90代初陆续涌现。

从宏观角度探讨中国古代海洋文学的研究成果有阮忆、梅新林《"海洋母题"与中国文学》[《浙江师范大学学报》（社会科学版）1989年第2期]，此文较早地将海洋与文学结合起来进行考察，① 文章通过中西方海洋文学发展的对比，勾勒并分析了中国海洋文学在上古时期、明中叶、1848年以来的发展轨迹及其原因。此外，王凌、黄平生《中国古代海洋文学初探》（《福建论坛》1992年第3期）和柳和勇《中国海洋文学历史发展简论》[《浙江海洋学院学报》（人文科学版）2010年第2期]这两篇论文，依时序宏观勾勒了中国古代海洋文学的发展状况。王庆云《中国古代海洋文学历史发展的轨迹》[《青岛海洋大学学报》（社会科学版）1999年第4期]则主要关注唐宋之前的海洋文学，对其特点及其产生原因进行探讨。张如安、钱张帆《中国古代海洋文学导论》（《宁波服装职业学院学报》2002年第2期）对中国古代海洋文学作了概念上的界定与题材上的分类，并将中国古代海洋文学的艺术特点概括为神秘性、变幻性、幻想性、哲理性、象征性、抒情性等。王立《东亚海中大蛇怪兽传说的主题学审视》（《唐都学刊》2003年第1期）指出，东亚沿海有关海中大蛇怪兽的传说与佛经故事的传播密切相关，并进而产生佛经母题由东亚地区向周边扩散的重要文化现象。这些成果从宏观角度探讨了古代的海洋文学，各有创见，也启发了以后的相关研究。

2008年，宁波大学与浙江海洋学院等单位联合举办了"海洋文学

---

① 中国第一本海洋文学论著是台湾学者杨鸿烈所著《海洋文学》（新世纪出版社，1953）。

国际学术研讨会",并出版《海洋文学研究文集》(段汉武、范谊主编,海洋出版社,2009),其中包括31篇会议论文,论文主题主要涵盖四大方面:世界海洋文学的历史及现状、中国海洋文学的历史及现状、海洋文学与生态文明、海洋文学与人类核心价值体系。这是国内海洋文学研究领域的第一本学术论文集。另外,宋文娟《中国海洋文学研究概貌与趋向》(《语文学刊》2012年第22期)扼要界定了海洋文学的定义,进而对国内海洋文学研究的趋向进行了分析。

着重对具体作品进行关注的学术成果主要有以下几种。柳和勇主编"中国海洋文化资料和研究丛书",包括三种将"海洋"因素与不同文体相融合的文学作品选,即《中国古代海洋诗歌选》、《中国古代海洋散文选》和《中国古代海洋小说选》(海洋出版社,2006)。赵君尧《天问·惊世:中国古代海洋文学》(海洋出版社,2009)使用"海洋文学"的概念,对中国自先秦至近代的海洋文学发展史进行回顾,依据文学作品的特征将其分为天问、觉醒、狂飙、超迈、惊世等五个阶段,内容涵盖神话、诗、词、文等多种文体,其论述以诗歌为主。曲金良主编的五卷本《中国海洋文化史长编》(中国海洋大学出版社,2012)中,也使用了"海洋文学"这一概念,例如其"明清卷"第十一章题目为"明清时期的海洋文学艺术",所涉文体包括海洋小说、涉海笔记与诗文等,小说部分重点探讨了明代章回小说《三宝太监西洋记通俗演义》和清代文言小说《罗刹海市》,并论及《杨八老越国奇逢》《转运汉遇巧洞庭红 波斯胡指破鼍龙壳》等明代话本小说等。倪浓水《中国海洋文学十六讲》(海洋出版社,2017)包括对中国海洋文学特点、起源和类型的介绍以及对经典文本的赏析,内容涵盖小说、诗歌和散文等文体。滕新贤《沧海钩沉:中国古代海洋文学研究》(生活·读书·新知三联书店,2018)对先秦至清代的中国古代海洋文学进行铺陈和评述,探讨了神话、汉赋、诗歌、散文、杂剧乃至小说等文学门类在海洋文学方面的贡献,是一部较为全面的

"中国古代海洋文学通史性作品"①。

此外，还有研究者从文学史分期、地域研究、中外文学比较等角度切入，对中国古代海洋文学进行关注和探讨。王昊《从想象到趋实——中国域外题材小说研究》（人民出版社，2010）分上、下两编，对中国古代和近代的域外题材小说进行探讨，认为这类小说从古代到近代的风格由虚构趋向写实，其根本原因来自中外交流的内容和双方地位的突变。此书结构合理，其研究对象与海洋小说中的海外异域类题材有较多关联。赵君尧《先秦海洋文学时代特征探微》（《职大学报》2008年第2期）、《汉魏六朝海洋文学刍议》（《职大学报》2006年第3期）、《论隋唐海洋文学》（《广东海洋大学学报》2009年第5期）、《郑和下西洋与明代海洋文学刍论》（《职大学报》2008年第3期）、《谈岭南唐代海洋文学》（《职大学报》2011年第1期）等系列论文，探讨了各个历史时期的海洋文学，可以看出，研究者对这一论题进行了持续关注。孙勤《明清时期中国与英美海洋文学作品的比较研究》（《教育教学论坛》2015年第3期）、张磊《明清时期中国与英美海洋文学作品对比研究》[《淮海工学院学报》（人文社会科学版）2018年第3期]，对明清时期中国与英美海洋文学作品的各个发展阶段进行梳理，并分析其内容、形式与思想，以考察两者在文化核心、体裁、思想特质方面的差异，等等。

此类研究中有些观点较为特别，例如李清源指出，中国古代的海洋书写无一例外都是大陆意志的产物，人们的海洋经验"仅仅局限在东南沿海一隅，而不可能对决定了帝国政教秩序与社会叙事的大陆农耕生活区造成广泛影响"，因此"中国古代并没有真正意义上的海洋文学"。② 这一结论与学界主流看法相异，但研究者对中国"海洋文

---

① 叶舟：《星辰与远方，融在海洋文学之中》，《解放日报》2020年6月15日。
② 李清源：《大陆命题下的海洋书写——中国古代"海洋文学"刍议（上）》，《南腔北调》2020年第9期。

学"概念的反思值得关注和肯定。

第三，关于海洋文化与中国古代小说关系的研究。

关于海洋文化与古代小说关系的研究成果，主要包括以下几方面。

一是对相关小说作品的整理与出版。与此论题相关的小说作品整理，迄今只有前文提到的由倪浓水选编的《中国古代海洋小说选》（海洋出版社，2006），采用"海洋小说"的概念，对上古至晚清的一些相关神话、小说加以收录和扼要介绍，其中明清小说有30余篇。此外，在其著作《中国古代海洋小说与文化》（海洋出版社，2012）中，书后又附录了先秦至清代共65篇海洋笔记小说的辑释。

二是对海洋文化与古代小说的关系进行宏观勾勒。与此相关的两部著作是王青《海洋文化影响下的中国神话与小说》（昆仑出版社，2011）和倪浓水《中国古代海洋小说与文化》（海洋出版社，2012），这两部著作给本书的研究带来很多启发。《海洋文化影响下的中国神话与小说》将中国神话与小说置于海洋文化的背景下进行考察，围绕海洋环境、航海活动和宗教信仰三个方面讨论海洋文化对中国神话与小说的影响，并将海洋文化中的宗教信仰对文学的影响作为考察重点。全书结构合理、有序，资料翔实，论证严谨。《中国古代海洋小说与文化》将研究者的15篇论文集结成书，主要探讨中国古代"海洋小说"的发展轨迹及审美模式等问题，例如对《山海经》的叙事模式、古代海洋小说的发展轨迹及审美模式的分析与归纳，对晚清时期王韬所作海洋小说的历史品质的探讨等等，研究视野开阔，思路清晰。

此外，李松岳《中国古代海洋小说史论稿》（中国社会科学出版社，2019）也关注了海洋文化与古代小说的关系，首先对"海洋小说"的概念进行界定，然后在此基础上按历史发展顺序依次梳理并扼要分析了由先秦至清代的相关小说作品。还有些论文关注了这一论题，主要集中于《山海经》及其母题、模式的研究或明清两代小说的整体研究，诸如倪浓水《中国古代海洋小说的逻辑起点和原型意义——对

〈山海经〉海洋叙事的综合考察》[《中国海洋大学学报》（社会科学版）2009 年第 1 期]、史玉凤和赵新生《〈山海经〉的海洋小说"母题原型"及其海洋文化特质》[《淮海工学院学报》（社会科学版）2010 年第 1 期]、唐琰《明清小说视野中的海洋发展》(《明清小说研究》2008 年第 3 期)、陈美霞《论明代神魔小说中海洋情结的叙事特征》(《内江师范学院学报》2010 年第 3 期)，等等。另外，有数篇硕士学位论文与之相关。①

三是对相关作家与作品开展个案研究。对单篇小说的研究主要围绕《西游记》《三宝太监西洋记通俗演义》《镜花缘》等作品进行。其中，李剑国、占骁勇《镜花缘丛谈》(南开大学出版社，2004) 第二部分"海外篇"、附录"《镜花缘》海外考"中，对《镜花缘》同《山海经》之间的关系做出翔实考论。关注单篇小说的研究成果还有，张祝平《〈西游记〉的海洋情结》[《南通师范学院学报》（哲学社会科学版）2004 年第 1 期]、吴璇《从〈西游记〉看中华民族的海洋情结》(《广州航海高等专科学校学报》2007 年第 2 期)、倪浓水《王韬涉海小说的叙事特征》(《蒲松龄研究》2009 年第 1 期)、王青《从内陆传奇到海洋神话——西游故事的海洋化历程》(《明清小说研究》2009 年第 1 期)、段春旭《〈镜花缘〉中的海洋文化思想》(《学理论》2010 年第 2 期)、邹振环《〈西洋记〉的刊刻与明清海防危机中的"郑和记忆"》[《安徽大学学报》（哲学社会科学版）2011 年第 3 期]、

---

① 据笔者检索，有 9 篇硕士学位论文涉及这一论题。1. 郭杨：《乾隆嘉庆时期涉海小说研究》，湖南师范大学，2006。2. 李宁宁：《明清海洋小说叙事特色研究》，中国海洋大学，2010。3. 范涛：《海洋文化与明代涉海小说的关系研究》，暨南大学，2011。4. 陈敏：《明清小说中的出海叙述及其文化内涵》，浙江师范大学，2013。5. 罗丝：《唐五代涉海小说研究》，湖南师范大学，2014。6. 徐玉玲：《宋元涉海小说研究》，湖南师范大学，2014。7. 靖丹：《明清航海小说及其传播价值研究》，沈阳师范大学，2014。8. 庄黄倩：《清代涉海小说研究》，暨南大学，2015。9. 程雁群：《明代涉海小说研究》，广西师范大学，2019。

倪浓水《〈太平广记〉：古代海洋人文思想的集大成者》[《浙江海洋学院学报》（人文科学版）2017年第3期]、蒋正一《浅析〈镜花缘〉中海洋文化的体现》（《戏剧之家》2019年第21期）等。此外，有1篇硕士学位论文与之相关。①

第四，前人关于海洋文化与文学的研究在多方面取得突出成就，但也存在可进一步深入之处。

首先，论者虽注意到文学与海洋文化之间的联系，但不少探讨属于宏观勾勒；对海洋文化在小说文本中的具体映射，如民俗、信仰、海上贸易等相关文献的发掘和整理也不够系统。

其次，已有研究对中国历代包含海洋文化因素的小说作品做了必要的文献统计工作，为相关研究打下基础。但总体来看，文献的整理与统计方面还存在疏漏。

最后，可进一步从海洋文化视角对明清小说开展更加全面、深入的研究。《海洋文化影响下的中国神话与小说》与《中国古代海洋小说与文化》两部著作，在海洋文化与古代小说的关系研究方面做出可贵贡献，但由于时间跨度大，一些问题尚未涉及或扼要带过，仍有较大拓展空间，特别是海洋文化对明清小说的影响等方面，值得更深入地探讨。

三　研究框架和研究方法

1. 研究框架

绪论对本书涉及的重要概念，如"海洋文化"等进行界定；评述前人对海洋文化、海洋文学、海洋文化与小说的关系等方面的研究，归纳其成就以及存在的不足；介绍本书选题价值、研究思路、研究方

---

① 据笔者检索，有1篇硕士学位论文为个案研究。马方琴：《从〈镜花缘〉透视清代海洋书写》，重庆师范大学，2014。

法与具体框架。

第一章探讨明代之前的海洋文化及其在小说中的体现。本章分析中国古代海洋观的形成与特点，分先秦、秦汉至南北朝、唐五代和宋元时期四个阶段，梳理并阐释明代之前的海洋文化及其在小说中的渗透与映射；考察以上不同历史时期的海洋文化对小说的影响情况，对《山海经》《神异经》《海内十洲记》《博物志》《拾遗记》《搜神记》《酉阳杂俎》《夷坚志》等作品进行重点分析。

第二章探讨海洋文化影响下的明清小说作品分布情况。本章将文献整理与理论研究相结合，整理并探讨明代涉海小说作品的分布情况及其特征；整理清代涉海作品的分布情况，分清代前期（康熙、雍正两朝）和清代中期（乾隆朝至道光二十年鸦片战争之前）两个时期，探讨其特征和演变过程。

第三章探讨传统海洋文化对明清小说题材的影响。无论航海技术如何发展，人们对海洋的认知程度如何循序渐进，人们面对浩瀚海洋时都会产生相似的直观感受。在海洋文化的影响之下，历代小说有了题材、风格与叙事模式上的传承性。本章分海洋奇兽、海中仙域、海外异域和海神信仰等四种题材类型，考察传统海洋文化对明清小说题材的影响。

第四章探讨明清小说中的海洋叙事。与西方海洋叙事中的现实性、冒险性、重视真实性等特点相比，中国海洋叙事中的现实因素常与巧合、奇异和写意等概念相融会，带有浓厚的奇幻色彩，这种叙事风格在《山海经》等上古神话中已肇其端，也为后世的海洋叙事定下奇幻基调。明清小说中的海洋叙事，无论主题为何，无论风格偏向神幻还是写实，其艺术表现都常带有海洋所赋予的超然、宏阔、冒险精神等。本章分两部分探讨明清小说中的海洋叙事特征。

第五章探讨海洋政策和制度对明清小说的影响。海洋文化对古代小说的影响，既有其共性特征，也有与其所处时代相对应的历时性特征。明清小说除受到传统海洋文化与海洋叙事的影响之外，也受到当时的海洋政策所带来的广泛影响。本章考察明清时期与海洋环境、临海生产生活方式密切相关的外交、贸易、海关和海禁、迁海（界）等政策，以及由此衍生的倭乱、海盗、海关官员腐败等社会现象对明清小说的影响。

第六章探讨海洋文化对晚清（1840～1911年）小说题材的影响。晚清是一个激烈动荡的时代。与之前相比，海洋文化对晚清小说的影响不仅体现于作品数量的增加，而且在小说题材、思想性、艺术性等多方面，均产生显著变化。本章从海洋景色、海洋生物和人类的海洋活动、航海工具、海洋建筑，以及海战、海外贸易等与海洋相关的题材方面考察海洋文化对晚清小说题材的影响。

第七章探讨海洋文化对晚清小说思想和艺术等方面的影响。晚清小说家有感于晚清中国遭受的海外列强的欺凌与蹂躏，在民族危亡之际，将目光投向海洋，言此而喻彼，小说中体现出强烈的忧国忧民思想。海洋文化对晚清小说艺术的影响，体现于小说的命名与寓意、符合海洋文化和时代心理特征的时空设置、海岛（异域）奇遇式情节模式的晚清书写、由想象和虚幻到注重写实的叙事笔法等方面。

2. 研究思路与研究方法

（1）研究思路

遵循文本阅读、史料梳理与理论分析相结合的研究思路，力争对相关材料进行全面、细致的搜集、统计，并在资料整理与辨析的基础上开展理论研究。

（2）研究方法

尝试从文化学的视角对中国古代文学进行观照，分析海洋文化对明清小说的影响。并以文献的钩稽、整理为研究基础，在搜集并细读相关小说文本和史料的基础上开展理论研究，力争在研究的角度、文献材料的整理和运用等方面做到准确、系统与客观。

第一，材料整理与理论研究相结合。对正史、文集及历史档案中的相关资料进行全面梳理，并搜集沿海府、州、县志中的相关文献，结合小说文本进行理论研究，力图在文献资料的整理与运用上有所突破。

第二，比较研究的方法。对海洋文化影响下的不同体裁与题材的小说作品进行比较；对相关小说作品与相似题材的诗赋等进行比较，通过比较阐述海洋文化对明清小说的具体影响。

第三，计量统计的方法。通过对相关文献的统计与分析，列出图表，阐明观点。

第四，整体考察与个案研究相结合的方法。既关注海洋文化对明清小说作品的整体影响，也从个案研究的视角关注海洋文化对《镜花缘》《聊斋志异》《谐铎》《海国春秋》《蜃楼志》等小说影响的共性与差异性。

第一章　明代之前的海洋文化及其在小说中的体现

海洋浩瀚深邃，万川之水时刻都在奔泻入海。《尚书·禹贡》云："江、汉朝宗于海。"① 但海洋并未因此溢出。古人想象大海应有无底之谷，注水不满，名为"归墟"或"尾闾"。《列子·汤问》云："渤海之东不知几亿万里，有大壑焉，实惟无底之谷，其下无底，名曰归墟。八纮九野之水，天汉之流，莫不注之，而无增无减焉。"② 《庄子·秋水》云："天下之水，莫大于海，万川归之，不知何时止而不盈；尾闾泄之，不知何时已而不虚；春秋不变，水旱不知。此其过江河之流，不可为量数。"③ 海洋怀珍藏宝，同时又神秘、危险，人们对它产生膜拜之情，"三王之祭川也，皆先河而后海"。④ 这些关于大海的想象和礼赞，反映出古人对海洋的认识充满朦胧感与敬畏感，历代海神信仰与这种情感密切相关。

大海的广袤无垠与风波叵测，自古以来并无本质的不同，但源于海洋而形成的文化，以及海洋文化对小说的影响，在各个时期有着历时性特征。数千年来，在与海洋的互动历史中，随着航海技术的提升，

---

① 周秉钧：《尚书易解》，岳麓书社，1984，第57页。
② 杨伯峻：《列子集释》，中华书局，2012，第144页。
③ （清）郭庆藩辑《庄子集释》，中华书局，1961，第563页。
④ （元）陈澔注，金晓东校点《礼记》，上海古籍出版社，2016，第423页。

人们对海洋的认知可谓循序渐进。从先秦神话和魏晋南北朝充满神秘色彩的海洋传闻，到唐宋元时期包含真正出海者海洋奇遇的小说作品，海洋叙事由纯粹的想象过渡到在奇异中反映和讽喻现实、寄托作者理想，呈现出真幻交织的特征。

第一节　先秦时期

海洋在中国古代文人心目中神秘、神圣而充满距离感，它的浩淼常令人将其视为世外之境。孔子云："道不行，乘桴浮于海。"[①] 他将海洋看作远离尘嚣的归宿，认为海洋可使其精神得到庇护。而在更久远的时候，神话传说中已有关于海洋的描述："东海之渚中，有神，人面鸟身。"（《山海经·大荒东经》）中国的神话传说散见于先秦至汉初的一些古籍，诸如《山海经》《尚书》《楚辞》《列子》《庄子》《淮南子》等，其中尤以《山海经》保存的神话最多，也最接近原始状态。鲁迅指出，神话是包括文学与宗教在内的艺术和意识形态的起源，是先民对人力所不能控的天地万物之象的解释，充满想象与虚构，蕴含着原始的宗教色彩，传说则是更具现实意味的神话。[②] 先秦时期有不少神话传说与海洋相关，例如《山海经》的《海经》中即包含大量与海洋相关的描述。

《山海经》大约出自早期巫觋的收集整理与改编，乃"古之巫书"[③]。其体例结构为"山—海内—海外—大荒"，以海内外山川地理为经纬，多记殊方异人、珍禽奇兽以及神灵与祭祀。清代《四库全书总目》谓其为"小说之最古者"，[④] 将之归入小说家类。学界对《山海

---

① 杨伯峻译注《论语译注》，中华书局，2009，第 42 页。
② 鲁迅：《中国小说史略》，上海古籍出版社，1998，第 6~7 页。
③ 鲁迅：《中国小说史略》，上海古籍出版社，1998，第 8 页。
④ （清）永瑢等编撰《四库全书总目》（下册），中华书局，1965，第 1205 页。

经》的研究已相当深入，本书重点关注海洋文化在其中的渗透。《山海经》有《海①经》十三篇，包括《海内经》《海外经》《大荒经》。其中有关于日月和海洋的神话：

> 汤谷上有扶桑，十日所浴，在黑齿北，居水中，有大木，九日居下枝，一日居上枝。(《海外东经》)②

> 东海之外，大荒之中，有山名曰大言，日月所出。(《大荒东经》)③

> 大荒之中，有山名曰孽摇𩳁羝，上有扶木，柱三百里，其叶如芥。有谷曰温源谷。汤谷上有扶木。一日方至，一日方出，皆载于乌。(《大荒东经》)④

关于四海神的神话：

> 东海之渚中，有神，人面鸟身，珥两黄蛇，践两黄蛇，名曰禺䝞。黄帝生禺䝞，禺䝞生禺京，禺京处北海，禺䝞处东海，是惟海神。(《大荒东经》)⑤

> 南海渚中，有神，人面，珥两青蛇，践两赤蛇，曰不廷胡余。(《大荒东经》)⑥

> 西海渚中，有神，人面鸟身，珥两青蛇，践两赤蛇，名曰弇

---

① 此处的"海"并非确指海洋，而是包括海在内的不属于华夏的"边缘"之地。
② 袁珂校注《山海经校注》（最终修订版），北京联合出版公司，2014，第231页。
③ 袁珂校注《山海经校注》（最终修订版），北京联合出版公司，2014，第291页。
④ 袁珂校注《山海经校注》（最终修订版），北京联合出版公司，2014，第302页。
⑤ 袁珂校注《山海经校注》（最终修订版），北京联合出版公司，2014，第298~299页。
⑥ 袁珂校注《山海经校注》（最终修订版），北京联合出版公司，2014，第315页。

兹。(《大荒西经》)①

关于海洋奇兽的描述:

> 东海中有流波山,入海七千里。其上有兽,状如牛,苍身而无角,一足,出入水则必风雨,其光如日月,其声如雷,其名曰夔。黄帝得之,以其皮为鼓,橛以雷兽之骨,声闻百里,以威天下。(《大荒东经》)②

关于海外仙域、异域的传说:

> 列姑射在海河州中。
> 姑射国在海中,属列姑射,西南,山环之。
> 大蟹在海中。
> 陵鱼人面,手足,鱼身,在海中。
> 大鯾居海中。
> 明组邑居海中。
> 蓬莱山在海中。
> 大人之市在海中。(《海内北经》)③

这些神话刻画出海洋的神秘、神圣。在《山海经》所构建的世界中,海洋为日升月落之处,四海神和各类神祇居住于其中,海洋中有种种奇兽,海外有不同于中华之地的仙域、异域。此外,《山海经》保存的鲧禹治水、精卫填海、西王母传说等与海洋相关的神话,在后世流传甚广。

《山海经》的内容与巫觋文化联系紧密,具有原始宗教色彩,其

---

① 袁珂校注《山海经校注》(最终修订版),北京联合出版公司,2014,第339页。
② 袁珂校注《山海经校注》(最终修订版),北京联合出版公司,2014,第307~308页。
③ 袁珂校注《山海经校注》(最终修订版),北京联合出版公司,2014,第279~281页。

中对于各类神灵及其谱系的描摹对后世有着重要影响。例如，海河州的列姑射山在《列子》和《庄子》中亦有描述，且比《山海经》中的记载更为详细和浪漫。尤其对神仙的刻画非常生动，海上神人如少女般美好，"肌肤若冰雪"，[①] 圣洁而超然，"吸风饮露，不食五谷"，[②] 拥有永葆青春的生命力。可以看出，远古神话在流传过程中更加完备，人们"于所叙说之神、之事，又从而信仰敬畏之，于是歌颂其威灵，致美于坛庙，久而愈进，文物遂繁"。[③] 除了神话传说，先秦散文中也有不少以海洋为故事背景或题材的寓言故事，较之神话的奇幻，这类故事多采用借喻手法，具备针对现实的讽喻性特征，如：

> 海上之人有好沤鸟者，每旦之海上，从沤鸟游，沤鸟之至者百住而不止。其父曰："吾闻沤鸟皆从汝游，汝取来，吾玩之。"明日之海上，沤鸟舞而不下也。[④]

> 北冥有鱼，其名为鲲。鲲之大，不知其几千里也。化而为鸟，其名为鹏。鹏之背，不知其几千里也；怒而飞，其翼若垂天之云。是鸟也，海运则将徙于南冥。南冥者，天池也。[⑤]

赋予海洋生物以辩证意义，是先秦散文中较为常见的做法。上述两则寓言，故事第一层含义是关于海鸟、鲲鹏的叙述，更深层的含义则或为针对现实的讽喻，或为表达与万物浑然一体的理想境界，实已与海洋生物无涉。神话和寓言中所描述的四海神、奇兽夔、人鱼、列姑射仙人、鲲鹏等等，充满奇异感、神秘感和神圣感，这是濒海先民对海洋的朦胧感受，是后世海神信仰的重要起源，也是海洋文化在早

[①] （清）郭庆藩辑《庄子集释》，中华书局，1961，第 28 页。
[②] 杨伯峻：《列子集释》，中华书局，2012，第 41 页。
[③] 鲁迅：《中国小说史略》，上海古籍出版社，1998，第 6 页。
[④] 杨伯峻：《列子集释》，中华书局，2012，第 64 页。
[⑤] （清）郭庆藩辑《庄子集释》，中华书局，1961，第 2 页。

期文学作品中的映射。

要言之,先秦时期的神话传说和寓言故事与海洋的联系几乎都体现在想象性的描述之中。海洋文化对小说的影响主要有三个方面。

其一,"巫书"《山海经》构建出一个弥漫着原始宗教色彩、虚幻的海外世界。它所确立的"山—海内—海外—大荒"的海洋地理观,与"四海说"一起影响了后世的海洋叙事。[①]

其二,在海洋文化和早期巫觋文化的影响下,先民对海洋的敬畏和距离感令神话传说中的海洋具有非现实性特征。围绕海洋展开的描述呈现出独特面貌,海洋被形容为神仙之境,其中居住着包括海神在内的各类神祇。

其三,神话与寓言中的四海神、海中仙域、海外异域、海洋奇兽等内容具有鲜明的海洋叙事原型意义。它们作为传统海洋文化的一部分,经过后世小说家的改编而融入历代小说创作之中。

第二节　秦汉至南北朝时期

除去充满神话思维的想象,人们同海洋产生更深刻的关系需依靠航海技术。造船与航海技术促进了人们与海洋空间的联系,也影响着人们的物质与精神生活。中国很早就发明了船舶,临海先民依海而生,制造出渔网和独木舟、竹筏等渔猎工具,"黄帝尧舜垂衣裳……刳木

[①] "四海说"认为,以华夏为中心,向东西南北四方延伸至极远之境都是大海。四海亦指四方荒芜蛮夷之地。《尚书·禹贡》云:"东渐于海,西被于流沙,朔南暨,声教讫于四海。"《论语·颜渊》云:"四海之内皆兄弟也。"战国时期还有齐人邹衍提出的"大九州说",即将世界分为八十一州,中国(名曰赤县神州)仅为其中一州,每九州构成一片大的陆地,外有稗海环绕,称为"九州岛",九个"九州岛"又有大瀛海环其外,即"神州—九州岛—稗海—大九州—大瀛海"的海洋地理观。"大九州说"冲击了以华夏为中心的观点,追随者寥寥,司马迁认为其语"闳大不经",桓宽、王充讥其"迂怪虚妄"。见《史记》卷七十四《孟子荀卿列传》,中华书局,1959,第2344页。

为舟，剡木为楫"（《易》系辞），"师蜘蛛而结网"（《抱朴子》内篇），"竹林在焉，大可为舟"（《山海经·大荒北经》），等等。春秋时期中国的造船技术已达较高水平，吴王兴师伐越时，战船即有大翼、小翼、突冒、楼船、桥船等多种类型。从《伍子胥水战兵法内经》中的描述可见水战之具："大翼一艘，广一丈五尺二寸，长十丈，容战士二十六人，棹五十人，舳舻三人，操长钩矛斧者四，吏仆射长各一人，凡九十一人。当用长钩矛长斧各四，弩各三十二，矢三千三百，甲兜鍪各三十二。中翼一艘，广一丈三尺五寸，长九丈六尺。小翼一艘，广一丈二尺，长九丈。"①

秦朝之前，中国的航海活动具有被动性和偶然性，大致仍处于原始航海阶段。在秦汉时期，道家思想广泛传播，神仙之说盛行，航海活动也随之具有明显的目的性，一类是方士出海寻仙，一类是商贾进行海外贸易。秦始皇曾两次派徐福泛海东渡寻仙以觅不死之药，汉武帝也为寻仙"遣方士入海求蓬莱安期生之属"。② 在这一时期，方士们多活动于东方海域，南海和印度洋海区则成为中外贸易通道，著名的海上丝绸之路便形成于汉初。汉代时番禺（今广州）、徐闻、合浦、日南等地是重要的海港和对外贸易都市，其中"番禺，亦一都会也。珠玑、犀、玳瑁、果、布之凑"。③ 这些在番禺集散的商品，除了来自岭南当地，还有一些来自域外，可见沿海交通之活跃。海上活动在魏晋南北朝时更是进入新的阶段，尤其东吴、刘宋和萧梁等朝，海上交通相当发达。

有关海洋的知识也发展到一定水平。《史记》中明确记载了"海市蜃楼"现象和季风的概念，《汉书·艺文志》中录有《海中星占验》《海中五星经杂事》《海中五星顺逆》《海中二十八宿国分》《海中二

---

① （汉）袁康、吴平辑，李步嘉校释《越绝书校释》，武汉大学出版社，1992，第367页。
② （汉）司马迁：《史记》卷二十八《封禅书》，中华书局，1959，第1385页。
③ （汉）司马迁：《史记》卷一二九《货殖列传》，中华书局，1959，第3268页。

十八宿臣分》等多卷海上导航类书籍,《史记》《汉书》中有海洋生物资源评价和地理分布的记录,《尔雅》《说文解字》《博物志》《临海水土异物志》《魏武四时食制》《南越志》等书中记载了多种海洋生物的类名。此时期还出现了对海贝进行分类研究的专著（如汉代朱仲所著《相贝经》）。人们对于南海诸岛珊瑚礁的形成和特点已有正确认识，潮田的记载亦已出现。[1]

显然，相比先秦，秦汉至魏晋南北朝时期的造船技术和航海活动都有较大发展，人们对海洋的认识也更为深入。然而，汉魏时期的文学家则明显更受仙道之说影响，其文学作品中关于海洋的内容常带有变异性和象征性，而并非客观、写实的描述，这一点通过当时的海赋作品可窥一斑。在汉魏时期以海洋为歌咏对象的赋文中，班彪的《览海赋》乃开山之作，赋文描写观海之感，笔触由实景引向幻境，由览海转至游仙，体现了大海的瑰丽与深广。与上古神话相比，此篇赋文具有更多真实感，开头四句"余有事于淮浦，览沧海之茫茫。悟仲尼之乘桴，聊从容而遂行"尤其如此。[2] 作者赴任徐县令时，人生中首次目睹波澜壮阔的大海，此刻他跨越时空，体悟先贤所思，内心感慨万分，赋文表达出真切的心理感受。但《览海赋》主体内容并非实物描写，而是对作者神游幻境的展示，且有所寄托。其所"览"之海乃"曜金璆以为阙，次玉石而为堂。蕙芝列于阶路，涌醴渐于中唐。朱紫彩烂，明珠夜光。松乔坐于东序，王母处于西箱"，[3] 充满道家意象。《览海赋》中的海明显不是真实的海洋，而是对海上仙境的幻设。

汉魏时期的海赋，还有班固的《览海赋》、曹操的《沧海赋》、曹

---

[1] 见宋正海、郭永芳、陈瑞平《中国古代海洋学史》，海洋出版社，1989，第15~17页、第25页。
[2] 费振刚、仇仲谦、刘南平校注《全汉赋校注》（上），广东教育出版社，2005，第355页。
[3] 费振刚、仇仲谦、刘南平校注《全汉赋校注》（上），广东教育出版社，2005，第356页。

丕的《沧海赋》以及王粲的《游海赋》。前两篇仅存数语，无法窥知全貌。曹丕的《沧海赋》则盛赞海洋之博大雄壮："美百川之独宗，壮沧海之威神。经扶桑而遐逝，跨天涯而托身。惊涛暴骇，腾踊澎湃。铿訇隐潾，涌沸凌迈。"① 先写沧海百川宗主之威，再书其"腾踊澎湃"之势，然后以海中大物、奇珍异宝映衬其美，最后写岛上"绿叶""芬葩"交织的勃勃生机，描写细腻生动。相较于班彪的《览海赋》，此赋对大海的观照较多出于纯粹的自然审美，然其开篇"美百川之独宗，壮沧海之威神"，也赋予海洋神化内涵。汉末名士王粲的《游海赋》亦为残篇，其主要思想是以大海喻君主，赋文描述海洋"吐星出日""神隐怪匿"，② 无疑带有神话色彩。有学者指出，王粲平生未曾涉海，③ 因而《游海赋》中的海洋更具象征性意义。

　　这些赋文作者多受道家思想影响，其笔下的海洋与现实生活中的海洋难以等同。有学者指出，海洋常作为一种意象性的空间而非现实性的空间存在于文学作品之中，这是因为文学家站在海边持"遥望视角"，这种遥望视角来源于作家们根深蒂固的内陆文化思维定势。在古代文化传统中，"家园"根植于陆地，"中原"产生了"中华"，海洋和沿海地区则是"夷地"。在海洋里生活和劳作的岛人与"海人"很少用文学作品表达对海洋的体验、感受和经历，而经常运用文学手段反映海洋的作家们则生活在远离海洋的陆地上，他们大多以观光客的身份来到海边，对海洋没有日常体验，因此只能用"观和望"来审视海洋，而无法将其经历化和经验化。④

　　笔者通过考察各个朝代的相关文学作品，认为在此观点的基础上可再作补充：除了地缘性特征和内陆文化思维定势两种因素之外，

---

① （魏）曹丕著，夏传才、唐绍忠校注《曹丕集校注》，河北教育出版社，2013，第75页。
② 俞绍初校点《王粲集》卷二，中华书局，1980，第15页。
③ 见（魏）王粲著，张蕾校注《王粲集校注》，河北教育出版社，2013，第44页。
④ 见倪浓水《中国古代海洋小说与文化》，海洋出版社，2012，第10~11页。

《山海经》等上古神话赋予海洋的神幻特质也对历代文学家有着深刻影响。一方面,不少文学家包括魏晋南北朝时期一些具有道教徒身份的文人,甚至连海边遥望的体验都是缺乏的,他们从未至大海,却能全凭题材传承或蕴含仙道之说的想象来摹写海洋。另一方面,一些文学家虽有亲历海洋甚至远渡海外的经历(尤其是唐代之后),但同样受到传统海洋叙事题材与风格的影响,他们笔下的海洋也不完全是客观呈现。譬如清代小说《镜花缘》的作者李汝珍曾在海州(今连云港)生活30多年,并有亲历海洋的经验,[①] 但他对《镜花缘》中海洋世界和海外异域的描写大体上并不客观、写实,而是更多继承了《山海经》中的奇异设定与描述。这就合理地解释了为何汉魏时乃至航海业非常发达的明清两代,受到海洋文化影响的各类文学作品中的海洋世界常是变异的、主观的、象征性的。

海洋作为远离尘嚣的象征,在先秦时已具有奇幻神圣的意义,这一点在后世文学作品中得以延续。上述汉魏海赋均呈现出不同程度的神幻色调,而汉代至南北朝时期的小说则更体现出此特征。此时尚无自觉的小说创作意识,在秦汉以来的仙道之说与汉末巫风以及佛教影响下,出现了众多博物类与志怪类文言小说,其作者多为方术家和道教徒。宗教的神秘性同海洋的迷离、奇幻色彩相契合,《神异经》《海内十洲记》《拾遗记》《博物志》《搜神记》《述异记》等作品中都包含海洋文化元素。

例如,托名东方朔的《神异经》乃拟《山海经》而作,内容多奇闻异物,此书专注于仙家殊域,对海洋的刻画具有神化特征。以下是《神异经·东荒经》对海中极热之地的描述:

东海之外荒海中,有山,焦炎而峙,高深莫测,盖禀至阳之

---

① 李汝珍从事盐运、拥有海船的妻兄许某在其《案头随录》中,不止一次记载李汝珍随其出海漂洋事。见孙佳讯《〈镜花缘〉公案辨析》,齐鲁书社,1985,第13~16页。

为质也。海中激浪投其上，噏然而尽。计其昼夜，噏摄无极，若熬鼎受其洒汁耳。①

江河之水日夜不停地奔泻入海，海水却从未因此而溢出。《山海经》云，海底有大壑可注水不满，《神异经》对此解释为大海中有焦炎山在昼夜蒸烤，因而能保持海水满而不溢，想象奇特，又可谓对"大壑"设想的补充。《神异经·西荒经》所记海上异人貌若神仙："西海水上有人，乘白马朱鬣，白衣玄冠，从十二童子，驰马西海水上，如飞如风，名曰河伯使者。或时上岸，马迹所及，水至其处。所之之国，雨水滂沱，暮则还河。"②

再如，托名东方朔的《海内十洲记》着重讲述海上神山仙境，将先秦时期广为流传的海中三神山"蓬莱、方丈、瀛洲"扩为十洲三岛，道教气息浓厚。其中关于祖洲的文字是对《史记·封禅书》中所载秦始皇"使人乃赍童男女入海"求仙人不死药一事的铺叙：

祖洲近在东海之中，地方五百里，去西岸七万里。上有不死之草，草形如菰苗，长三四尺，人已死三日者，以草覆之，皆当时活也。服之令人长生。昔秦始皇大苑中，多柱死者横道，有鸟如乌状，衔此草覆死人面，当时起坐而自活也。有司闻奏，始皇遣使者赍草以问北郭鬼谷先生。鬼谷先生云："此草是东海祖洲上，有不死之草，生琼田中，或名为养神芝。其叶似菰苗，丛生，一株可活一人。"始皇于是慨然言曰："可采得否？"乃使使者徐福发童男童女五百人，率摄楼船等入海寻祖洲，遂不返。福，道士也，

---

① （汉）东方朔撰，（晋）张华注，王根林校点《神异经》，上海古籍出版社，2012，第92页。
② （汉）东方朔撰，（晋）张华注，王根林校点《神异经》，上海古籍出版社，2012，第96页。

字君房，后亦得道也。①

这段描述很有故事性。《隋书》著录的道教神仙传记《洞仙传》中，也载有秦始皇令徐福入海求不死草之事，与此篇内容大体相同。可见海洋与仙道之术间的联系，以及海洋叙事素材在文学作品中的传播和承继。

在这一时期，王嘉的《拾遗记》也受到海洋文化影响。此书的一大特点是想象力丰富，仿佛有科幻意味。其卷一记："尧登位三十年，有巨查浮于西海，查上有光，夜明昼灭。海人望其光，乍大乍小，若星月之出入矣。查常浮绕四海，十二年一周天，周而复始，名曰'贯月查'，亦谓'挂星查'，羽人栖息其上。群仙含露以漱，日月之光则如暝矣。虞、夏之季，不复记其出没。游海之人，犹传其神伟也。"②卷四记："始皇好神仙之事，有宛渠之民，乘螺舟而至。舟形似螺，沉行海底，而水不浸入。一名'沦波舟'"。③这些与海洋相关的事物，按功能来看，"贯月查"类似宇宙飞船，"沦波舟"类似今日的潜水艇，等等。《拾遗记》虽为宣扬神仙方术之作，但情节曲折，文字赡丽，可谓"事丰奇伟，辞富膏腴"，不少故事乃后世小说家的取材蓝本。卷十"诸名山"中描述了蓬莱山、方丈山、瀛洲等海中仙山，并引述燕昭王与西王母游居通霞台的传说，颇具文学性。

除了这些明显带有宗教色彩的神幻内容之外，在仙道之说中或可见到魏晋南北朝时期与海洋相关的叙事和现实的关联。例如《博物志》卷十《浮槎》中乘槎游星河的情节：

---

① （汉）东方朔撰，王根林校点《海内十洲记》，上海古籍出版社，2012，第105页。
② （前秦）王嘉撰，（南朝梁）萧绮录，王根林校点《拾遗记》（外三种），上海古籍出版社，2012，第13~14页。
③ （前秦）王嘉撰，（南朝梁）萧绮录，王根林校点《拾遗记》（外三种），上海古籍出版社，2012，第32页。

> 旧说云天河与海通。近世有人居海渚者,年年八月有浮槎去来,不失期,人有奇志,立飞阁于查上,多赍粮,乘槎而去。十余日中,犹观星月日辰,自后茫茫忽忽,亦不觉昼夜。去十余日,奄至一处,有城郭状,屋舍甚严。遥望宫中多织妇,见一丈夫牵牛渚次饮之。牵牛人乃惊问曰:"何由至此?"此人具说来意,并问此是何处,答曰:"君还至蜀郡访严君平则知之。"竟不上岸,因还如期。后至蜀,问君平,曰:"某年月日有客星犯牵牛宿。"计年月,正是此人到天河时也。①

海洋广阔无垠,人们在海边向远处眺望时会有海天相接、水天一色之感。乘槎游星河虽属充满仙幻色彩的"闯入"仙域类情节,却并非完全荒诞,可理解为道教徒身份的作者在生活经验基础上的宣教性夸饰。

魏晋志怪小说的代表作《搜神记》也受到海洋文化的影响,相关描写带有怪异成分。以下是对海中巨鱼的描述:

> 成帝鸿嘉四年秋,雨鱼于信都,长五寸以下。至永始元年春,北海出大鱼,长六丈,高一丈,四枚。哀帝建平三年,东莱平度出大鱼,长八丈,高一丈一尺,七枚,皆死。灵帝熹平二年,东莱海出大鱼二枚,长八九丈,高二丈余。京房《易传》曰:"海数见巨鱼,邪人进,贤人疏。"②

这段话应引自《汉书》。此段描述令人感到奇异和夸张,但用当代常识来看亦能有合理解释,"雨鱼"或为极端天气状况,飓风在海上生成时,强烈的上升气流将海水和鱼虾裹挟至空中,到达陆地后风

---

① (晋)张华撰,(宋)周日用等注,王根林校点《博物志》(外七种),上海古籍出版社,2012,第40页。
② (晋)干宝撰,胡怀琛标点《搜神记》,商务印书馆,1957,第48页。

势减弱，鱼虾自然从天而降。高数米、长数十米的"巨"鱼虽不常见，但在海洋中也确实存在（如鲸、大白鲨之类）。明代冯梦龙编纂的《古今谭概》中也辑有类似的海中"巨"鸟事件："晋时，有人得鸟毛，长三丈，以示张华。华惨然曰：'此海凫毛也，出则天下乱。'"① 这些自然现象在小说中被视为不祥之兆，本质上是汉魏时期谶纬思想的一种表达，即凡异象皆为征兆，具有神秘意味。

魏晋南北朝时期的小说尚不能算作现代意义上的小说，干宝即自谓其主要创作目的是证明"神道之不诬"，② 并非有意为小说。"盖当时以为幽明虽殊途，而人鬼乃实有，故其叙述异事，与记载人间常事，自视固无诚妄之别。"③ 不少作品仅是对异事的简要"记录"，如"海鱼千岁为剑鱼，一名琵琶鱼，形如琵琶而善鸣，因以名焉"，④ 缺乏故事性。但因其内容奇特，仍有许多可取之处。一些作品也具有明显的小说特征，例如关于海中大物题材。《述异记》中有一则大螺故事，讲述"晋安郡有一书生谢端，为性介洁，不染声色"，⑤ 于海岸观涛时捡到大螺，内有美人，美人慕恋书生，欲为其妻而被拒，叹息飞升离去。故事一波三折，呈现出文人意趣。

综上所述，这一时期的海洋叙事受宗教浸染而充满神幻特征。海洋文化对小说的影响主要表现在以下几个方面。

其一，受神仙方术和道家思想的影响，海洋在文学作品中常被视为神仙之境，带有明显的道教色彩，小说中的修道寻仙也多与海洋相关。

其二，相较于先秦时期，海洋文化对小说的影响更加广泛，除去

---

① （明）冯梦龙编纂《古今谭概》，"非族部卷三十五"，文学古籍刊行社，1955。
② （晋）干宝撰，胡怀琛标点《搜神记》，商务印书馆，1957，第1页。
③ 鲁迅：《中国小说史略》，上海古籍出版社，1998，第24页。
④ （南朝梁）任昉：《述异记》，"丛书集成初编"本，中华书局，1991，第5页。
⑤ （南朝梁）任昉：《述异记》，"丛书集成初编"本，中华书局，1991，第11页。

对神灵异物和殊方绝域的刻画、对《山海经》等先秦典籍中叙事元素的继承和发扬，一些作品在海洋叙事中体现出与现实生活的联系。

其三，海洋文化影响下的小说，在叙事文学的题材传承方面具有重要意义。兹举一例，《述异记》中记有树上生小儿的故事："大食王国，在西海中。有一方石，石上多树，干赤叶青，枝上生小儿，长六七寸，见人皆笑，动其手足。头着树枝，使摘一枝，小儿便死。"①《述异记》之前，《山海经》《神异经》《博物志》《搜神记》等书中都有关于小人的传说，《述异记》本身也有类似描述："西海外有鹄国，人长七寸，日行千里，百兽不犯，惟畏海鹄。鹄见必吞之，在鹄腹中不死，鹄一举亦千里。"② 树上生小儿的故事显然是在此基础上改编加工而成，而明代小说《西游记》中的"人参果"情节或又受到这一故事的启发。③

第三节　唐五代时期

为使南北交通便利，隋炀帝杨广分别于大业元年（605）、大业四年和大业六年前后三次下令开凿运河。南北运河的通航，使航船能够从长安直达南北二海（今东海与渤海），也使长江口段一侧的扬州逐渐提高它在海上交通中的地位，扬州成为唐王朝前后三四百年间的交通大港。

唐朝在政治上的强大和经济上的繁荣，促使统治者推行积极发展海外贸易的政策。在此期间，广州、泉州、宁波等地成为重要的外贸

---

① （南朝梁）任昉：《述异记》，"丛书集成初编"本，中华书局，1991，第14页。
② （南朝梁）任昉：《述异记》，"丛书集成初编"本，中华书局，1991，第8页。
③ 袁珂先生指出，"《述异记》卷上云：'大食王国，在西海中……使摘一枝，小儿便死。'人参果之说，当即本此"。见袁珂编著《中国神话传说词典》"人参果"条目，上海辞书出版社，1985，第540页。

港口。广州还设立了以市舶使为首的市舶机构,其有"进奉"和"纳舶脚"(即向宫廷进献海外奇珍和收船税入官等)等职能,专门管理海路方面的邦交与外贸。① "海外诸国,日以通商,齿革羽毛之殷,鱼盐蜃蛤之利,上足以备府库之用,下足以赡江淮之求。"② 唐代不仅海上交通活跃,航海技术和造船技术也得到进一步发展。当时的海舶"长二十丈,载六七百人"。③ 两广船舶的构造技术尤其令人惊叹,造船不使用铁钉而仅用植物藤蔓连接:"深广沿海州军,难得铁钉桐油。造舟皆空板穿藤约束而成,于藤缝中,以海上所生茜草,干而窒之。遇水则涨,舟为之不漏矣。其舟甚大,越大海商贩皆用之。"④ 五代十国时,宁波、泉州、广州等重要港口被吴越、闽、南汉等政权分而治之,海外交往不如唐代繁荣,但外贸依旧是这些政权的重要财政来源。宋神宗指出:"昔钱、刘窃据浙、广,内足自富,外足抗中国者,亦由笼海商得术也。"⑤

在这一时期,或由于外贸之利,官方对待海洋的态度更为尊崇。虽然《山海经》中已有四海神,先秦时即有"三王之祭川也,皆先河而后海"之说,⑥ 但唐代之前,海从未被加封为王。直至唐代天宝年间,海才首次被册封为王。唐高祖、太宗时对海洋实行国家祭祀:"大唐武德、贞观之制,五岳、四镇、四海、四渎,年别一祭,各以

---

① 有学者指出,关于唐代市舶使的设置地区,除了王冠倬和施存龙二位研究者所认为的只有广州一地之外,还应有安南(交州)。见宁志新《唐代市舶使设置地区考辨》,《海交史研究》1996年第2期。
② (唐)张九龄:《开凿大庾岭路序》,载刘斯翰校注《曲江集》,广东人民出版社,1986,第608页。
③ (唐)释玄应、释慧琳编著,徐时仪校注《一切经音义(三种校本合刊)》卷一,上海古籍出版社,2008。
④ (宋)周去非著,杨武泉校注《岭外代答校注》,上海古籍出版社,1999,第218页。
⑤ (宋)李焘著,(清)黄以周等拾补《续资治通鉴长编(附拾补)》卷五,上海古籍出版社,1986。
⑥ (元)陈澔注,金晓东校点《礼记》,上海古籍出版社,2016,第423页。

五郊迎气日祭之……东海，于莱州……南海，于广州……西海及西渎大河，于同州……北海及北渎大济，于洛州。其牲皆用太牢。祀官以当界都督刺史充。"① 天宝十载（751），唐玄宗册封四海王，并遣使分祭："十载正月，以东海为广德王，南海为广利王，西海为广润王，北海为广泽王。"② 自此，官方对各类海神多次敕封，民间的海神信仰也绵延不绝。

整体来看，唐五代时期的海洋文化内涵，无论在对海洋相关知识的了解方面，还是在海上贸易、官方制度以及海神信仰等方面，都比之前更加丰富。这一点也不同程度地影响了当时的文学创作。查阅《全唐诗》可知，唐人对于海上日月、云雾、海潮、航海外贸、海市蜃楼以及海外异域、海外珍宝等等，均有诗歌咏之。同时，海洋文化也影响了唐代的小说创作。唐代小说艺术成就突出，可与唐诗并称一代之奇：

> 唐三百年，文章鼎盛，独诗律与小说，称绝代之奇。何也？盖诗多赋事，唐人于歌律，以兴以情，在有意无意之间；文多征实，唐人于小说，摛词布景，有翻空造微之趣。至纤若锦机，怪同鬼斧，即李杜之跌宕、韩柳之尔雅，有时不得与孟东野、陆鲁望、沈亚之、段成式辈争奇竞爽。犹耆卿、易安之于词，汉卿、东篱之于曲，所谓厥体当行，别成奇致，良有以也。③

以传奇为代表的唐代小说的出现标志着中国古代小说文体的成熟，"唐代小说作家有意识地创作小说，有意识地运用想象、虚构、夸张

---

① （唐）杜佑撰，王文锦等点校《通典》，中华书局，1988，第1282页。
② （唐）杜佑撰，王文锦等点校《通典》，中华书局，1988，第1283页。
③ （明）桃源居士编《唐人小说》，上海文艺出版社，1992年据上海扫叶山房石印本影印，"序"第1页。

等文学手法,与唐代之前的小说创作相比,这是一个质的飞跃"。[1] 唐五代时期内涵日益丰富的海洋文化对小说的影响,相较于六朝时期也更为深入。概而言之,其影响主要体现于两个方面,一是丰富的海洋文化因素有机地融合于小说内容之中,二是相关小说中出现了真正的出海者。

第一,丰富的海洋文化因素有机地融合于小说内容之中。

在小说创作空前发展和繁荣的背景之下,海洋文化对唐五代小说的影响,首先体现于小说家将出使海外、海上航行、海外异域、胡商珍宝、海中生物、海底宫阙、出海遇仙等海洋文化因素,有意识地运用想象、虚构、夸张等文学手法巧妙地融入小说创作之中。

唐五代时期涉海小说的数量较前代明显增多,[2] 其题材内容也涵盖了多个方面。有海洋叙事中常见的神仙主题,如《幽怪录·巴邛人》《北梦琐言·张建章泛海遇仙》《续仙传·元柳二公》《传奇·封陟传》《集异记·徐智通》《续玄怪录·李绅》《灯下闲谈·坠井得道》《疑仙传·吹笙女》等等,这些小说以仙凡邂逅构成主要情节,在延续前代神仙故事奇幻特征的同时,多强调凡人与仙人的互动,凡人在故事中占有重要位置,甚至凡人也可成仙。海洋奇珍题材的作品则生动体现出大海"怀珍藏宝"的特征,例如《广异记·南海大蟹》讲述一名波斯胡人在泛海途中,见到了海岛上"不可胜数"的珍异宝物,诸如车渠、玛瑙、玻璃等;《杜阳杂编·日本王子》讲述大中年间,日本国王子来朝时携带了产自海岛的冷暖玉棋子;《杜阳杂编·元藏几》讲述处士元藏几海上遇险,漂浮半月后到达名曰"沧浪洲"的洲岛,岛上有灵禽异兽、珍果香酿和玉楼紫阁,宛如仙境;等等。此类海洋奇珍题材中最受关注的是"胡人识宝"主题,如《宣室志·

---

[1] 程国赋注评《唐宋传奇》,凤凰出版社,2011,"前言"第1页。
[2] 关于唐五代涉海小说的篇目,目前罗丝在其硕士学位论文《唐五代涉海小说研究》(湖南师范大学,2014)附录中的统计数据最全,计有95篇。

陆颙》《广异记·宝珠》《广异记·径寸珠》等小说。唐人提及的"胡"乃指来自中亚、西亚的外国人，也指中国北方的少数民族。唐代小说中有大量胡商形象，《广异记》《宣室志》《原化记》《玄怪录》《续玄怪录》《传奇》等小说集中都有关于胡人识宝的情节，这体现出胡商在唐代的普遍性，也是开放的唐代对外政策和繁荣强大的唐代社会在文学作品中的折射。《径寸珠》中便述及胡人跨海经商的情景，还出现了海神形象：

> 近世有波斯胡人（买得径寸珠）……以刀破臂腋，藏其内，便还本国。随船泛海，行十余日，船忽欲没，舟人知是海神求宝，乃遍索之，无宝与神，因欲溺胡。胡惧，剖腋取珠。舟人咒曰："若求此珠，当有所领。"海神便出一手，甚大多毛，捧珠而去。①

小说中的海神形象不甚光彩：贪财（朝泛海船民索求宝物），有一只大而多毛的手，捧到宝珠便即刻消失。可以看出，这篇小说虽篇幅短小，但情节一波三折，海神形象也很有特点，故事颇具趣味。

唐代是中国古代文言小说创作的第一个高峰期，这一时期的小说在数量和艺术水平上都令人瞩目。海洋文化影响下的唐五代小说也有不少优秀作品，兹举"长须国"故事为例。《酉阳杂俎·长须国》讲述了一个曲折动人的故事：

> 大足初，有士人随新罗使，风吹至一处，人皆长须，语与唐言通，号长须国。人物茂盛，栋宇衣冠，稍异中国。地曰扶桑洲，其署官品有王长、戟波、日役岛逻等号。士人历谒数处，其国皆敬之。忽一日，有车马数十，言大王召客，行两日方至一大城，

---

① （唐）戴孚：《广异记·径寸珠》，《太平广记》卷四〇二引，中华书局，1961，第3237页。

甲士守门焉。使者导士人入伏谒,殿宇高敞,仪卫如王者。见士人拜伏,小起,乃拜士人为司风长,兼驸马。其主甚美,有须数十根。士人威势烜赫,富有珠玉,然每归见其妻则不悦。其王多月满夜则大会。后遇会,士人见姬嫔悉有须,因赋诗曰:"花无蕊不妍,女无须亦丑。丈人试遣总无,未必不如总有。"王大笑曰:"驸马竟未能忘情于小女颐颔间乎?"经十余年,士人有一儿二女。忽一日,其君臣忧戚,士人怪问之。王泣曰:"吾国有难,祸在旦夕,非驸马不能救。"士人惊曰:"苟难可弭,性命不敢辞也。"王乃令具舟,令两使随士人,谓曰:"烦驸马一谒海龙王,但言东海第三汊第七岛长须国,有难求救。我国绝微,须再三言之。"因涕泣执手而别。士人登舟,瞬息至岸。岸沙悉七宝,人皆衣冠长大。士人乃前,求谒龙王。龙宫状如佛寺所图天宫,光明迭激,目不能视。龙王降阶迎士人,齐级升殿,访其来意。士人具说,龙王即令速勘。良久,一人自外白曰:"境内并无此国。"士人复哀诉,言长须国在东海第三汊第七岛。龙王复叱使者细寻勘,速报。经食顷,使者返,曰:"此岛虾合供大王此月食料,前日已追到。"龙王笑曰:"客固为虾所魅耳。吾虽为王,所食皆禀天符,不得妄食。今为客减食。"乃令引客视之,见铁镬数十如屋,满中是虾。有五六头色赤,大如臂,见客跳跃,似求救状。引者曰:"此虾王也。"士人不觉悲泣,龙王命放虾王一镬,令二使送客归中国。一夕至登州,回顾二使,乃巨龙也。[1]

段成式的《酉阳杂俎》仿《博物志》之体例,所述怪异之事甚众,其中有对海外异国的想象性描绘,有对鲛鱼、井鱼、石斑、飞鱼、螃蟹、牡蛎、螺蚌等海洋生物的介绍等。上引《长须国》是《酉阳杂

---

[1] (唐)段成式撰,曹中孚校点《酉阳杂俎》卷十四,上海古籍出版社,2012,第80~81页。

俎》中具有较高艺术水准的一篇小说，可归为出海遇仙（精怪）类题材，文字精炼，情节曲折、充满悬念。按照冯承钧的观点，此篇小说也具有考古价值，清人华希闵所撰《广事类赋》"虾"字条解释云，长须之国即扶桑，中国名长须国人为虾夷，是因他们毛身长须。[1] 由此观之，有趣的"长须国"故事或非凭空结撰，其背后是一则文人出海时遭遇风暴漂至邻国、与当地女子结为夫妇的真实事件。在小说文体成熟的唐代，作者抱有自觉的小说创作意识，将海上遇险、随风漂流、海外异域等现实元素和长须人、虾精、龙王等魔幻元素有机交融，现实与虚幻的结合可谓浑然天成。另应注意的是，小说运用的是"出海—遭遇风暴—海上漂流（风吹至异域）—海岛（异域）奇遇"的情节模式。

第二，相关小说中出现了真正的出海者。

海洋文化对唐五代小说的影响，还在于小说中出现了舟子、游客、胡商、出使海外的使节等真正的出海者。小说对这些出海者在航行时经历的种种风险所进行的描述，体现出小说作者关注现实的精神和对海洋的探索意识。

唐五代受到海洋文化影响的小说，除上述神仙主题、海洋奇珍、胡人识宝等题材之外，与现实关联更为密切的是出海遇险主题。例如《定命录·崔元综》《广异记·张骑士》等等，塑造了身份多样、贴近日常生活的真正出海者，而非魏晋小说中所仅有的出海寻仙方士。此类小说中，王度所撰《古镜记》中的相关情节和牛肃所撰的小说《纪闻·海中长人》较有代表性。《古镜记》以一面神奇古镜为线索，讲述了十二个小故事，此小说在摹写怪异方面受六朝志怪的影响比较明显。小说后半部分补叙王度之弟王绩携古镜远游时的经历，其中有他

---

[1] 〔法〕希勒格：《中国史乘中未详诸国考证》，冯承钧译，上海古籍出版社，2014，第11~12页。

乘船于扬子江出海口遇到风浪的情节：

> 游江南，将渡广陵扬子江，忽暗云覆水，黑风波涌，舟子失容，虑有覆没。绩携镜上舟，照江中数步，明朗彻底，风云四敛，波涛遂息，须臾之间，达济天堑。跻摄山，趋芳岭，或攀绝顶，或入深洞。逢其群鸟环人而噪，数熊当路而蹲，以镜挥之，熊鸟奔骇。是时利涉浙江，遇潮出海，涛声振吼，数百里而闻。舟人曰："涛既近，未可渡南。若不回舟，吾辈必葬鱼腹。"绩出镜照，江波不进，屹如云立。四面江水豁开五十余步，水渐清浅，鼋鼍散走。举帆翩翩，直入南浦。然后却视，涛波洪涌，高数十丈，而至所渡之所也，遂登天台，周览洞壑。①

小说极言古镜之奇异与神秘，中间不免有较多虚构夸饰成分，但作者对出海口遭遇海潮的描述又非常细腻和写实，"涛声振吼，数百里而闻"，令人惊心动魄，有身临其境之感。

《海中长人》也写到航海途中的风浪："永徽中，新罗、日本皆通好，遣使兼报之。使人既达新罗，将赴日本国，海中遇风，波涛大起，数十日不止。随波漂流，不知所届。"② 小说讲述永徽年间唐朝使者在出使新罗和日本的海路途中，因风浪而流落到异域并遭遇"长人"的故事。小说中最令人感到可怖之处，是异域中的"长人"在抓捕这些唐人之后，选取其中"肤体肥充者，得五十余人，尽烹之，相与食啖"这个大型食人场景。③ 就海洋文化的影响而言，读此小说应关注

---

① （唐）王度：《古镜记》，载鲁迅校录《唐宋传奇集》，文学古籍刊行社，1956，第21~22页。
② （唐）牛肃撰，李剑国辑校《纪闻辑校》卷十，中华书局，2018，第177页。
③ 杨宪益先生指出，这篇小说改编自希腊史诗《奥德赛》(*Odysseia*) 里的长人故事。（见杨宪益《去日苦多》，青岛出版社，2009，第331页。）实际上，此故事中"长人"的设定，也似受到《山海经·海外东经》中"大人国"、《博物志·异人》所引《河图玉版》中"龙伯国""大秦国""中秦国"等内容的影响。

以下几点。一是小说所描述的"长人"食人场景,揭示出沿海诸岛存在着令人恐惧的食人生番,也延续了海洋叙事的奇异叙事风格。二是小说反映了唐朝屡次派遣使者出使海外国家,且对新罗等国有"过海封王"仪式这一史实。三是此篇小说和《长须国》一样,也是较为典型的海岛(异域)奇遇式情节模式。自唐代起,这种叙事模式被后世众多与出海和海外世界相关的小说所继承和发扬。四是故事折射出当时的中外海路交通,乃至所有海路交通的艰辛。

大海风波叵测,危机四伏,人类在广袤的海洋面前渺小而脆弱,如同《古镜记》中舟子所言,航行中遇到风浪时只能尽力回避,不然将葬身鱼腹。如果从事海外贸易,还可能在海上遭遇谋财害命的强盗,小说《贩海客》讲述了一则惨痛事件:"唐有一富商,恒诵《金刚经》,每以经卷自随。尝贾贩外国,夕宿于海岛。众商利其财,共杀之,盛以大笼,加巨石,并经沉于海。"[1] 乘船出海需要很大勇气,也冒着极大风险。唐人周繇《望海》诗云:"苍茫空泛日,四顾绝人烟。半浸中华岸,旁通异域船。岛间应有国,波外恐无天。欲作乘槎客,翻愁去隔年。"[2] 即表达出对浩瀚海洋的赞叹、好奇和隐约的畏惧。此诗显然从"观望"视角谈及海洋风貌、中外海上交通以及海外异域。上述小说对大海的描述则切入出海者视角,较为客观地刻画出人们航行于海上时的遭遇。"当满怀自信的唐朝人对海洋充满了兴趣,投入极大的关注,在海洋方面做出成功探索,并在此基础上提高了航海技能之后,唐人出海者日益增多,通向外界的海路也格外繁忙。"[3] 在这种背景下,唐五代小说家对海洋和航海更加了解,对海外异域也有更多探索意识。小说中虽有不少怪异内容,但也包含了深入体验海洋的成分。

---

[1] 见(宋)李昉等编《太平广记》卷一〇八,注出《报应记》,中华书局,1961。
[2] 陈伯海主编《唐诗汇评》(增订本),上海古籍出版社,2015,第4175页。
[3] 王赛时:《唐朝人的海洋意识与海洋活动》,《唐史论丛》2006年第1期。

由于小说家对海洋的好奇心和海洋知识的积累，以及唐代文学整体的自信风貌，有唐一代，海洋文化的影响始终弥漫于小说创作之中。神仙主题、海洋奇珍、胡人识宝、出海遇险等题材的小说作品，从各个角度反映出唐人对海洋更为深入的认识和探索。其中尤令人瞩目的是，唐五代小说中逐渐出现了真正的出海者，至此海洋叙事由虚幻风格发生了质的变化，透射出更多现世精神。

第四节 宋元时期

宋元时期，人们对海洋乃至整个外部世界的认识进一步加深。周去非（1163年中进士）的《岭外代答》、赵汝适（1208~1227年担任福建路市舶提举）的《诸蕃志》，周达观（1295年随元朝使节访问真腊）的《真腊风土记》、汪大渊（元代航海家）的《岛夷志略》等著作，扩大了中国人的地理视野，保存了东南亚诸国的珍贵历史资料。这些著作记载了许多国家的地理、航程、政治、经济、风俗、物产，其中有不少包括海产在内的海洋知识。这一时期，航海技术方面最重要的进展应是指南针被用于导航，"舟师识地理，夜则观星，昼则观日，阴晦观指南针"。[①] 在此之前，舟师们只能凭借观察星象粗略地为航向定位。南宋时期，中国海船已普遍装有浮式指南针："风雨晦冥时，惟凭针盘而行，乃火长掌之，毫厘不敢差误，盖一舟人命所系也。"[②] 而大约一个世纪之后西方才开始在海上使用磁罗盘。航海技术的发展让人们更清晰地认识了海洋，关于海洋生活的内容也越来越多地反映于文学作品之中。

宋朝对海外贸易特别重视，其中一条重要措施是健全了市舶机构。

[①] （宋）朱彧撰，李伟国校点《萍洲可谈》卷二，上海古籍出版社，2012，第29页。
[②] （宋）吴自牧撰，（清）张海鹏订《梦粱录》卷十二，清嘉庆十年（1805）虞山张氏照旷阁刻本。

朝廷在广州港等地设置了市舶司，且对市舶司的管理逐步加强："蕃制虽有市舶司，多州郡兼领；元丰中，始令转运使兼提举，而州郡不复预矣；后专置提举，而转运亦不复预矣。"① 市舶司的职责为"掌蕃货海舶征榷贸易之事，以来远人，通远物"，② 即对海外客商征收商税、经营海外货物的售卖以及管理海外诸国朝贡事务。在两宋财政中，市舶司的收入占有重要地位，"东南之利，舶商居其一"。③ 元代市舶司的设立基本沿用宋制。另外，由于海上经济的活跃，多有强盗出没海上，"商人言船大人众则敢往，海外多盗贼，且掠非诣其国者"。④ 为维护海路安全，相较于唐五代，宋元时期加强了对海防的重视。宋元两代的海外贸易始终兴旺繁荣，广州与明州（今宁波）、泉州成为当时最重要的三大贸易港口。两宋的造船业也得到显著发展，广州、泉州、明州、杭州、温州等地都有专门制造海舶的生产基地，在宋元时期，中国海舶甚至取代蕃舶成为外商来华时经常乘坐的船只。

宋元两代，官方都非常尊崇海洋。宋仁宗康定二年（1041）加封四海并遣官致祭："东海为渊圣广德王，南海为洪圣广利王，西海为通圣广润王，北海为冲圣广泽王。"⑤ 元世祖时，加封"东海广德灵惠王，南海广利灵孚王，西海广顺灵通王，北海广洋灵祐王"，⑥ 并遣使分祭。这一时期的海神信仰除延续之前的四海神、龙王以及观音信仰之外，最令人瞩目的是妈祖（天妃）信仰。妈祖传说产生于宋代，其原型来自福建莆田湄洲岛的一个普通家庭，是名巫师："湄洲神女林氏，生而神灵，能言人休咎。死，庙食焉。"⑦ 妈祖在宋代

---

① （元）马端临：《文献通考》，载《四库全书存目丛书》第235册，齐鲁书社，1995。
② （元）脱脱等：《宋史》卷一六七《职官·提举市舶司》，中华书局，1977，第3971页。
③ （元）脱脱等：《宋史》卷一八六《食货志·互市舶法》，中华书局，1977，第4560页。
④ （宋）朱彧撰，李伟国校点《萍洲可谈》卷二，上海古籍出版社，2012，第29页。
⑤ （清）崔弼辑，闫晓青校注《波罗外纪》，广东人民出版社，2017，第47页。
⑥ （清）崔弼辑，闫晓青校注《波罗外纪》，广东人民出版社，2017，第48页。
⑦ （宋）李俊甫：《莆阳比事》卷七，江苏古籍出版社，1988年影印版。

已不断受封，元人王元恭《四明续志》引程端学《天妃庙记》(《灵济庙事迹记》) 云：

> 神姓林氏，兴化莆田都巡君之季女，生而神异，能力拯人之患难。室居，未三十而卒。宋元祐间，邑人祠之，水旱疠疫，舟航危急，有祷辄应。宣和五年，给事中路允迪以八舟使高丽，风溺其七，独允迪舟见神女降于樯而免。事闻于朝，锡（赐）庙额曰"顺济"。绍兴二十六年封"灵惠夫人"……景定三年，封"灵惠显济嘉应善庆妃"……皇元至元十八年，封"护国明著天妃"。大德三年，以漕运效灵封"护国庇民明著天妃"。延祐元年，封"护国庇民广济明著天妃"。①

据上引《天妃庙记》等文献可知，自北宋宣和五年（1123）至南宋景定三年（1262）的一百多年间，宋朝廷共晋封妈祖十四次，其中五次封夫人，九次封妃。到了元代更甚，朝廷开始以"天妃"晋封妈祖。

宋元时期的涉海小说作品，数量较唐五代时增加一倍以上，② 其中以志怪类小说居多，也有一些传奇类作品。这些作品大多继承并发扬前代小说中的类似题材，诸如出海遇险题材的《洛中纪异·归皓溺水》《癸辛杂识续集·征日本》，海洋生物题材的《青琐高议·巨鱼记》《异鱼记》《鳄鱼新说》《朱蛇记》，海神王宫题材的《仇池笔记·广利王召》《侯鲭录·广利王》，海上遇仙题材的《北梦琐言·张建章泛海遇仙》《搜神秘览·蓬莱》《湖海新闻夷坚续志·浮海遇仙》，海神信仰题材的《夷坚志·林夫人庙》《癸辛杂识续集·海神擎日》

---

① （元）王元恭修，王厚孙、徐亮纂《至正四明续志》卷九，载《宋元方志丛刊》（第七册），中华书局，1990 年影印版，第 6566 页。
② 关于宋元时期涉海小说的篇目，目前徐玉玲在其硕士学位论文《宋元涉海小说研究》（湖南师范大学，2014）附录中的统计最全，计有 226 篇。

《霍山显灵》等，同时包含着更多现实因素。

本节考察宋元时期受海洋文化影响的小说作品，以洪迈所著志怪小说集《夷坚志》为代表进行探讨。此书收录近3000篇小说，据笔者统计，其中共有56篇与海洋文化相关（具体篇目见附录一《〈夷坚志〉中的涉海小说作品》）。56篇虽相较于3000篇而言数量不算很多，但约占已知宋元时期涉海小说作品总数的1/4，因而选其作为切入点，来考察这一时期受到海洋文化影响的小说作品情况。

一方面，海洋文化影响下的宋元小说作品在题材上具有传承特点。在《夷坚志》56篇涉海小说中，按照题材和主题划分，有6篇描述海洋生物，6篇讲述从海上漂流至海岛（异域）的奇遇，5篇讲述因果报应事，6篇宣扬佛教信仰（其中2篇宣扬观音信仰），2篇宣扬道教信仰，2篇宣扬妈祖信仰。显然，除了妈祖是宋元时期才开始有的海神，这些作品的故事素材或题材类型全部见于宋代之前的涉海小说。例如《夷坚乙志》卷八的《长人国》：

> 明州人泛海，值昏雾四塞，风大起，不知舟所向。天稍开，乃在一岛下。两人持刀登岸，欲伐薪，望百步外有篠篁，入其中，见蔬茹成畦，意人居不远。方蹲踞摘菜，忽闻拊掌声，视之，乃一长人，高出三四丈，其行如飞。两人急走归，其一差缓，为所执，引指穴其肩成窍，穿以巨藤，缚诸高树而去。俄顷间，首戴一镬复来。此人从树杪望见之，知其且烹己，大恐，始忆腰间有刀，取以斫藤，忍痛极力，仅得断，遽登舟斫缆，离岸已远。长人入海追之，如履平地，水才及腹，遂至前执船。发劲弩射之，不退。或持斧斫其手，断三指，落船中，乃舍去。指粗如椽，徐兢明叔云尝见之。①

---

① （宋）洪迈：《夷坚志》，中华书局，2006，第249～250页。

与本章第三节谈及的《海中长人》对比可知，除几处情节有差异，两者有不少相同之处：两篇小说均为海岛（异域）奇遇式情节模式，海岛上食人的"长人"都很可怕，逃离长人岛的过程都非常惊险。总之，两篇小说有着明显的关联，这就体现出涉海小说在题材上的传承特点。

另一方面，宋元时期海洋文化对小说的影响又使相关作品带有时代印记，蕴藏了许多现实因素，折射出时代特色。笔者注意到，《夷坚志》中的 56 篇涉海小说就人物形象而言，其中有 18 篇小说的主要人物是海商或包含海商，有一位还是"巨商"（《海山异竹》）。这 18 篇小说分别为《夷坚甲志·岛上夫人》《夷坚甲志·搜山大王》《夷坚甲志·昌国商人》《夷坚乙志·长人国》《夷坚丙志·长人岛》《夷坚丙志·长乐海寇》《夷坚丁志·泉州杨客》《夷坚支甲·海王三》《夷坚支乙·王彦太家》《夷坚支丁·海山异竹》《夷坚支戊·海船猴》《夷坚支戊·鬼国续记》《夷坚支戊·陈公任》《夷坚三志己·余观音》《夷坚三志己·王元懋巨恶》《夷坚志补·海外怪洋》《夷坚志补·鬼国母》《夷坚志补·猩猩八郎》，占 56 篇小说的 32%，是这些小说所涉各类人物形象中比例最高的一类。海商，而非渔民或者文人、游人等形象，在故事中出现的频率最高，从侧面反映出当时海路经济的活跃。

其他出现频率较高的人物形象是各级官员，在 14 篇小说中出现，占 56 篇小说的 25%。这些故事中的官员，除在几篇小说中作为海洋异事的见证人（如《海大鱼》《海中红旗》）或例行入海巡警者（如《海门主簿》）等参与感不太强的角色外，在《长乐海寇》《兴化官人》《蒲田人海船》《王元懋巨恶》《楚将亡金》《新城县贼》等 6 篇小说中都涉及海上凶案。《夷坚丙志》卷十三《长乐海寇》很有代表性：

绍兴八年，丹阳苏文瑾为福州长乐令，获海寇二十六人。先是，广州估客及部官纲者凡二十有八人，共僦一舟，舟中篙工、柁师人数略相敌，然皆劲悍不逞，见诸客所赍物厚，阴作意图之。行七八日，相与饮酒，大醉，悉害客，反缚投海中，独留两仆使执爨。至长乐境上，双橹折，盗魁使二人往南台市之，因泊浦中以待，时时登岸为盗，且掠居人妇女入船，无日不醉。两仆逸其一，径诣县告焉。尉入村未返，文瑾发巡检兵，自将以往。行九十里与盗遇，会其醉，尽缚之。还至半道，逢小舟双橹横前，叱问之，不敢对，又执以行，无一人漏网者。时张子戢给事致远为帅，命取舟检索，觉柁尾百物萦绕，或入水视之，所杀群尸并萃其下，僵而不腐，亦不为鱼鳖所伤。张公叹异，亟为殓葬。盗所得物才三日，元未之用也。[①]

这篇小说讲述了26名匪寇在海上杀人掠财、作恶多端，以及福州长乐令苏文瑾如何带领手下兵士将其捕获的故事，描述富有张力。故事中虽有"（海寇）所杀群尸并萃其下，僵而不腐，亦不为鱼鳖所伤"这样怪异的情节，但整体来看显然是源于现实的一篇小说。宋元时期海上经济繁荣，朝廷也非常重视海路安全，在广州、明州、泉州等重要港口外围都设有军寨，南宋时，仅泉州港附近就分兵驻守6个军，以捕捉海盗、护卫海上贸易。虽然如此，但我们从《夷坚志》等相关小说中可以窥知，海上航行依然是非常冒险的事。

志怪小说集《睽车志》中，有篇小说讲述一名商贾在海上遇到的奇事："四明人郑邦杰以泛海贸迁为业，往来高丽、日本。一夕舟行，闻铙鼓声自远而至，既而渐近，则见一舟甚长，旌旗闪烁，两舷坐数十百人，啸呼鼓棹疾进，渐近，若畏人，舟径没水半里所，复出鼓棹

---

① （宋）洪迈：《夷坚志》，中华书局，2006，第480页。

如前。舟师云此谓鬼划舡,盖前后溺死者所为,见之者不利。邦杰乃还。"① 海洋中溺死之人生前或是渔民,或是泛海商贾,他们可能遇到风浪溺死,也可能遭遇海盗被溺死,化成鬼之后仍不忘行船,"旌旗闪烁""啸呼鼓棹疾进",读之令人不禁悲从中来。海上航行时遭遇各种危险而溺水并不罕见,元代书画家、富商陈彦廉的父亲便是行商途中溺亡于海上,笔记小说《陈彦廉》写道:

  州诗人陈彦廉好作怪体,兼善绘事。其母庄,本闽人,父思恭,商于闽,溺死海中。庄誓不嫁,携彦廉归本州,抚育遂成名士。彦廉有才名,交往多一时高流,最与黄公望子久亲昵。彦廉居硖石东山,终身不至海上,以父溺海故也。子久岁一诣之,至则必到海上观涛,每拉彦廉同往不得。已偕至城郭,黄乞与同看,陈涕泣曰:"阳侯吾父仇也,恨不能如精卫以木石塞此,何忍以怒眼相见?"子久亦为之动容,不看而返,因作《仇海赋》以纪其事。②

  据王彝所撰《泉州两义士传》可知,陈彦廉本人也从事海外贸易,他疏财重义,在海外诸国声誉极佳:"初宝生(即彦廉)幼孤,天富与之约为兄弟,乃共出货泉,谋为贾海外……其所涉异国,自高句骊外,若阇婆、罗斛与凡东西诸夷,去中国亡虑数十万里……异国有号此两人者,译之者曰泉州两义士也。"③ 父死子继,世代泛海经商,他们是宋元时期海商的一个缩影。人类被海洋伤害,又受惠于海洋,这是一个充满矛盾的现实。

  除海商题材外,海神题材也是海洋文化在宋元小说中留下的印记。

---

① (宋)郭彖撰,李梦生校点《睽车志》卷三,上海古籍出版社,2012,第114页。
② 见(元)姚寿桐《乐郊私语》,(台北)艺文印书馆,1965年景明万历《宝颜堂秘笈》本,叶7b。
③ (明)王彝:《王常宗集续补遗》,载《王常宗集》(二),台湾商务印书馆,1972,第5~6页。

海上航行遭遇人力不可控的危险时，人们祈求神灵的庇护，也相信会有神灵庇护。小说《林夫人庙》记载："兴化军境内地名海口，旧有林夫人庙，莫知何年所立，室宇不甚广大，而灵异素著。凡贾客入海，必致祷祠下，求杯珓，祈阴护，乃敢行。盖尝有至大洋遇恶风而遥望百拜乞怜见神出现于樯竿者。"① 林夫人即妈祖，宋元时期，在朝廷屡次晋封之下，妈祖的神灵地位一再提升，以至于"薄海州郡，莫不有天妃庙。（元朝廷）岁遣使致祭，祀礼极虔。而船舶之往来，咸寄命于神……海邦之人，莫不知尊天妃，而天妃之神，在百神之上，无或与京"。② 从一名地方巫神演变为家喻户晓的全国性神灵，妈祖受到自上而下的尊崇，这与宋元时期的海洋渔业以及活跃的海事活动和海外贸易不无关联。另外，元代还有大规模的海运漕粮活动，"元海运自朱清、张瑄始，岁运江淮米三百余万石，以给元京。四、五月南风至起运，得便风，十数日即抵直沽交卸"，③ 其也依赖海神护佑，"国家建都于燕，始转粟江南，过黑水，越东莱、之罘、成山，秦始皇帝之所射鱼、妖蜃之市悉帖妥如平地，皆归功天妃"。④ 或因妈祖能验人间福祸、治病消灾的巫女身份，以及出身民间而带有的天然亲和力，她在死后被塑造成一位温柔善良的海上保护神。妈祖信仰和其他海神信仰反映在小说家笔下，即是充满灵异氛围的曲折故事，如《海山异竹》：

  绍兴辛未岁，四明有巨商泛海行，十余日，抵一山下。连日风涛，不能前，商登岸闲步，绝无居人，一径极高峻。乃攀跻而

---

① （宋）洪迈：《夷坚志》，中华书局，2006，第 950~951 页。
② （明）刘基：《台州路重建天妃庙碑》，载林家骊点校《刘基集》，浙江古籍出版社，1999，第 175 页。
③ （明）叶子奇撰，吴东昆校点《草木子》，《明代笔记小说大观》本，上海古籍出版社，2005，第 60~61 页。
④ （明）刘基：《台州路重建天妃庙碑》，载林家骊点校《刘基集》，浙江古籍出版社，1999，第 175 页。

登至绝顶,有梵宫焉,彩碧轮奂,金书榜额,字不可识。商人游其间,阒然无人,惟丈室一僧独坐禅榻。商前作礼,僧起接坐。商曰:"舟久阻风,欲饭僧五百,以祈福佑。"僧曰:"诺。"期以明日。商乃还舟,如期造焉,僧堂之履已满矣,盖不知其所从来也。斋毕,僧引入小轩,焚香瀹茗,视窗外竹数个,干叶如丹。商坚求一二竿,曰:"欲持归中国为伟异之观。"僧自起斩一根与之。商持还,即得便风,就舟口裁其竹为杖,每以刀镂削辄随刃有光,益异之。前至一国,偶携其杖登岸,有老叟见之,惊曰:"君何自得之?请易箄珠。"商贪其赂而与焉。叟曰:"君亲至普陀落伽山,此观音坐后旃檀林紫竹也。"商始惊悔,归舟中,取削余札宝藏之,有久病医药无效者,取札煎汤饮之辄愈。①

观音虽未直接出场,但通过描述其"坐后旃檀林紫竹"之神异,已烘托出她法力无边的海神形象。航行于茫茫大海之时,渔民、商贾、出使海外的使节以及押送漕粮的官员等,都会有祈求神灵庇佑的心理。无论是妈祖还是此篇小说中提及的观音,以及宋元小说中出现的其他海洋神灵,都为海上航行的人提供了心灵上的慰藉。

宋元时期受海洋文化影响的小说以上述志怪类作品居多,此外也有少量传奇作品,大多收录在宋代刘斧编撰的小说集《青琐高议》中。例如《异鱼记》写渔人救助龙女并将其放归海中之事,《高言》写一狂生杀人之后泛海窜至异国的历险记等,情节均比较曲折。此类小说中,写得最出色的应是《王榭》(风涛飘入乌衣国)。"王榭"出自唐代刘禹锡所撰《金陵五题·乌衣巷》:"朱雀桥边野草花,乌衣巷口夕阳斜。旧时王谢堂前燕,飞入寻常百姓家。"② 除将诗歌中的"乌衣巷""王谢""燕"巧妙嵌入故事以外,小说内容与诗歌所表达的意

---

① (宋)郭彖撰,李梦生校点《睽车志》卷四,上海古籍出版社,2012,第118页。
② (清)蘅塘退士选编《唐诗三百首》(名家集评本),中华书局,2005,第459页。

境无涉。这是一篇讲述青年王榭同燕子国少女婚恋的故事，小说善于设置悬念且文笔较为流畅优美，颇有唐人传奇之趣。《王榭》开头这样写道：

> 唐王榭，金陵人。家巨富，祖以航海为业。一日，榭具大舶，欲之大食国。行逾月，海风大作，惊涛际天，阴云如墨，巨浪走山，鲸鳌出没，鱼龙隐现，吹波鼓浪，莫知其数。然风势益壮，巨浪一来，身若上于九天。大浪既回，身若堕于海底。举舟之人，兴而复颠，颠而又仆。不久身破，独榭一板之附，又为风涛飘荡。开目则鱼怪出其左，海兽浮其右，张目呀口，欲相吞噬，榭闭目待死而已。三日，抵一洲，舍板登岸。行及百步，见一翁媪，皆皂衣服，年七十余。喜曰："此吾主人郎也。何由到此？"榭以实对，乃引到其家。坐未久，曰："主人远来，必甚馁。"进食，肴皆水族。月余，榭方平复，饮食如故……①

从海洋文化对此篇小说的影响来看，有三点应值得注意：一是王榭的身份（家有巨富的海商），二是小说的"海岛（异域）奇遇"式情节模式，三是王榭归家之前从燕子国获赠了海外珍宝——一枚可以招人神魂的灵丹。可以说，《王榭》中包含的这些海洋文化元素既体现了唐代以来海上贸易繁荣这一社会现实，又使叙事更为流畅、故事情节更为饱满，因而也更有可读性。

人们对于海洋的认知在宋元时期愈加广泛和细致，与海洋之间的互动也更为深入，海洋渔业和海外贸易日益繁荣，中国同海外诸国的交流也更频繁，直至元末，仍是"诸国之来王者且帆蔽海上而未已；中国之至于彼者如东西家然"之景象。② 在这一背景下，海洋文化对小说的影

---

① （宋）刘斧：《青琐高议》别集卷四，古典文学出版社，1958，第 207~208 页。
② （明）王彝：《王常宗集续补遗》，载《王常宗集》（二），台湾商务印书馆，1972，第 6 页。

响主要呈现以下特点。第一，相关作品以志怪类小说居多，也有少量传奇类小说，这些小说大多继承并发扬了前代涉海小说中的典型题材，诸如海上航行、海洋生物、异域奇珍、海上遇仙、海神信仰等等，体现出在叙事文学题材和叙事模式方面的传承意义。第二，宋元时期海洋文化对小说的影响又使小说作品带有时代印记。例如海商和巡海官员形象在小说中的频繁出现，宋元时期才开始设立的市舶司、宋元时期的新晋海神妈祖等在小说中的呈现等，生动反映出当时海路交通的繁荣与发达。

小 结

本章分先秦、秦汉至南北朝、唐五代以及宋元时期四个部分，梳理和阐释了明代之前的海洋文化及其在小说中的映射，并归纳不同历史时期的海洋文化对小说的影响情况。可以看出，从"古之巫书"《山海经》到宋元时期小说，海洋文化对小说的影响在题材和叙事情节模式方面有着传承的特征，题材主要有海外异域、海洋生物、海洋奇珍、海上遇仙、海神信仰等，叙事则多为海岛（异域）奇遇式情节模式。从对现实的反映以及与现实的关联性来看，一些小说又带有时代特色。

概而言之，随着航海技术的发展以及人们对海洋知识的深入了解，海洋叙事从充满宗教色彩的想象、虚构过渡到真实成分逐渐增多。至唐宋元时期，涉海小说中出现了各种身份的、真正深入体验海洋的出海者，海洋叙事至此发生了质的变化。同时，就艺术层面而言，涉海小说作品通常蕴含奇幻色彩，随着小说文体在唐代的成熟，相关作品的情节也愈加饱满和曲折。

第二章　海洋文化影响下的明清小说作品分布情况

明清两代，朝廷对待海洋的态度比较微妙，发展至这一时期的海洋文化内涵更为丰富与复杂。明代与海洋相关的最具影响力的事件应是郑和下西洋，永乐三年至宣德八年（1405~1433年）的28年间，郑和船队七次奉旨出使西洋，经东南亚、印度洋，最远到达红海与非洲东海岸，庄严赫赫，威震海表。"所历凡三十余国，所取无名宝物不可胜计，而中国耗费亦不赀。自和后，凡将命海表者，莫不盛称和以夸外番，故俗称三宝太监下西洋为明初盛事云。"[1] 郑和下西洋是当时中国和世界航海史上的重要事件，其人数之多，航行范围之广，所用船舶之大，航海技术之先进，在全世界范围内均无与伦比。但由于种种历史原因，明清两代官方推行了数百年海禁政策，郑和下西洋之后，中国的航海事业逐渐走向衰微。海禁与海外贸易息息相关，与汉唐宋元时期开放的海外贸易政策不同，明代的对外贸易是由官方控制和垄断的朝贡贸易，禁海制度从洪武年间即开始施行。明太祖明令禁海并禁止民间从事海外贸易，"禁濒海民不得私自出海"，[2] "以海道可

---

[1] （清）张廷玉等：《明史》卷三〇四《宦官一·郑和传》，中华书局，1974，第7768页。
[2] 《明太祖实录》卷七十，洪武四年十二月丙戌，台北"中研院"历史语言研究所校印，1962，第1300页。

通外邦故尝禁其往来",[①]"敢有私下诸番互市者,必置之重法"。[②] 成祖时海禁渐弛,正德、隆庆年间有过短暂开海,隆庆之后,海禁政策又开始施行,沿海港口除广州之外均被封锁,禁止商船通行。清代基本沿明制,为瓦解郑成功在东南海域的抗清力量,顺治十八年(1661),清廷颁布迁海(界)令,并严禁渔船和商舶入海,康熙五十六年(1717),朝廷重申禁海令,禁止南洋贸易,其后各朝也将海禁奉为国策,仅留广州作为对外贸易的唯一港口。由于明清王朝长期固守海门,其禁海与迁界政策对濒海居民造成不可忽视的侵扰,沿海地区的渔盐业、农业以及贸易均遭到破坏。

明清时期也是充满新旧冲突与交替的时期,中国同海外的交流可谓一刻也未停止。明万历年间意大利传教士利玛窦(Matteo Ricci)渡海来华,他带来的《山海舆地图》令中国人了解到西方的"地圆说",进而引发众多学者长达数百年的论争。郑和七次出使西洋也为后人留下了宝贵的航海图《郑和航海图》(《自宝船厂开船从龙江关出水直抵外国诸番图》),其随行幕僚巩珍及翻译马欢、费信则分别写成《西洋番国志》《瀛涯胜览》《星槎胜览》,详细记载了所历诸国的地理风俗和物产、贸易等关于海洋和南亚、东南亚诸国甚至非洲等地的重要资料。鸦片战争之前,清代出现了陈伦炯的《海国闻见录》、王大海的《海岛逸志》和谢清高的《海录》等记录航海经验和域外海洋知识的书籍。鸦片战争之后,晚清进入转型时代,人们在思想和文化方面都经历了巨大的冲击与转变。这些都表明,明清时期人们对海洋和海外世界的了解更加广泛,海洋文化的内涵也更为丰富。在这一时期,海洋文化对小说的影响更为深入,相关小

[①] 《明太祖实录》卷七十,洪武四年十二月乙未,台北"中研院"历史语言研究所校印,1962,第1307页。

[②] 《明太祖实录》卷二三一,洪武二十七年春正月甲寅,台北"中研院"历史语言研究所校印,1962,第3374页。

说作品在题材和类型上均呈现出独特风貌。

明清时期的小说创作取得了非常高的成就，小说被视为明清两代文学成就的代表。在这一时期，文言小说继承并发扬了传统文言小说的文体与意境，并在题材上有所开拓，无论是笔记、志怪还是传奇小说，其作品数量和艺术水平都令人瞩目。明代天启、崇祯年间相继出版的短篇小说集"三言""二拍"则推动了白话短篇小说的创作高潮。成书于清代康熙后期的《聊斋志异》更是大放异彩，其"描写委曲，叙次井然，用传奇法，而以志怪，变幻之状，如在目前；又或易调改弦，别叙畸人异行，出于幻域，顿入人间；偶述琐闻，亦多简洁"，[1]令读者耳目一新。一些文言小说中的素材和原本流传于民间的话本被改编、创作和刊印，成为供人阅读的案头作品。明清时期长篇章回小说的创作也呈现出繁荣状态，出现了各具特色的小说流派和众多优秀作品。同时，海洋文化对这一时期小说的影响也非常广泛，上述不同类型和体裁的小说均有作品受其影响，在题材和叙事中包含了明显的海洋文化因素。

据笔者统计，明清时期受海洋文化影响的作品从篇幅来看包括短篇小说和长篇章回小说，至少有作品近500篇。[2] 其中短篇小说分布于90多种小说集中，计400多篇，成书时间从明初至清末；长篇章回小说计50多部，成书时间大致从明万历年间至清末。因内容较多，本章分明代和清代两部分对这些作品进行梳理，时间从明朝立国至鸦片

---

[1] 鲁迅：《中国小说史略》，上海古籍出版社，1998，第147页。

[2] 统计篇目参照以下著作整理而成：孙楷第：《中国通俗小说书目》（外二种），中华书局，2012；刘世德主编《中国古代小说百科全书》（修订本），中国大百科全书出版社，2006；江苏省社会科学院明清小说研究中心编《中国通俗小说总目提要》，中国文联出版公司，1990；袁行霈、侯忠义编《中国文言小说书目》，北京大学出版社，1981；朱一玄、宁稼雨、陈桂声编著《中国古代小说总目提要》，人民文学出版社，2005；陈大康《中国近代小说编年史》，人民文学出版社，2014；刘永文编《晚清小说目录》，上海古籍出版社，2008；等等。

战争之前,即 1368 年至 1840 年,第三、四、五章的研究内容也均在这一时间范围内。鸦片战争之后,海洋文化对晚清小说的影响状况与前代殊为不同,因而将在第六、七章对其单独论述。

第一节　明代涉海小说的分布情况与特征

明代涉海小说作品至少有 224 篇(部)[具体篇目见附录二《明代涉海小说作品》(1368～1644 年)],其中短篇小说 212 篇,长篇章回小说 12 部。[①]

从体裁类型来看,这些短篇小说分布于《剪灯新话》、《剪灯余话》、《艳异编》、《续艳异编》、《情史》(《情史类略》)等传奇小说集,以及《菽园杂记》《双槐岁钞》《庚巳编》《都公谈纂》《今言类编》《七修类稿》《四友斋丛说》《松窗梦语》《耳谈类增》《续耳谭》《万历野获编》《泾林续记》《五杂组》《客座赘语》《涌幢小品》等笔记小说集之中,另有少量话本小说分布于"三言""二拍"和《型世言》《西湖二集》等话本小说集中。这些小说按语言系统的不同可分为文言小说和白话小说,譬如出自明初传奇小说集《剪灯新话》中的《水宫庆会录》属于文言短篇小说,出自晚明话本小说集《拍案惊奇》的《乌将军一饭必酬　陈大郎三人重会》属于白话短篇小说,其中文言短篇小说共 202 篇,占短篇小说总数的 90% 以上。就题材而言,有传奇类题材和志怪类题材,也有一些杂录、随笔、逸事琐闻等,可以说,海洋文化的影响遍布明代各种体裁和题材的短篇小说之中。

明代长篇章回小说按题材的不同分为历史演义、英雄传奇、神魔小说和世情小说四大流派,这四种小说流派在明代可谓势均力敌,都

---

① 明代全部约 20 种神魔小说中几乎都有涉及海洋的文字,本书只统计包含较为完整的涉海情节或以海洋为重要故事背景的小说作品。

出现了众多小说作品。然而，受到海洋文化影响的 12 部长篇小说则带有明显的题材倾向性，除了御倭主题的《戚南塘剿平倭寇志传》和反映明末辽东之役的《辽海丹忠录》《镇海春秋》属于偏向现实的历史演义和时事小说之外，其余 9 部均为神魔小说，即《西游记》《三宝太监西洋记通俗演义》《北游记》《南游记》《八仙出处东游记》《天妃济世出身传》《封神演义》《南海观世音菩萨出身修行传》《韩湘子全传》。

神魔小说在明代的迅速发展与宗教有着很深的渊源，"历来三教之争，都无解决，互相容受，乃曰'同源'，所谓义利邪正善恶是非真妄诸端，皆混而又析之，统于二元，虽无专名，谓之神魔，盖可赅括矣"。① 神魔小说的表现内容比较丰富，神话、仙话传说、佛教故事、志怪小说等等都与之有着不同程度的承接关系。要而言之，超现实的题材和情节是其基本特征。从附录二所示小说中包含的海洋文化因素可以看出，海洋本身固有的神秘感与距离感，以及历朝历代民间和官方赋予海洋的神化特征，令海洋文化中的一些特质与神魔小说的神怪幻想相契合，因此造成涉海长篇章回小说的神魔化选材倾向。

从创作时间来看，明代短篇涉海小说的成书和刊印时间分布比较多元化，从明初至明末均有相关作品不时问世。在这些小说中，文言小说占绝大部分，其作者多为文人士子，小说风格也常带有比较明显的文人化特征，譬如出自《剪灯新话》的《水宫庆会录》：

> 至正甲申岁，潮州士人余善文于所居白昼闲坐，忽有力士二人，黄巾绣袄，自外而入，致敬于前曰："广利王奉邀。"……广利乃居中而坐，别设一榻于右，命善文坐。乃言曰："敝居僻陋，蛟鳄之与邻，鱼蟹之与居，无以昭示神威，阐扬帝命。今欲别构

---

① 鲁迅：《中国小说史略》，上海古籍出版社，1998，第 104 页。

一殿，命名灵德，工匠已举，木石咸具，所乏者惟上梁文尔。侧闻君子负不世之才，蕴济时之略，故特奉邀至此，幸为寡人制之。"即命近侍取白玉之砚，捧文犀之管，并鲛绡丈许，置善文前。善文俯首听命，一挥而就，文不加点。其词曰：……书罢，进呈。广利大喜……明日，广利特设一宴，以谢善文。宴罢，以玻璃盘盛照夜之珠十，通天之犀二，为润笔之资，复命二使送之还郡。善文到家，携所得于波斯宝肆鬻焉，获财亿万计，遂为富族。后亦不以功名为意，弃家修道，遍游名山，不知所终。①

明初瞿佑创作的传奇小说集《剪灯新话》中有多篇优秀作品，比较著名的如《翠翠传》《金凤钗记》《秋香亭记》等，语言清新绮丽，摹写细致动人。而《水宫庆会录》并不在这些优秀作品之列。此篇小说对四海神和海神宫殿的描述富有想象力："翌日，三神皆至，从者千乘万骑，神鲛毒蜃，踊跃后先，长鲸大鲵，奔驰左右，鱼头鬼面之卒，执旌旄而操戈戟者，又不知其几多也。是日，广利顶通天之冠，御绛纱之袍，秉碧玉之圭，趋迎于门，其礼甚肃。三神亦各盛其冠冕，严其剑佩，威仪极俨恪，但所服之袍，各随其方而色不同。"②但其本质上是一篇历经乱世的文人孤芳自赏的作品。就艺术水平而言，其情节较为粗疏，多引诗词，在一定程度上影响了叙事的流畅性。小说实际寄托了作者期望凭借才学得到肯定与尊重，并获得巨大财富的心理，南海神广利王则在其中扮演了一名类似伯乐的角色，整篇小说体现出明显的文人意趣。

再如在笔记小说集《涌幢小品》中，作者朱国祯解释其写作《普陀》的原因，乃追忆昔日过海景象：

---

① （明）瞿佑著，周楞伽校注《剪灯新话》卷一，上海古籍出版社，1981，第9~12页。
② （明）瞿佑著，周楞伽校注《剪灯新话》卷一，上海古籍出版社，1981，第10页。

丙午年，余在南中。有高明宇者，谈多奇中。谓余厄在后丙丁二年，且曰："过丁巳秋，或可免。"盖刚六十之期也。时去之尚远，不以为异。至丙辰冬，长孙痘殇；丁巳三月，季弟凤岐暴卒。哀惨，日觉精神恍惚，形神泮涣，且有恶梦。自忖岌岌，决符高老之言，乃发愿泛海礼普陀，且曰："死于牖，无若死于海为快，且留与诸贵人作话柄也。"时东风急，驻者三日，四月二十六晚，风小止。开舟，浪犹颠荡。行不五里，停山湾，遥见前舟已沉矣。次日转西风，挂帆半日而至。登殿作礼，宿一僧舍。通夜寝不能寐，甚苦，甚疑之。归来忽忽，徂夏入秋，日展书，只以不语不动，遇拂意决不恼怒为主。至八月十一日，饮药酒，忽有异香透彻五脏五官。又三日，梦若有授历者，觉而释然，偷活至于今，刚又三年矣。追忆过海景象，模糊不能辨。姑以意书其百一，或真或幻，皆不自知也。①

明代短篇涉海小说很大程度上正是由于这种具有文人化特征的创作动机和书写方式，而广泛分布于明代各个时期。虽然如此，其题材选择仍有独特呈现，例如与倭寇相关的作品数量在明初和嘉靖中期之后有着显著不同。明初仅有一篇小说，即出自《剪灯余话》的《武平灵怪录》提到倭患，而嘉靖中期直至明末，尤其万历二十年（1592）之后，几乎所有与海洋文化相关的短篇小说集中均有涉及过海侵华的倭患或御倭的作品，显然这与倭寇在嘉靖时期最为猖獗，以及爆发于万历二十年的"壬辰倭乱"是有关系的。

话本小说集《西湖二集》中的《胡少保平倭战功》写道："（嘉靖）三十一年二月，王直遂盼咐倭奴杀入定海关，自己提大兵泊在烈港，去定海水程数十里。沿海亡命之徒，见倭奴作乱，尽来从附，从

---

① （明）朱国祯撰，王根林校点《涌幢小品》卷二十六，《明代笔记小说大观》本，上海古籍出版社，2005，第3735页。

此倭船遍海为患。是年四月，攻破游仙寨，百户秦彪战死。又寇温州，破台州黄岩县，杀掠极惨，苦不可言，东南震动。三十二年四月，倭犯杭州，指挥吴懋宣率领僧兵战于赭山，尽被杀死。又陷昌国城，百户陈表战死。从此倭船至直隶、苏、松等处，登岸杀掠……六月，寇嘉兴、海盐、澉浦、乍浦、直隶、上海、淞江、嘉定、青村、南汇、金山卫、苏州、昆山、太仓、崇明等处，或聚或散，出没不常，凡吴越之地，经过村落市井，昔称人物阜繁，积聚殷富之处，尽被焚劫。"[1] 此篇小说据茅坤所撰《纪剿除徐海本末》写成，其中事迹与《皇明从信录》及《明史》等史书所载略有出入，但基本符合嘉靖年间倭寇侵掠江浙的史实，其中一些场景描写，譬如"尸骸遍地，哭声震天。倭奴左右跳跃，杀人如麻，奸淫妇女，烟焰涨天，所过尽为赤地"等等，[2] 极其写实而令人愤懑。

由此可见，这些短篇小说虽带有明显的文人意趣，以及奇异的海洋叙事特征，但仍具备关注社会现实的因素。

与短篇小说在各时期的广泛分布不同，明代长篇涉海小说的成书和刊印时间多集中于万历朝后期，这与神魔小说流派在当时的崛起和繁荣有着直接关联。与文言小说相对小众的接受范围相异，通俗小说在明清时期往往作为商品进入阅读市场，直接与各个阶层的广大读者接触，因此其编创者难以像创作文言小说那样更多注重自身审美倾向、文人意趣而忽略市场的意义。陈大康指出，书坊主的推波助澜对神魔小说的繁荣起到重要作用。[3]《三宝太监西洋记通俗演义》的作者罗懋登即是一名与书坊有着密切关系的下层文人，他受神魔小说的典范之作《西游记》的影响而创作出《西洋记》，在神魔小说的发展过程中占有不可忽视的地位。而《北游记》作者余象斗本人就是一名书坊

---

[1] （明）周清原：《西湖二集》，人民文学出版社，1989，第546页。
[2] （明）周清原：《西湖二集》，人民文学出版社，1989，第546页。
[3] 见陈大康《明代小说史》，上海文艺出版社，2000，第430~433页。

主，当《西游记》与《西洋记》刚流行，市面上仅有两三部神魔小说时，他已意识到这一新型题材的作品对于阅读市场的意义，因此相继编写了《北游记》(《北方真武玄天上帝出身志传》)和《南游记》(《五显灵官大帝华光天王传》)两部神魔小说，并组织编纂了包括《八仙出处东游记》(《上洞八仙传》)在内的"四游记"丛书，将其迅速投向市场。"四游记"、《南海观世音菩萨出身修行传》(《南海观音全传》)、《韩湘子全传》(《韩湘子十二度韩昌黎全传》)等小说与佛道二教有着复杂关系，其中大部分作品属于释、道宣教小说，带有浓厚的宗教气息。

还有一些书坊主虽未直接创作神魔小说，但也推动了这类小说的行世与流布，诸如世德堂主人唐光禄独具慧眼买下《西游记》的书稿，将其刊行于世，苏州书林舒载阳"不惜重赀"购得《封神演义》的书稿加以刊行，等等。

因此可以说，明代的12部长篇涉海小说中，9部神魔小说既因受海洋文化影响而带有明显的题材倾向性，又与明代长篇章回小说的整体发展历程密切相关。其他3部非神魔小说《戚南塘剿平倭寇志传》《辽海丹忠录》《镇海春秋》则分别为御倭主题、辽东战役主题的历史演义和时事小说，风格写实，此类内容的长篇小说出现于嘉靖倭乱之后、明末时局动荡之时，具有鲜明的现实意义和政治内涵。

综上可知，海洋文化对明代小说的影响比较广泛，相关作品的数量较前代有着显著增长，内容在奇异叙事的同时涵盖了现实生活中的多个方面。其文体选择也有独特的呈现，既有表现出文人化特征的文言小说，也有充满市井气息的通俗小说。艺术水平可谓参差不齐，既出现了优秀巨著《西游记》，也有《北游记》《八仙出处东游记》等较为粗劣的速成、抄袭作品。

第二节　清代涉海小说的分布情况与特征

清代小说的创作在继承明代小说传统的基础上独具特色。从语言系统的角度来看，唐代文言小说发展迅速，宋元明时期白话小说逐渐成为主流，文言小说则暂呈消歇状态，其文采与风致相比于唐传奇而言都明显逊色。到了清代，文言小说与白话小说均蓬勃发展而又相互影响，各自达到集大成的阶段。就创编形式来看，清代小说大都出于文人独立创作，作品的现实性与作者的主体意识均较明代小说有所加强。在这一背景下，清代（1840年之前）出现的涉海小说作品至少有133篇（部）[具体篇目见附录三《清代涉海小说作品》（1644～1840年）]，其中短篇小说115篇，长篇章回小说18部。就作品数量而言，短篇小说数量少于明代，长篇小说的数量则明显多于明代。短篇小说的创作者与明代类似，多为文人士子，其作品题材与风格在各个时期有着不同特点。长篇小说的成书与刊印时间在各朝分布相对多元化，不似明代集中于某一朝。因此，本节将晚清之前的清代涉海小说划为两个时期进行梳理：一是清代初期，时间为顺治和康熙两朝；二是清代中期，时间从乾嘉两朝至道光二十年（1840）鸦片战争之前。

晚清时期，即鸦片战争开始至宣统三年（1911），这段时间的小说与前代殊为不同，因此，晚清涉海小说将在第六、七章单独进行探讨。

一　清代初期涉海小说创作的崇实倾向

清代初期是继唐传奇之后文言小说发展的又一高峰期，《虞初新志》《觚剩》《聊斋志异》等各类小说专集相继问世。小说作品表现出明显的个人意趣，作家编撰小说乃"聊抒兴趣"，[①] 选材则贴近现实，

---

① （清）张潮：《虞初新志》，上海古籍出版社，2012，"凡例"。

"事多近代","文多时贤"。① 在此背景下,涉海小说也具有鲜明的时代气息,在具备海洋叙事共性特质的同时,多角度展示了清初文人对现实社会的关注与感受,在创作中体现出崇实倾向。

清代初期与海洋文化关系密切的小说至少有55篇,其中短篇小说51篇(具体篇目见附录三),长篇小说4篇。短篇小说多出自《续太平广记》《觚剩》《觚剩续编》《聊斋志异》《坚瓠集》《虞初新志》《虞初续志》《耳书》等志怪、轶事或杂俎类文言小说集,有着不同的主题与风格。例如"风行逾百年,摹仿赞颂者众"② 的优秀文言小说集《聊斋志异》,其中有12篇作品明显受到海洋文化的影响,分别为:卷二《海公子》《海大鱼》、卷三《夜叉国》、卷四《罗刹海市》、卷七《仙人岛》、卷九《红毛毡》《安期岛》《蛤》、卷十《疲龙》、卷十一《于子游》、卷十二《老龙舡户》和《粉蝶》。这12篇作品"各具局面,排场不一"③。长篇小说为世情小说《笔梨园》《金云翘传》、英雄传奇《水浒后传》和神魔小说《女仙外史》。这些小说既具备海洋叙事真幻交织的共性特质,又有着显著的时代印记,不少作品关注现实,折射出当时的真实社会。对此,本节在作品统计的基础上,结合史籍中的相关记载,将小说与史实相互对照,重点从以下三个方面进行探讨:一是清初涉海小说对禁海与迁界令的反映,二是小说中关于明清时期舆梓出使海外的书写,三是抗倭叙事在小说中的神魔化呈现,从而揭示清初涉海小说创作中的崇实倾向。

(一) 清初涉海小说对禁海与迁界令的反映

顺治和康熙朝前期,清廷为对抗郑成功的海上军事力量,防止其从沿海地区获取物资,采取了类似"坚壁清野"式的措施,施行禁海

---

① (清)张潮:《虞初新志》,上海古籍出版社,2012,"自叙"。
② 鲁迅:《中国小说史略》,上海古籍出版社,1998,第150页。
③ (清)冯镇峦:《读聊斋杂说》,载(清)蒲松龄著、张友鹤辑校《聊斋志异》,会校会注会评本,上海古籍出版社,2011,卷首"各本序跋题辞"。

令和迁界令，严禁渔船入海采捕，严禁民间商贸船只下海，沿海居民内迁数十里。禁令颁布后，广东滨海居民被迫内迁三次，房屋全被夷为平地，人们流离失所、仓皇奔逃，数十万人死于沟渠。百姓生命如同蝼蚁，稍有越界便被即刻诛杀，亡者不知凡几。粤籍学者屈大均所著《广东新语》对此有相关记载：

> 岁壬寅二月，忽有迁民之令。满洲科尔坤、介山二大人者亲行边徼，令滨海民悉徙内地五十里，以绝接济台湾之患。于是麾兵折界，期三日尽夷其地，空其人民，弃赀携累，仓卒奔逃，野处露栖。死亡载道者，以数十万计。明年癸卯，华大人来巡边界，再迁其民。其八月，伊、吕二大人复来巡界。明年甲辰三月，特大人又来巡界，遑遑然以海防为事，民未尽空为虑，皆以台湾未平故也。①

出于政治与军事斗争需要而实施的禁海迁界政策，给滨海居民造成巨大的伤害和难以估量的损失。广东渔民自古依靠渔盐之利维持生计："粤东濒海，其民多居水乡。十里许，辄有万家之村，千家之砦。自唐、宋以来，田庐丘墓，子孙世守之勿替。鱼盐蜃蛤之利，藉为生命。"② 在谋生之道被剥夺后，一些人只能沦为海贼。

钮琇所著文言小说《觚賸》中的《两海贼》便反映了这一社会现象。钮琇于康熙年间拔贡，曾出任广东高明县令，其小说集《觚賸》与《觚賸续编》皆创作于任上，作品多反映作者于各地的见闻。《觚賸》中的《两海贼》讲述了在禁海政策的逼迫下，粤地渔民携家小出海，成为海贼之事：

> 周玉、李荣皆番禺蜑民，以捕鱼为业，所辖缯船数百，其上

---

① （清）屈大均：《广东新语》卷二，中华书局，1985，第57~58页。
② （清）屈大均：《广东新语》卷二，中华书局，1985，第57页。

可以设楼房，列兵械，三帆八棹，冲涛若飞。平藩尚可喜以其能习水战，委以游击之任，遇警辄调遣防护，水乡赖以安辑。自康熙壬寅，奉有海禁之旨，于是尽掣其船，分泊港汊，迁其孥属于城内。玉等鹳獭之性，不堪笼絷，诈称归葬，请于平藩，可喜许之，即日携家出海，纠合亡命，声势大张。癸卯十一月，连樯集舰，直抵州前，尽焚汛哨庐舍，火光烛天，独于居民一无骚扰。①

实行海禁，渔民无所依托、无法适应生活，便成为海贼。《两海贼》折射出滨海居民与海洋之间的密切联系，以及清初海禁政策下逼民为贼的悲惨现实。

康熙四年（1665），辽东汉军旗人王来任巡抚广东，"时粤屡经寇盗，军民未安，来任至，抚集流亡，咨询疾苦"。②他在沿海地区查访，目睹了民众流离失所、家破人亡的惨痛景象。康熙六年（1667），王来任因迁海不力被革职，次年，其病危时仍记挂迁民之苦，写下遗疏，即促成清廷复界的《展界复乡疏》："粤东之边界极宜展也。粤负山面海，疆土原不甚广。今概于边海之地，再迁流离数十万之民，岁弃地丁钱粮三十余万亩。地迁矣，又再设重兵以守其界内之地……臣思设兵原以捍卫封疆而资战守，今避寇侵掠，虑百姓而资盗粮，不见安壤上策，乃缩地迁民，弃门户而守堂奥，臣未之前闻也。""臣抚粤二年有余，也未闻海寇大逆侵略之事。所有者，仍是地内被迁之民，相聚为盗。"③王来任的奏疏明确指出，禁海和迁界令的实施既无益于对台湾物资供给的阻断，又对普通民众造成巨大灾难，甚至逼民为盗，引发严重的社会危机。对此，他在疏中建议撤销禁海政策，招徕沿海迁民恢复耕种和渔盐业，将看守迁界的兵力移驻沿海州县以防外患，

---

① （清）钮琇：《觚剩》卷七，台湾文海出版社，1982，第141页。
② （清）蒋廷锡等修撰《大清一统志》，《续修四库全书》本，上海古籍出版社，2002。
③ 转引自（清）江日昇《台湾外记》，福建人民出版社，1983，第202~203页。

准许澳门与内地自由贸易，等等。

在王来任和时任广东总督周有德的吁请之下，清廷终允复界。《觚剩》中的《徙民》反映了此事：

> 甲寅春月，续迁番禺、顺德、新会、东莞、香山五县沿海之民，先画一界而以绳直之，其间多有一宅而半弃者，有一室而中断者，浚以深沟，别为内外，稍逾跬步，死即随之。迁者委居捐产，流离失所。而周、李余党，乘机剽掠。巡抚王公来任，安插赈济，存活甚众。公以病卒于粤，遗疏极言其状，始得复界，流民乃有宁宇。①

王来任和周有德深受广东沿海乡民的感激，百姓为其立庙敬奉，至今香火不绝。乾隆六年（1741），汕尾凤山祖庙扩建时设立二人神祇，"以神并尊"。②

清廷实施禁海迁界政策的初衷是阻断沿海地区与台湾的接触，以令郑成功"坐而自困"，未料"海禁愈严，彼利益普"。③郑成功之父郑芝龙是晚明时期海上武装贸易商队的代表人物，他亦商亦盗，以其为首的郑氏集团拥有近千艘海舶驰骋海上，通商朝鲜、琉球、占城、真腊、三佛齐等国，经济与军事实力均十分雄厚。清人褚人获的笔记小说《日出海门》中提及郑芝龙，小说写崇祯壬午年（1642），郑芝龙邀人于海上观日出，在前往观景阁途中，"连舸结舫，如履平地"，④其海船数量众多且装备精良。郑氏集团当时在海上的势力可见一斑。郑成功收复台湾后，一边勤稼穑，寓兵于农，一边子承父业，继续积极推动海上贸易，以商养兵，"以海外岛屿养兵十余万，甲胄戈矢罔

---

① （清）钮琇：《觚剩》卷七，台湾文海出版社，1982，第141页。
② 凤山祖庙理事会编《广东汕尾凤山祖庙志》，中国国际图书出版社，2008，第60页。
③ （清）郁永河：《伪郑逸事》，载《台湾府志》卷十九，中华书局，1985，第18页。
④ （清）褚人获辑撰《坚瓠集》广集卷四，上海古籍出版社，2012，第960页。

不坚利，战舰以数千计"。史籍记载，"本朝严禁通洋，片板不得入海，而商贾垄断，厚赂守口士兵，潜通郑氏以达厦门，然后通贩各国。凡中国诸货，海外皆仰资郑氏。于是通洋之利，惟郑氏独操之，财用益饶"，① 从而形成与清廷长期对峙的局面。直至康熙二十二年（1683），郑成功之孙郑克塽降清，台湾才被纳入清政府版图，同年十月，清廷命吏部侍郎杜臻等人前往广东、福建、江南、浙江四地主持沿海地区展界事。次年，康熙帝下诏开海。

"展界开海"政策施行数年之内，禁海与迁界令产生的不良影响仍在继续，《聊斋志异》中的《老龙舡户》便冷酷地揭示了当时的社会现实。小说主人公是山东高唐人朱徽荫，即朱宏祚，顺治五年（1648）举人，康熙二十六年至三十一年（1687~1692）任广东巡抚。故事讲述，康熙年间往来粤东的商旅多无头冤案，难以告破，以致积案累累。朱宏祚到任后向城隍神祈祷求助，睡梦中得其指点而获知线索，终破此案。城隍指点与梦中字谜预示均属海洋叙事中常见的神化因素，对这篇小说更应注意的是其神异风格背后对社会的关注。它反映了当时粤东沿海地区"暗无天日"之状：海盗多而凶悍，众海盗"以舟渡为名，赚客登舟，或投蒙药，或烧闷香，致客沉迷不醒，而后剖腹纳石，以沉水底"。② 无数客商在粤东入海口被劫杀、抛尸，一众官员怠政不作为，死者沉冤难昭，"冤惨极矣"！

由于种种原因，明清两代推行了数百年海禁政策，曾领先于世界的航海事业走向衰退，并对滨海居民造成直接影响。明朝推行海禁导致海盗的产生，在海禁政策和朝贡贸易制度的影响下，渔业与私人海外贸易受到抑制，沿海居民无地理条件从事农业生产，只能选择入海为盗："滨海民众，生理无路，兼以饥馑荐臻，穷民往往入海从盗，

---

① （清）郁永河：《伪郑逸事》，载《台湾府志》卷十九，中华书局，1985，第18页。
② （清）蒲松龄：《聊斋志异》，会校会注会评本，上海古籍出版社，2011，第1611页。

啸集亡命。"① 受生计所迫，民间商人打破海禁，私下通商，甚至勾结沿海豪民，伙同海寇海上掠夺，造成社会动乱。清初海禁政策的施行原因虽与明朝不尽相同，但导致了类似的社会问题。可以看出，清初涉海小说对当时实施的禁海与迁界令及其社会影响等，有着具体而真实的反映。

（二）小说中关于明清时期舆榇出使海外的书写

所谓"舆榇"，即载棺以随，指在做某件事之前先准备好为自己收尸的棺材，以示不遗余力地去做此事的决心和虽死犹不悔之念。显然这是一种非常悲壮的行为。从史籍中可以看到明清时期官员的相关事迹，例如明正德五年（1510）京师大旱，时任大理右评事的罗侨上疏，指责皇帝日夜与宦官游乐，政事荒芜，因而招致灾害频发，皇帝应慎戒逸游，摒弃玩赏，悉心图治，"庶可上弭天变，下收人心"。言辞非常激烈。"时朝士久以言为讳。侨疏上，自揣必死，舆榇待命。"② 嘉靖四十五年（1566），时任户部主事的海瑞也曾备棺上疏，他在《请臣下尽言疏》中慷慨陈词，批评世宗沉迷求仙设醮，不理朝政。世宗大怒，下令尽快抓捕海瑞以免其逃逸，宦官黄锦劝道："此人素有痴名。闻其上疏时，自知触忤当死，市一棺，诀妻子，待罪于朝，僮仆也奔散无留者，是不遁也。"③ 海瑞既已存死志，又怎会逃呢？

舆榇就任而不留任何退路，对明清时期出使海外的官员而言更是一度成为定例。清代与海洋文化关系密切的小说中，康熙年间笔记小说集《坚瓠集》中的《过海封王》提及舆榇出使：

> 明嘉靖中，郭给谏使琉球，录载风涛之险，景物之奇，不必

---

① （清）顾炎武编撰《天下郡国利病书》卷九三《福建》，载《四部丛刊三编》史部，上海涵芬楼 1935 年景印昆山图书馆藏稿本。
② （清）张廷玉等：《明史》卷一八九《罗侨传》，中华书局，1974，第 5013 页。
③ （清）张廷玉等：《明史》卷二九六《海瑞传》，中华书局，1974，第 5930 页。

言。中一条云：舟中舱数区，贮器用若干。又藏棺二副，前刻天朝使臣某人之柩，上钉银牌若干两。倘有风波之恶，知不可免，则请使臣仰卧其中，以铁钉锢之，舟覆而任其漂泊，庶使见者取其银物而置其柩于山崖，使后之使臣得以因便载归。奉使者其危若此，也可畏矣。①

郭给谏即郭汝霖。明嘉靖三十四年（1555），时任吏科左给事的郭汝霖受命册封琉球中山王尚元。册封琉球王制度自洪武五年（1372）始，至此已有十余次。时值倭寇乱华，沿海连年倭患，出使琉球不仅面临风涛之险，也需提防倭寇之乱，这是此前出使琉球时所未遇之状。因此，在海路险远、倭寇侵扰的前提下，出现了琉球"领封"之请，即由琉球使节直接将中国皇帝的册封诏书带回国内，无须朝廷再派人至琉球册封。《中山世谱》记录此事云："三十八年己未秋，遣正议大夫蔡廷会、长史梁炫等奉表贡方物并谢恩。时廷会等具言：'海中风涛叵测，海寇出没不时。恐使者有他虞，获罪上国。请如正德中封占城故事，赍回诏册，不烦天朝遣封。'"②但这一请求终被驳回，有学者考证，中国拒绝琉球"领封"请求的主要原因在于"不当示怯"于日本人。③在这种背景下，郭汝霖此次出使尤显悲壮。

《过海封王》中提及的"录"，当指郭汝霖回国后编写的《重编使琉球录》。《重编使琉球录》在上任使琉正使陈侃的《使琉球录》基础上重修而成，几乎全采《使琉球录》的内容。小说中描述的舆檥出使细节也出自《使琉球录》中的《使职务要》："洪武、永乐时出使琉球等国者，给事中、行人各一员，假以玉带、蟒衣，极品服色，预于临

---

① （清）褚人获辑撰《坚瓠集》余集卷三，上海古籍出版社，2012，第1309页。
② 〔琉球〕蔡温等编修《中山世谱》，载高津孝、陈捷等编《琉球王国汉文文献集成》第四册，复旦大学出版社，2012，第332页。
③ 陈占彪：《论郭汝霖"使琉"及其〈重编使琉球录〉》，《海交史研究》2016年第2期。

海之处。经年，造二巨舟，中有舱数区，贮以器用若干，又藏棺二副，棺前刻'天朝使臣之柩'，上钉银牌若干两，倘有风波之恶，知其不免，则请使臣仰卧其中，以铁锢之，舟覆而任其漂泊也……"① 沧溟万里，风涛叵测，生死难卜，出使海外时身家性命所寄"唯朝廷之威福与鬼神之阴骘"，② 然"序及我，我当往"。③ 从史籍与小说对舆榇出使的相关记载和描述中，能够体会到海路之风险和使臣的自我牺牲精神。明洪武、永乐时，"藏棺于船"是出使琉球、朝鲜等国必要的准备。到了嘉靖年间，据陈侃所言，因尚未出现使臣葬身大海之事，对于藏棺订牌"今有司不设备焉"。④ 虽如此，施行过很长一段时间的舆榇出使规定仍令人深感震撼，进而引发对奉命出使者的同情。

小说家对此也有文学性书写，出自乾隆年间文言小说集《萤窗异草》的《珊珊》，⑤ 即是一篇包含舆榇出使情节的遇仙故事。小说讲述过海册封暹罗王的副使许皋鹤在回程途中遭遇飓风，船被打翻，当时"正副使皆舆榇而行"，他便躺入所备之棺随浪漂泊。危难之际，他被昔日好友所救：

> 许皋鹤太史未第时，读书于溧水书院。有同舍生孙某，素同笔砚，为莫逆交。数年肄业，无所就，弃儒而商。随人航海，遂不复，疑其溺于弱水死矣。
>
> 太史既贵，恒思忆之。嗣遇册封暹罗，太史充副使，远涉海外。既竣使事，归途遇飓，覆其舟。故事，凡奉使入海，正副使

---

① （明）陈侃：《使琉球录》，"丛书集成初编"本，中华书局，1985，第71页。
② （明）陈侃：《使琉球录》，"丛书集成初编"本，中华书局，1985，第73页。
③ （明）赵釴：《谏议吴君悟斋使琉球赠言》，载《琉球文献史料汇编》明代卷，海洋出版社，2014，第170页。
④ （明）陈侃：《使琉球录》，"丛书集成初编"本，中华书局，1985，第73页。
⑤ 依据鲁迅先生的看法，《萤窗异草》大约成书于乾隆年间。见鲁迅《中国小说史略》，上海古籍出版社，1998，第149页。

皆舁榇而行，以备不虞。柩前钉一金字牌，题曰"使某国某官某公之灵"以为识。事迫则先卧其中，束手待毙而已。太史既罹水厄，无复生望，在柩中载沉载浮，听其所之，不葬鱼腹为厚幸。忽闻人语曰："此予之故人也，奚为至于此？"命启其棺。①

小说从遭遇风暴后入棺副使的视角，真切地刻画了他等待死神降临时的感受。这种在风浪肆虐下的无奈与悲伤，在茫茫大海中的弱小和渺小感，极易引发读者共情。令人欣慰的是，许皋鹤获救生还，不仅重逢少时好友，更娶得仙女为妻。小说结尾写道："后值五年之期，果有高丽之使。家人皆不欲，太史力请于廷，又乘传（船）以出。使事毕，暴卒于舟。既殓，棺轻于纸，异而启之，空空如也，盖随孙仙去云。"② 他到底是再次出使海外时"暴卒于舟"，还是真的成仙去了呢？故事结局耐人寻味。或许这只是小说家的善意，为出使海外殉职的使臣安排一个理想化的结局。小说家塑造的许皋鹤这一人物形象，可视为文人对舁榇出使者同情之感的表达。

（三）御倭叙事在清代小说中的神魔化呈现

清代初期受海洋文化影响的小说还与明代倭乱有密切关联，其中十余篇作品涉及倭寇。倭乱对明朝经济和社会造成巨大侵扰，特别是沿海居民深受其害。倭人于"官庾民舍焚劫，驱掠少壮，发掘冢墓。束婴孩竿上，沃以沸汤，视其啼号，拍手笑乐。得孕妇卜度男女，刳视中否为胜负饮酒，积骸如陵"。③ 他们出没海上，杀人、放火、掠财，行事风格残忍，所至之处尸骸遍地。从《王曾》等清初小说的描述中，可知明代沿海百姓对倭寇的惧怕已至草木皆兵的地步。明人对倭寇深恶痛绝，"终明之世，通倭之禁甚严，闾巷小民，至指倭相詈骂，甚以噤

---

① （清）长白浩歌子：《萤窗异草》初编卷二，人民文学出版社，2006，第68~69页。
② （清）长白浩歌子：《萤窗异草》初编卷二，人民文学出版社，2006，第71页。
③ （清）谷应泰：《明史纪事本末》卷五十五，中华书局，2015，第844页。

其小儿女云"。① 在明代小说中常可见"日本自古凶狡，非诸国比"，"倭奴狡猾，为诸夷第一"之类的评价，② 从中能感受到当时民众对其有强烈憎恨、厌恶之情。

由于王朝易代，清初小说的创作基调有所改变，但其中折射出的社会矛盾和民族心理都对前代有明显延续，《笔梨园》《金云翘传》等作品都对倭寇问题进行了反映。出自《醉醒石》的话本小说《矢热血世勋报国 全孤祀烈妇捐躯》专门讲述了明朝一位武官在抗倭战争中不幸身亡，其妻妾舍命保护忠臣后代的惨痛故事。小说中的倭寇"拿着男子引路，女人奸淫，小孩子掷在枪上，看他哭挣命为乐。劫火遍村落，血流成污池"。③ 据胡士莹考定，《醉醒石》完成时间应在入清之后，④ 当时距离明代倭患最为严重的嘉靖时期已有二百余年，且清廷与日本相互厉行禁海，两国基本处于隔绝状态，但从这些小说中可以看出，倭患带给人们的心理伤痛在清初并未完全平复。

成书于顺治年间的英雄传奇小说《水浒后传》（康熙三年刊刻）在这方面具有典型意义。作者陈忱托名"古宋遗民"，在"天崩地裂"的历史转折时期，因"胸中块垒，无酒可浇，故借此残局而著成之也"。⑤ 小说借助对传奇人物的书写，表达眷怀故国之情，以及寄恢复希望于海上的反抗精神和决不臣服的民族情绪。此书讲述梁山泊英雄李俊等人于太湖起义，继而聚集海上建功立业的故事。小说描写了日本国对其兴兵挑衅、实施侵掠之事，以及倭人贪婪、奸诈、狠毒的特点："其人虽好诗书古玩，却贪诈好杀，又名倭国……那倭

---

① （清）张廷玉等：《明史》卷三二二《列传·外国三·日本传》，中华书局，1974，第8358页。
② （明）沈德符：《万历野获编》卷十七，上海古籍出版社，2005，第2358、2359页。
③ （清）东鲁古狂生：《醉醒石》，上海古籍出版社，1956，第65页。
④ 见胡士莹《话本小说概论》，商务印书馆，2011，第799~800页。
⑤ 题"雁宕山樵"：《〈水浒后传〉序》，《古本小说集成》据华东师范大学图书馆藏绍裕堂刊本影印《水浒后传》，卷首。

王鸷戾不仁,黩货无厌。"①第三十五、三十六回写道,倭人常劫掠海上客商,由公孙胜设坛作法,祈雪祭风,大败倭兵于海上。李俊开拓海岛,于海外立国,显然是影射郑成功立足台湾抗清事。其中倭人的侵掠挑衅,是将明代史实移花接木至南宋,乃借古人酒杯,浇胸中块垒。

值得注意的是,《水浒后传》中公孙胜等人在对倭军进行压制时,使用了神魔化的手段。这种御倭叙事的神魔化呈现在之后的长篇小说《女仙外史》中更为明显。《女仙外史》成书于康熙四十三年(1704),全称《新刻逸田叟女仙外史大奇书》,小说讲述明初燕王朱棣谋夺建文帝皇位,唐赛儿于山东组织白莲教起兵勤王、讨叛诛逆,与燕王军队作战之事。"靖难之役"和唐赛儿山东起义均为历史上真实发生的事件,《女仙外史》将其糅合在一起,重新结撰成新的故事。按照时任江西按察使刘廷玑所言,小说作者吕熊因对《明史》中的"靖难"深有感怀,所以创作此小说以褒扬忠臣义士、孝子烈媛,谴责奸邪叛道者:

岁辛巳(指康熙四十年,1701),余之任江西学使。八月望夜,维舟龙游,而逸田叟从玉山来请见。杯酒道故,因问叟向者何为?叟对以将作《女仙外史》。余叩其大旨,曰:"常读《明史》,至逊国靖难之际,不禁泫然流涕,故夫忠臣义士与孝子烈媛,湮灭无闻者,思所以表彰之;其奸邪叛道者,思所以黜罚之,以自释其胸怀之哽噎。"……甲申(1704)秋,叟自南来见余曰:"《外史》已成。"以稿本见示。②

---

① (清)陈忱:《水浒后传》第三十五回,《古本小说集成》据华东师范大学图书馆藏绍裕堂刊本影印《水浒后传》,卷首。
② (清)刘廷玑:《江西廉使刘廷玑在园品题》,《古本小说集成》据复旦大学图书馆藏钓璜轩本影印《女仙外史》,卷首。

可见《女仙外史》着意于"靖难",有明确的演说历史的创作动机。但小说内容多属臆造,故事中包含各路仙、魔、佛、道人物,"神鬼精灵,出没笔端",① 是典型的神魔小说。

据小说第四十四回《十万倭夷遭杀劫 两三美女建奇勋》,建文六年(小说中的年号)春二月,司天监观星象判定"妖星出于海表,主倭夷入寇,应在春二月",后果然有"倭兵十万,海艘二百"海上来犯,于登州、莱州等地上岸攻城。但他们很快溃败于唐赛儿麾下女元帅的痛击,十万倭兵全被歼灭,仅剩看守船只的数百名老弱逃回日本。"其海鳅船,皆被大风刮去;搁住在沙滩者,止有十余只,登州将军收去,为巡哨之用。"战役中的六位女元帅和其率领的女修士毫无兵械装备,"皆是道妆结束,并无铠甲旗帜,也无弓箭枪刀",② 但御敌时杀伤力惊人。最后,无形"电光"青炁、白炁,以及"能长短变化"的宝剑这类神异武器,将数万倭寇"杀个罄尽"。

显然,同样刻画倭寇,清初长篇小说的叙事风格迥异于明代类似题材的小说,尤其对御倭战争场面的描写,由艰难抵抗、死伤无数,变为不伤一兵一卒而对倭寇的全面碾压。相较而言,明代小说中的抗倭叙事虽也包含文学性虚构,但均在合理范围内,大多为写实性描述,譬如《戚南塘剿平倭寇志传》即如此。而清初小说《水浒后传》《女仙外史》中的抗倭情节则呈现出神魔化特征,从后者第四十四回的回目来看,"十万倭夷"对战"两三美女",却全被劫杀于"电光"之下,可谓玄幻至极。小说中的倭寇形象也有所变化,作者笔下的倭人"性最淫","每过州县,见城垛上驾着大炮,都不敢攻城","却见城头上有几个绝色女子,都骑着驴儿走,只道是逃避的,众倭奴争先觅

---

① 题王新城(士禛):《女仙外史》第十四回回评,《古本小说集成》据复旦大学图书馆藏钓璜轩本影印。
② (清)吕熊:《女仙外史》第四十四回,《古本小说集成》据复旦大学图书馆藏钓璜轩本影印。

路上城"，①淫荡、懦弱且愚蠢，这与史籍中记载的倭寇"凶狡"形象不甚一致。

《女仙外史》之后，抗倭叙事在清代中期的小说中也常有神魔化呈现，诸如《绿野仙踪》《野叟曝言》《升仙传演义》等，御倭战场成为仙家修士展示超凡手段的舞台。可见，清代小说家在其作品中书写御倭，并非全着重于对海寇入侵、家园倾覆悲剧的反思，而是更多投合当时读者普遍的阅读趣味，将笔墨侧重于令人惊叹的海战场面，在叙述中着意以奇事炫目，消减了明时倭患所造成的家破人亡之痛。除去小说自身文体发展的原因，这种变化很大程度上是由于清人和明时人对倭患的整体感受有着根本不同。康熙朝后期去明已远，时移世易，倭患对人们而言已是遥远的过去，虽仍存有痛惜意味，但更能以旁观者心态看待此事。这一文学现象的出现，也从侧面反映出涉海小说与社会现实的密切关系。

（四）清初涉海小说创作体现出崇实倾向的原因

前文从三方面分析了清代初期涉海小说与现实之间的紧密联系，为何这些小说创作体现出较为明显的崇实倾向？笔者认为主要有以下原因。

1. 实学思想的影响

"实学"一词源于汉代王充所撰《论衡》卷十《非韩第二十九》："韩子非儒，谓之无益有损，盖谓俗儒无行操，举措不重礼，以儒名而俗行，以实学而伪说，贪官尊荣，故不足贵。"②"实学"概念起源较早，其中一些思想在先秦两汉时已经出现，但作为一种强调经世致用的思想和学说，则肇始于北宋二程，他们批判佛教的虚无主义，强调经学。"正叔先生曰：'治经，实学也……为学，治经最好。苟不自

---

① （清）吕熊：《女仙外史》第四十四回，《古本小说集成》据复旦大学图书馆藏钓璜轩本影印。
② 黄晖校释《论衡校释》，"新编诸子集成"本，中华书局，1990，第434页。

得则尽治《五经》，亦是空言。'"① 程颐弟子称赞其师云："颐究先王之蕴，达当世之务。"②

明清之际，实学思想的发展达到高锋。以顾宪成和高攀龙为首的东林人、清初顾炎武和黄宗羲等人摈弃阳明心学末流空谈情性的做法，关注现实，主张经世致用。顾宪成"力辟王守仁'无善无恶心之体'之说……尝曰：'官辇毂，志不在君父，官封疆，志不在民生，居水边林下，志不在世道，君子无取焉。'故其讲习之余，往往讽议朝政，裁量人物"。③ 据陆世仪所撰《复社纪略》记载，张溥等人创立复社的宗旨也在于"期与四方多士共兴复古学，将使异日者务为有用"。④ 清初王夫之、顾炎武、黄宗羲等人的思想在当时产生很大影响。顾炎武治学以务实致用为旨归，强调"文须有益于天下"，⑤ 他在《与人书》中指出："君子之为学以明道也，以救世也。"⑥ 黄宗羲也强调文学应反映现实、反映时代，他认为杜甫诗歌之所以被称为"诗史"，就在于其中蕴含丰富的现实精神，可"以诗补史之阙"。⑦ 在这种强调经世致用的实学思潮影响下，清代初期涉海小说创作也受到熏染，顺治、康熙两朝的相关作品关注现实，对海洋政策、海外出使、倭患等题材进行书写。例如《聊斋志异》中的《红毛毡》虽时、地未详，但揭示了西方海盗的狡诈以及对中国沿海区域的侵掠。小说家以手中之笔刻

---

① （宋）程颢、程颐：《二程遗书》卷第一《二先生语一》，上海古籍出版社，2000，第52~53页。
② （宋）程颢、程颐：《二程遗书》附录《伊川先生年谱》，上海古籍出版社，2000，第397页。
③ （清）张廷玉等：《明史》卷二三一《顾宪成传》，中华书局，1974，第6032页。
④ （清）陆世仪：《复社纪略》卷一，载《续修四库全书》第438册，史部杂记类，上海古籍出版社，2002。
⑤ （清）顾炎武：《与人书》，载（清）黄汝成集释《日知录集释》卷十九，《续修四库全书》第1144册，子部杂家类，上海古籍出版社，2002。
⑥ （清）顾炎武：《顾亭林诗文集》，中华书局，1959，第103页。
⑦ （清）黄宗羲：《万履安先生诗序》，载沈善洪主编《黄宗羲全集》第10册，浙江古籍出版社，1993，第47页。

画明清时期的社会现实，包括戍边官兵、使臣、濒海居民的生活状况与心态等，在涉海小说创作中体现出实学思潮影响的痕迹。

2. 清初民族心理的体现

清初涉海小说具有独特的时代特征，折射出鲜明的民族心理，主要表现在两个方面。

其一，反映清初满汉民族冲突，体现明遗民思想。

清初，满族作为少数民族入主中原，经历了改朝换代的文人心情复杂，不少人在其文学作品中展现了对故国的怀恋。例如上文提及的《水浒后传》署"古宋遗民著"，现存最早刻本康熙甲辰（1664）本内封刻有"元人遗本"，貌似为元明时期作品，实际上创作于清初。清俞樾《茶香室续钞》卷十三《后水浒》记曰："沈登瀛《南浔备志》云：'陈雁宕忱，前明遗老。生平著述并佚，惟《后水浒》一书乃游戏之作，托宋遗民刊行。'"[1] 经历亡国之痛的陈忱创作《水浒后传》，借卷首序言抒发自己的遗民心态："嗟乎！我知古宋遗民之心矣。穷愁潦倒，满腹牢骚，胸中块磊，无酒可浇，故借此残局而著成之也。然肝肠如雪，意气如云，秉志忠贞，不甘阿附……"[2] 又如，清初思想家、文学家王夫之将唐传奇《谢小娥传》改编成《龙舟会》杂剧。小说《谢小娥传》中并未提及谢小娥父亲、丈夫之名，王夫之分别命名为"谢皇恩"和"段不降"，以此讽刺和鞭挞背叛明王朝、投靠新朝的降将降臣。

《女仙外史》作者吕熊入清后未曾应试、出仕，乃受其父吕天裕影响："天裕以国变故，命熊业医，毋就试。"[3] 吕熊通过创作《女仙

---

[1] （清）俞樾：《茶香室丛钞》附录，载《茶香室丛钞》第3册，中华书局，1995，第735页。

[2] 题"雁宕山樵"：《水浒后传序》，《古本小说集成》据华东师范大学图书馆藏绍裕堂刊本影印《水浒后传》，卷首。

[3] 《昆山新阳合志》卷二五《人物·文苑》，乾隆十六年修辑。

外史》"褒显忠节，诛殛叛佞"，① 鞭挞明朝降将、降臣和"篡国者"，歌颂忠臣、节烈之士。清代陈奕禧评点《女仙外史》第一百回《忠臣义士万古流芳　烈媛贞姑千秋表节》时指出："（吕熊）作《外史》者，自贬其才以为小说，自卑其名曰'外史'，而隐寓其大旨焉。"②小说中很多情节，包括对唐赛儿率义兵勤王之举以及海上御倭的书写，都映射出作者对明朝的追思。在清初特定的历史背景下，这些描写具有特殊的内涵。陈奕禧提到的小说之"大旨"，就在于吕熊以小说补史的观念，在于其鲜明的遗民思想。因此，《女仙外史》在清康熙五十年（1711）正式刊行后被多次查禁。

其二，清代初期涉海小说体现出中日之间民族矛盾的变迁。

明朝从洪武年间起，倭寇与张士诚、方国珍余党勾连，"焚民居，掠货财，北自辽海、山东，南抵闽、浙、东粤，海滨之区，无岁不被其害"。③ 倭患至明朝中后期尤为严重。倭寇问题对小说创作产生了直接影响，数十篇相关题材的明清小说作品，揭示出倭乱带给沿海民众的巨大灾难和心理创伤。明人对倭寇有着极度仇恨的思想感情，清初涉海小说《水浒后传》《女仙外史》等作品以及清代中期小说中的御倭情节，本质上是此种心态的延续。

与此同时，由于时光流逝，清代小说家在书写倭患时已难以完全体会明朝人的切肤之痛，未能像明代小说家那样对御倭情节进行尽量客观的描述，而是常具有神魔化叙事倾向。小说中关于倭寇的描写多运用夸张、想象之笔法，如《水浒后传》中公孙胜等人在御倭时的神魔化手段，《女仙外史》中的仙灵幻化、斗法等情节。这些情节既是明朝中后期倭患遗留下来的民族记忆，也体现出民族矛盾心理的变迁。

---

① 吕熊：《女仙外史》第一回，《古本小说集成》据复旦大学图书馆藏钓璜轩本影印。
② 香泉（陈奕禧）：《〈女仙外史〉第100回回评》，《古本小说集成》据复旦大学图书馆藏钓璜轩本影印。
③ （清）谷应泰：《明史纪事本末》卷五十五，中华书局，2015，第844页。

到了晚清，尤其甲午海战之后，中日民族矛盾再次激化，特别是台湾人民对日军入侵的奋勇抗击尤为悲壮。这一时期出现多部涉及中日战争的小说，如《台战演义》《台湾巾帼英雄传》《说倭传》等，风格写实，反映出中日民族矛盾的又一次变迁。

二　清代中期乾嘉学风浸染下的小说创作与海洋文化

清代中期是有清一代相对而言最为繁荣和稳定的时期。清廷的统治至乾隆朝已较为稳固，社会和经济发展至鼎盛状态。同时，文化上也达到清代的极盛时期：考据学发展迅速，并形成后来的乾嘉汉学；乾隆三十六年（1771），朝廷重开博学鸿词科；乾隆三十八年，"四库全书馆"开设；等等。但与之并行的是大兴文字狱，据《清代文字狱档》所载，乾隆六年至五十三年，至少有文字狱案六十余起，[①] 文网罗织，士气消沉，莫此为甚。乾隆朝晚期，和珅擅权、政治腐败，衰世之象已显。到了道光年间，更是内忧外患接踵而至，"乾嘉盛世"的幻象已然破灭。从乾隆朝到鸦片战争之前的清代中叶，可谓清王朝由盛而衰的历史转折时期。生活于这一时期的文人心态与清初有很大不同，他们中间的大多数人已顺应当时的政治环境，另一些人虽有着某种不满情绪，但因畏祸而远离政治，其著作多不涉世务，更不敢稍议朝政："今人之文，一涉笔惟恐触碍于天下国家。此非功令实然，皆人情望风觇景，畏避太甚。见鳝而以为蛇，遇鼠而以为老虎，消刚正之气，长柔媚之风。"[②] 文人著书立说转向重视考据与博识："雍乾以来，江南人士惕于文字之祸，因避史事不道，折而考证经子以至小学，若艺术之微，亦所不废；惟语必征实，忌为空谈，博识之风，于

[①] 北平故宫博物院文献馆编《清代文字狱档》，见王有立主编"中华文史丛书"第九十四，台湾华文书局，1969年景印民国二十三年版。

[②] （清）李祖陶：《与杨蓉诸明府书》，载《迈堂文略》卷一，《续修四库全书》本，上海古籍出版社，2002。

是亦盛。"①

就小说创作而言，乾嘉学风一定程度上也浸染于小说家的心态与小说创作之中。这一时期的涉海小说至少有78篇（部）（具体篇目见附录三），其中有蕴含炫学因素的《谐铎》等文言小说，也有"以小说见才学"的《野叟曝言》《蟫史》《镜花缘》等章回小说。

这78篇（部）小说包括文言短篇小说64篇，长篇章回小说14部，总数量比清代前期相关作品多出大约2/5。文言小说多出自《聊斋志异》的模拟之作，诸如《子不语》（《新齐谐》，12篇）、《续子不语》（《续新齐谐》，5篇）、《谐铎》（4篇）、《夜谭随录》（1篇）、《耳食录》（4篇）、《萤窗异草》（3篇）等等，"皆志异，亦俱不脱《聊斋》窠臼"。②其中《谐铎》在诸拟作中最为优秀，被鲁迅称为"纯法《聊斋》者"，③但仍"能自存面目"，④《青灯轩快谭》评价其为"《聊斋志异》之外，罕有匹者"，⑤因而极受欢迎，在当时流传广泛，风行海内。

《谐铎》作者沈起凤出身书香世家，乾隆三十三年，他在年仅26岁时便中举，但其后"五荐不售"，遂绝意进取，一生在戏曲、小说和诗词方面都颇有建树。《谐铎》中的4篇涉海小说，即《大士慈航》《鲛奴》《桃夭村》《蜣螂城》，均具有文人化特征，且有所讽喻。《大士慈航》以女子贞节喻士子之气节，小说中的节妇被观音度化后叮嘱其弟道："士子守身，一如妇人守节，立志不坚，稍一蹉跌，堕入墨池，西江水不能涤也。慎之慎之！"⑥《鲛奴》批判了世间随波逐流者

---

① 鲁迅：《中国小说史略》，上海古籍出版社，1998，第179页。
② 鲁迅：《中国小说史略》，上海古籍出版社，1998，第149页。
③ 鲁迅：《中国小说史略》，上海古籍出版社，1998，第149页。
④ （清）邱炜萲：《客云庐小说话》，载朱一玄编《明清小说资料选编》，南开大学出版社，2006，第1079页。
⑤ 见蒋瑞藻编纂《小说考证》卷七，商务印书馆，1935，第185页。
⑥ （清）沈起凤著，伍国庆标点《谐铎》卷十二，岳麓书社，1986，第183页。

诙笑取媚的虚伪。小说讲述景生于海岸捡得的鲛人可以流泪化珠，在哭泣后泪水落下，"晶光跳掷，粒粒盘中如意珠也"。当景生问其"再试可乎"时，鲛人云："我辈笑啼，由中而发，不似世途上机械者流，动以假面向人。"①《桃夭村》讽刺了金钱可令黑白互换的世态，但作者偏爱笔下同为文人的人物蒋生，让故事情节一再反转，蒋生拒不向考官行贿以免"令文章短气"，最终出人意料地娶到美貌之妻。其妻在新婚之夜说："是非倒置，世态尽然。惟守其素者终能邀福耳。"②唯有固守本心才能真正感受到幸福。《蜣螂城》反"焦螟之卑栖，不肯为衔鼠之唳天；玄蝉之洁饥，不愿为蜣螂之秽饱"③之意，杜撰了一个香臭颠倒的海中岛国，讽刺辛辣，故事立意显然受到《聊斋志异》中美丑颠倒的《罗刹海市》的启发。这些故事充满谐趣，又蕴含了小说作者的价值取向。

沈起凤笔下的海洋世界浩渺、美丽、洁净，"登楼望海，见烟波汨没，浮天无岸……南眺朱岸，北顾天墟，之罘、碣石，尽在沧波明灭中"。④"泛海，飘至一处，山列如屏，川澄若画。四围绝无城郭。有桃树数万株，环若郡治。时值仲春，香风飘拂，数万株含苞吐蕊"，⑤仿若世外桃源，带有明显的文人意趣。

从清代对小说的查禁情况来看，并无因创作志怪和传奇等文言小说获罪的小说家，被查禁的作品多为白话小说。对白话小说的查禁，前期因为其述野史，与政治关联密切；后期主要因为其海淫海盗，多出于整肃民风的需求。⑥因此在清代中期，"小说家都不敢以时事为题材，即使是虚构故事，也要如《儒林外史》假托前朝，或者如《红楼

---

① （清）沈起凤著，伍国庆标点《谐铎》卷七，岳麓书社，1986，第107页。
② （清）沈起凤著，伍国庆标点《谐铎》卷四，岳麓书社，1986，第59页。
③ （晋）葛洪：《抱朴子》外篇卷三十九，上海书店，1986，第177页。
④ （清）沈起凤著，伍国庆标点《谐铎》卷七，岳麓书社，1986，第107页。
⑤ （清）沈起凤著，伍国庆标点《谐铎》卷四，岳麓书社，1986，第58页。
⑥ 见占骁勇《清代志怪小说集研究》，华中科技大学出版社，2003，第60页。

梦》称'无朝代年纪可考',顺治初期兴盛一时的时政小说此时完全销声匿迹"。[①] 这一时期受到海洋文化影响的13部章回小说也都有这些特点,即虚构、假托和神异(远离现实),诸如《镜花缘》中的海外异国,《常言道》中的小人国和大人国、《希夷梦》(《海国春秋》)和《海游记》中的梦中岛国等。

这些小说又暗含作者的见解和理想,体现出强烈的现世精神。如《希夷梦》,小说中的海洋世界存在于故事主角仲卿和子郸的梦中,他们所到的浮石等国更是虚无缥缈的梦幻海国。但作者无论对航海活动,还是对浮石诸邦地理物产和风土人情的形容,以及主角在海国中的种种具体行为、在经济和政治等方面才华的展示等,其描述风格基本上都是写实的。稍晚于《希夷梦》的另一部长篇涉海小说《海游记》构思与之相类,同样叙述梦中海国,"似仿《希夷梦》而文甚拙",[②] 作者在小说中对颓败世风和黑暗官场进行了辛辣嘲讽。乾嘉时期,不少小说家受实学思潮之影响,在其作品里不同程度地反映出"救亡图存""经世致用"的特征,于奇幻的海洋叙事中寄托理想、嘲讽现实。《绿野仙踪》《野叟曝言》《镜花缘》《希夷梦》《海游记》《常言道》等小说均如此。

综上所述,清代涉海小说中,短篇小说的创作者与明代相似,也多属文人士子,其题材在各个时期有着不同的特点;长篇小说的成书与刊印时间不似明代集中于某一朝。清代初期的涉海小说具有崇实性创作倾向,小说与现实的关联有三点值得重视,一是小说对清代禁海与迁界令的反映,二是小说中关于明清时期舆榇出使海外的书写,三是抗倭叙事在小说中的神魔化呈现。清代中期是清朝相对而言最为繁荣和稳定的时期,文化上也达到有清一代的极盛状态,但与此同时,

---

[①] 石昌渝:《清代小说禁毁述略》,《上海师范大学学报》(哲学社会科学版)2010年第1期。
[②] 孙楷第:《中国通俗小说书目》(外二种),中华书局,2012,第130页。

这一时期的文字狱案件之多、惩治之严酷、株连之广，均超此前任一朝代。因畏惧文字狱，时人著书立说转向重视考据与博识，当时的世风一定程度上体现于小说家心态和小说风格之中。这一时期的短篇涉海小说多出自《聊斋志异》诸拟作，带有明显的文人意趣；章回小说因避文网，具有虚构、假托和神异（远离现实）的共同特点。

小　结

本章对明清时期受到海洋文化影响的小说作品进行了梳理。要而言之，海洋文化对这一时期小说的影响相当广泛，几乎所有类型和体裁的小说均有作品受其影响，在题材和叙事中包含了明显的海洋文化因素。这些小说从题材来看，对前代同类作品有所继承，也有诸多创新；从叙事特征来看，既有海洋叙事的共性特质，又带有其所处时代的印记。从语言与文体类型的不同来看，短篇文言小说多具备明显的文人意趣和文人化特征，创作时间分布较为多元化；章回小说需考虑阅读市场的需求，其成书（初刊）时间和题材类型与明清时期长篇章回小说的整体发展历程密切相关。从艺术水平来看，这些小说的艺术水平基本上代表着明清小说的艺术水平，无论在数量上还是艺术成就上均远超前代同类作品。

综观明清小说作品中体现的海洋文化元素与海洋思维，可以明显地感受到，当现实中的愿望难以实现时，将理想寄托于海洋，不失为小说家普遍而富于浪漫色彩的做法。海洋在古代文人心目中的神秘感、神圣感与距离感，使其一次次成为明清时期小说家的心灵归宿。

第三章　传统海洋文化对明清小说题材的影响

关于海洋文化对文学的影响，研究者将其分为有序的三个层面。第一个层面是沿海地区所特有的地理环境直接对文学产生影响。第二个层面是基于海洋环境而形成的生产、生活方式，诸如以海上航运和濒海环境为基础而形成的商业、渔盐业等，对濒海神话与小说的产生和创作有着重要影响，在此基础上产生了一系列文学作品。第三个层面是基于海洋环境、生产生活方式而形成的精神文化对文学产生影响。[①]

本书研究海洋文化对明清小说的影响，分五章对此问题进行探讨。参照上述观点，第三、四章考察传统海洋文化和海洋叙事对鸦片战争之前的明清小说（1368～1840年）在题材、叙事模式和风格等方面的影响。所谓"传统海洋文化"，指沿海地区自古以来所特有的海洋环境和生产生活方式、人们对海洋的认知与感受，以及明代之前在此基础上产生的海洋奇兽、海中仙域、海外异域、海神信仰等与之相关的叙事题材。所谓"传统海洋叙事"，结合本书第一章的论述，包含两个因素，一是从艺术特色来看，具备自有文字记录起即有的奇异特征；二是从叙事模式来看，呈现出"出海—遭遇风暴—海上漂流（风吹至异域）—海岛（异域）奇遇"的情节模式。第五章考察基于海洋环

[①] 见王青《海洋文化影响下的中国神话与小说》，昆仑出版社，2011，第2页。

境、临海生产生活方式而产生的一些精神和制度文化,具体指明清时期与海洋环境密切相关的外交、贸易、海关和海禁、迁界、展界等政策以及由此衍生的倭乱、海盗等社会现象对鸦片战争之前小说的影响。

鸦片战争之后,中国发生了翻天覆地的变化,海洋文化对晚清小说(1840~1911年)的影响与前代相比也有着显著差异:就故事内容而言,相关小说对现实的关注明显增多,不少作品体现出救世精神或政治诉求;就小说种类而言,一些与海洋文化密切相关的翻译小说传入国内,与本土小说一起共享读者群;就传播方式而言,传统小说家在创作过程中开始尝试报刊连载的新型传播方式;等等。因此,笔者将在第六、七章对其单独进行探讨。

"潋溇溦滟,浮天无岸。沖瀜沉瀁,渺泳淡漫。波如连山,乍合乍散。"[1] 先民对于或平静或动荡的海面之下所隐藏的世界的猜测,对于人力所不能控的海洋现象的感受,反映在充满想象与虚构的神话传说之中。数千年来,随着航海技术的发展,人们更能近距离地接触海洋,对海洋的认知更为客观和深入,但同时又有着某种程度上的思维定势——面对浩瀚大海,很难不产生"其为广也,其为怪也,宜其为大也"的感受。[2] 在海洋文化影响之下,相关叙事文学作品也因此有了题材、风格与叙事模式上的传承。从远古时期神话到明清涉海小说,忽略小说文体自身发展的因素以及各个朝代所赋予文学作品的独特印记,可以看到它们常有着相似的题材和奇异叙事。下面主要对占相关涉海小说作品比例最大的海洋奇兽、海中仙域、海外异域、海神信仰等几类题材进行探讨。

---

[1] (晋)木华:《海赋》,载(南朝梁)萧统编《昭明文选》,中国戏剧出版社,2002,第97页。

[2] (晋)木华:《海赋》,载(南朝梁)萧统编《昭明文选》,中国戏剧出版社,2002,第97页。

第一节 海洋奇兽

"海洋奇兽"指异于常规认知的海洋生物，诸如人鱼、鲛人、三足鳖等奇异生物，以及体型巨大的鱼、虾、蟹等生物。此类题材的出现，本质上是沿海地区特有的地理环境直接对文学产生影响的结果。海洋在几十亿年的生命演化过程中形成了丰富多彩的生物世界，相对于浩瀚海洋，人类非常渺小。人们对海洋生物的认知从想象到部分了解是一个漫长的过程。远古时期囿于造船技术的落后，人类只能在岸边或近海处活动，尚无法更加深入海洋，因而对海洋生物的了解相当有限，对它们的认知多出于想象和浮光掠影式的印象。在海洋文化的影响下，从《山海经》等古籍至明清小说，都可见到对海洋奇兽的描述。

一 人鱼

《山海经·海内南经》中有着关于人鱼的描述："氐人国在建木西，其为人人面而鱼身，无足。"[①] 又《山海经·海内北经》云："陵鱼人面，手足，鱼身，在海中。"[②]《山海经·大荒西经》云："有鱼偏枯，名曰鱼妇。颛顼死即复苏。风道北来，天及大水泉，蛇乃化为鱼，是为鱼妇。颛顼死即复苏。"[③] 这些文字虽简略但也体现出人鱼外貌上的特殊性，即同时具有人与鱼的局部特征，面部为人、身为鱼类，名曰"鱼妇"，仿若是女性。我们知道，海洋中从体型大小来看与人类接近，又可在浅海区或岸上活动（人类不深入海洋即可看到）的生物有很多，在中国最常见的是海豹。海豹与《山海经》中关于人鱼的描述颇为相

---

① 袁珂校注《山海经校注》（最终修订版），北京联合出版公司，2014，第247页。
② 袁珂校注《山海经校注》（最终修订版），北京联合出版公司，2014，第280页。
③ 袁珂校注《山海经校注》（最终修订版），北京联合出版公司，2014，第351页。

似：大大的眼睛，懵懂的表情，短小的手（鳍），有手足（前后鳍）或无足（后鳍无法在岸上行走），常上岸栖息、活动，而且是哺乳动物。

唐宋时期，小说中的人鱼已与"性"如影随形，例如出自《洽闻记》的"海人鱼"：

> 海人鱼，东海有之，大者长五六尺，状如人，眉目口鼻手爪头，皆为美丽女子，无不具足。皮肉白如玉，无鳞，有细毛，五色轻软，长一二寸。发如马尾，长五六尺。阴形与丈夫女子无异，临海鳏寡多取得，养之于池沼。交合之际，与人无异，亦不伤人。①

能够看出，此处的人鱼形象较之《山海经》中的人鱼已有很大差异，在细致描绘人鱼的外貌和美丽女子相似之后，特意强调其"阴形与丈夫女子无异"，可与人交合。那么人鱼到底是男性还是女性？是否雌雄同体？小说对此语焉不详，或者说难以自圆其说。基本可以确定人鱼是人们幻想出来的生物，或有临海渔民捕猎到和"人鱼"相似的海洋生物，譬如海豹或儒艮，"养之于池沼"，但与之交合应不可能。笔者辑录到明清时期与人鱼相关的短篇小说4篇，即《海语·人鱼》《续太平广记·人鱼》《秋灯丛话·梦于鱼交》《子不语·美人鱼人面猪》。② 此外，长篇章回小说中也有人鱼形象的出现，例如《镜花缘》中唐敖众人于海外游历时，在到达毛民国之前看到人鱼，其形象同《山海经》中最初的人鱼形象基本一致，"鸣如儿啼，腹下四只长足，上身宛似妇人，下身仍是鱼形"，③ 属于题材上的完全继承。4篇

---

① （唐）郑常：《洽闻记》，载李剑国辑释《唐前志怪小说辑释》，上海古籍出版社，1986，第384页。
② 冯梦龙编纂的《古今谭概》"非族部"中也有一篇《人鱼》，内容与《续太平广记》中的《人鱼》相同，故未在此重复计数。
③ （清）李汝珍：《绘图镜花缘》第十五回，中国书店，1985年据光绪十四年上海点石斋本影印。

短篇小说中的人鱼，前两篇《人鱼》均来源于宋代《徂异志》中的《人鱼》，而文字略有不同，兹录如下：

> 待制查道，奉使高丽。晚泊一山而止，望见沙中有一妇人，红裳双袒，髻发纷乱，肘后微有红鬣。查命水工以篙扶于水中，勿令伤。妇人得水偃仰，复身望查拜手，感恋而没。水工曰："某在海上未省见此，何物？"查曰："此人鱼也，能与人奸处，水族人性也。"①（《徂异志·人鱼》）

> 人鱼长四尺许，体、发、牝、牡，人也。惟背有短鬣，微红耳，间出沙汭，亦能媚人。舶行遇者，必作法禳厌，恶其为祟故也。昔人有使高丽者，偶泊一港，适见妇人仰卧水际，颅发蓬短，手足蠕动，使者识之，谓其左右曰："此人鱼也，慎毋伤之。"令以楫扶投水中，噗波而逝。②（《海语·人鱼》）

> 宋待制查道，奉使高丽。晚泊一山，望见沙中有一妇人，红裳双袒，髻鬟纷乱，肘后微有红鬣。查曰："此人鱼。"命水工以篙扶于水中，勿令伤。妇人得水偃仰，复身望查拜手，感恋而退。③（《续太平广记·人鱼》）

对比唐、宋、明、清时期几篇关于人鱼的小说，能够发现它们之间最大的不同在于，唐宋时期的两篇小说强调人鱼能与人类"交合""奸处"，但明清时期的两篇小说中则没有这些内容。尤其是能够明显看出明清时期的两篇《人鱼》来源于宋代的《人鱼》，但它们均删掉原文中此人鱼"能与人奸处"的内容。明代的《人鱼》篇中还提到人

---

① 《徂异志》，载（明）陶宗仪编《说郛三种》，上海古籍出版社，1988。
② （明）黄衷：《海语》卷下，"丛书集成初编"本，中华书局，1991，第19页。
③ （清）陆寿名辑《续太平广记》，"昆虫部"，北京出版社，1996，第64页。

鱼"能媚人",清代的《人鱼》中则连这一特征也无。可以推测,造成这一点的原因是随着对海洋的了解更加深入,明清时人已有共识,即人鱼不可能与人类生殖相通,甚至人鱼根本就是不存在的。对此还可从清代另外两篇人鱼题材的小说中寻找旁证。小说集《子不语》中的《美人鱼人面猪》写舵工捕获人鱼后,知其迷路将它放归海中。小说中的美人鱼"貌一女子也",但拥有巨型身体,"与海船同大",① 绝不可能与人类有两性关系。小说集《秋灯丛话》中的《梦于鱼交》讲述人类女子"梦与鱼交"生下一子,此子在洗澡时会变成鱼,"宛然一鱼游泳盆中"。② 虽也属人鱼题材,但这篇小说中的人鱼形象已完全变异,或者是人(日常形态),或者是鱼(在水中时),摆脱了视觉上半人半鱼的形态。由于小说家并不相信前代文学作品中所谈及的人鱼真实存在,人鱼题材的小说在明清时期已由志怪倾向于谐谑和荒诞。此类题材的流变表明,虽然明清涉海小说存在明显的题材传承现象,但仍会伴随不同时期海洋文化内涵的变化而有所改变。

值得注意的是,在海洋文化的影响下,人鱼题材在明清小说中还产生了分支。清代学者屈大均在其著作《广东新语》中说人鱼有性别之分,"雄者为海和尚,雌者为海女",并描述海和尚形象为"多人首鳖身,足差长无甲",③ 这些文字基本引自上述明代《海语》中的《人鱼》和《海和尚》。明清时期关于海和尚的小说有 2 篇,分明出自《海语》和袁枚的《子不语》,这两篇小说中,雄性人鱼(海和尚)与人鱼最初的形象和风格完全不同,在《海语》中是"人首鳖身",其出现预示舟船不利;在《子不语》中其形象是"六七小人","遍身毛如猕猴,髡其顶而无发,语言不可晓",且能被晒干做成腊味,食

---

① (清)袁枚编《子不语》卷二十四,上海古籍出版社,2012,第 337 页。
② (清)王椷著,华莹校点《秋灯丛话》卷十八,黄河出版社,1990,第 316 页。
③ (清)屈大均:《广东新语》卷二十二,中华书局,1985,第 550 页。

之"可忍饥一年"。① 从这些文字来看,海和尚更像海龟之类的海洋生物或传说中的海猴子之类的海怪。显然,关于海和尚的小说是明清时期发展出来的与人鱼相关但形象迥异的另一种题材作品。

二 鲛人、三足鳖

鲛人出于晋代的《博物志》:"南海外有鲛人,水居如鱼,不废织绩,其眼能泣珠。"又:"鲛人从水出,寓人家积日,卖绡将去,从主人索一器,泣而成珠满盘,以予主人。"② 可见,鲛人的特征是活动于南海,能如鱼类一样待在水中,哭泣的眼泪可变为珍珠。有学者认为鲛人也是人鱼,是男性的人鱼。③ 笔者基于鲛人的特征,认同"鲛人"很可能并非海洋生物,而是采珠人的说法。

珍珠依据产地分为东珠(北珠)、西珠和南珠,其中东珠是淡水珍珠,产于东北地区的河流中,西珠和南珠为海水珠,西珠产于西洋,南珠产于南海。自秦始皇时起,"南珠"即为朝廷贡品,具有特殊的价值和社会地位。秦汉以来,历代封建帝王都将雷州一带视为南珠的主要产地,下诏采珠。采珠收益很高,一些官吏不顾珠蚌的生产周期逼迫珠民大肆捕捞,导致珠蚌减少、迁移。《后汉书·孟尝传》中记载了"珠还合浦"之事,即东汉孟尝任合浦太守时,对合浦郡沿海珠蚌资源所进行的保护,此事也从侧面反映出珍珠的贵重和吸引力。因官府规定民间不得私自采珠,还出现了对珍珠的盗采,《异物志》载:"合浦郡善游,采珠儿年十余岁,使教入水。官禁民采珠,巧盗者蹲水底刮蚌,得好珠,吞而出。"④ 采珠人能"蹲水底刮蚌",可见其水

---

① (清)袁枚编撰《子不语》卷十八,上海古籍出版社,2012,第236页。
② (晋)张华撰,(宋)周日用等注,王根林校点《博物志》(外七种),上海古籍出版社,2012,第13页。
③ 见倪浓水《古代海洋生物的变形书写及政治与人伦因素附加》第三部分,《浙江海洋大学学报》(人文科学版)2018年第1期。
④ (汉)杨孚撰,(清)曾钊辑《异物志》,中华书局,1985,第3页。

性之好，采得珍珠后"吞而出"水，即将珍珠藏于口中。联系鲛人"水居如鱼"的形象，"鲛泪化珠"或即采珠人口中吐珠的文学化描述。

在小说作品中，"鲛泪化珠"是非常富于浪漫色彩的表达。清代小说《谐铎·鲛奴》写道，一名鲛人被景生于海岸捡得并收留为奴，他虽面貌奇异，"碧眼蜷须，黑身似鬼"，但性格坦荡、知恩图报，对家乡更是怀有赤子之情。小说中鲛奴一共哭泣两次。第一次是景生患相思之疾后，担忧自己如果离世鲛奴将无家可归："琅琊王伯舆，终当为情死。但汝海角相依，迄今半载，设一旦予先朝露，汝安适归？"鲛人非常感动，"闻其言，抚床大哭，泪流满地"。第二次是在其登楼望海时触动乡愁而哭："挈鲛人登楼望海，见烟波泪没，浮天无岸。鲛人引杯取醉，作旋波宫鱼龙曼衍之舞。南眺朱崖，北顾天墟，之罘、碣石，尽在沧波明灭中。喟然曰：'满目苍凉，故家何在？'奋袖激昂，慨焉作思归之想，抚膺一恸，泪珠迸落。"鲛人可泣泪化珠，但他的性格与世间随波逐流者的虚情假意截然相反，并不能随便哭泣："我辈笑啼，由中而发，不似世途上机械者流，动以假面向人。"鲛人的情感真挚动人，鲛人的眼泪"晶光跳掷，粒粒盘中如意珠"，纯洁而高贵的情感与纯洁而贵重的珍珠相得益彰。①

另一种在明清小说中可见的海洋奇兽是上古神话中即有的三足鳖，此种生物应是先民基于对龟类海洋生物的印象想象而成。《山海经·中山经》云："又东五十七里……其阳狂水出焉，西南流注于伊水，其中多三足龟，食者无大疾，可以已肿。"② 明代小说集《庚巳编》中有《三足鳖》的故事，且被明代小说集《续耳谭》《夜航船》、清代小说集《坚瓠集》《续太平广记》等书收录，小说里的三足鳖由《山

---

① 本段所有引文出自（清）沈起凤著，伍国庆标点《谐铎》卷七，岳麓书社，1986，第107页。

② 袁珂校注《山海经校注》（最终修订版），北京联合出版公司，2014，第134页。

海经》中有疗疾功能转变为有杀人功能。故事讲述一名渔民在食用三足鳖之后，除头发之外全身即刻融化，毫无踪影，显示出强烈的怪异感。《庚巳编》中亦有《九尾龟》的故事，被清代小说集《坚瓠集》所收录，讲述九尾龟尾之两旁有小尾各四，被一对父子啖食。"是夕，大水自海中来，平地水高三尺许，床榻尽浮，十余刻始退"，父子俩在大水中失踪，被认为"害神龟，为水府摄去杀却也"。① 故事透露出带有果报因素的怪诞感。

现实中或真有"六足龟"存在，曾被暹罗等国作为贡物进献。《粤海关志·会验暹罗国贡物仪注》记载："康熙三年七月，平南王尚可喜奏言：暹罗国来馈礼物，却不受。是年，题准进贡……其年，暹罗入贡方物，凡十三种，有孔雀、六足龟。谨按：是年定制，孔雀、六足龟，后俱免进。"② 小说《三宝太监西洋记通俗演义》中写道，罗斛国进献的贡物中有白龟二十个，"白龟之白还不至紧，又有六只脚，最是可爱"。③ 此外，明清小说中还可见到"一个鱼头，十个鱼身"的何罗鱼、能够上岸后"腾空而去"的飞鱼等神奇的海洋生物。④ 这类题材体现出海洋叙事中常见的想象、夸饰与虚构特征。

三 海洋大物

对海洋生物体型之大的想象与夸饰性描述是海洋叙事中的传统题材。《庄子·逍遥游》中的鲲鹏"不知其几千里也"，⑤《庄子·外物》中任公子所钓大鱼能够激起山一样高大的海浪，"白波若山，海水震

---

① 见（明）陆粲《庚巳编》卷十，中华书局，1987，第128~129页。
② （清）梁廷枏撰，袁钟仁点校《粤海关志》，广东人民出版社，2014，第429页。
③ （明）罗懋登著，陆树仑、竺少华校注《三宝太监西洋记通俗演义》第三十三回，上海古籍出版社，1985，第433页。
④ 见（清）李汝珍《绘图镜花缘》第十五回，中国书店，1985年据光绪十四年上海点石斋本影印。
⑤ （清）郭庆藩辑《庄子集释》，中华书局，1961，第2页。

荡",其肉能供无数人食用,①《晏子春秋》中晏子所说的极大之物"足游浮云,背凌苍天,尾偃天间,跃啄北海,颈尾咳于天地",② 等等。在诸子学说中,这些超出普通人想象的庞大海洋生物常作为辩证论题的素材而出现:"鲲鹏数千里,或庄生之寓言。"③ 后世的涉海小说继承并发扬了这一题材,削弱其中的辩证色彩,着重强调其生物性质上的"大"。

历代小说中都有描述海洋大物的作品,例如《广异记·南海大鱼》《岭表录异·海鳅》《青琐高议·巨鱼记》《夷坚志·海口镇鱎鱼》《夷坚志·海盐巨鳅》,以及《癸辛杂识》续集中的《海口镇鱎鱼》等。此类题材发展至明清,大致呈现三种类型:一是题材上的完全复制,即对前代关于海洋大物的相关传闻或笔记进行原样收录;二是题材上的继承,即对海中大物的叙述多出自当代传闻或作者亲历;三是题材上的超越,譬如叙事时在一定程度上削减海中大物的动物性特征而赋予其人格等。从题材上的完全复制到题材的超越,体现出海中大物题材由传统的笔记体的记录逐渐发展为富有情节和趣味性的叙事。

我们知道,海洋中体型最庞大的生物是鲸类,鲸在自然死亡之后沉落海底,被众多海洋生物食用、分解,可形成并维护一个新的生态系统,这一过程被生物学家称为"鲸落"(Whale fall)。同样,不幸搁浅的鲸也可供沿海无数居民取食。南宋绍兴十八年(1148),漳浦海港有海鳅搁浅,乡人争割其肉,《夷坚甲志》卷七《海大鱼》记之:

> 绍兴十八年,有海鳅乘潮入港,潮落,不能去,卧港中。水

---

① (清)郭庆藩辑《庄子集释》,中华书局,1961,第925页。
② 吴则虞:《晏子春秋集释》,中华书局,1982,第514页。
③ (明)谢肇淛撰,傅成校点《五杂组》卷九,《明代笔记小说大观》本,上海古籍出版社,2005,第1680页。

深丈五尺，人以长梯架巨舟登其背，犹有丈余。时岁饥，乡人争来剖肉。是日所取，无虑数百担，鳅元不动。次日，有剜其目者，方觉痛，转侧水中，旁舟皆覆，幸无所失亡。取约旬日方尽，赖以济者甚众，其脊骨皆中米臼用。①

海鳅被割肉几百担尚无反应，直至被剜目时才觉疼痛，乡民取其肉十多日方尽，可见其体型之大。宋代周密的《癸辛杂识》也记载了在绍兴三十二年，浙江海边的沙滩上有只长达十几丈的海鳅搁浅，人们搭木梯爬上其背，割肉带回家之事。海鳅即露脊鲸，唐人刘恂《岭表录异》云："海鳅，即海上最伟者也。其小者亦千余尺，吞舟之说，固非谬也。每岁，广州常发铜船，过安南货易，路经调黎深阔处，或见十余山，或出或没，篙工曰：'非山岛，鳅鱼背也。'双目闪烁，鬐鬣若簸朱旗。日中忽雨霢霂，舟子曰：'此鳅鱼喷气，水散于空，风势吹来若雨耳。'"②可见，海鳅的显著特征一是极大（肉多、脊背高大），二是呼吸时所喷之水飘散如雨，小说中提及海鳅时也多围绕这两个特征进行实录或夸饰："海上有大鱼，过崇明县，八日八夜，其身始尽。"③

历代海洋大物类题材的涉海小说中，以海大鱼最为常见。笔者阅读相关小说文本，发现"大鱼"往往指海鳅（鲸）。可以推测，海洋中体型庞大的生物虽多数不生活于浅海区域，但海鳅因为常活动于海面，偶尔还会不幸搁浅，较易被滨海居民或海船上的乘客看到，因此其知名度很高。宋代以来海鳅甚至被用于命名一种战船（海鳅船）。严格来讲，海鳅是哺乳动物，不能称之为鱼，古人对海洋生物的了解有限，因而将其笼统归入"海大鱼"类。在明清小说中，这类题材呈现出的第一种类型是对之前小说的完全复制，即对前代相关

---

① （宋）洪迈：《夷坚志》，中华书局，2006，第62~63页。
② （唐）刘恂：《岭表录异》卷下，中华书局，1985，第19页。
③ （明）王同轨：《耳谈类增》卷三十九，《续修四库全书》本，上海古籍出版社，2002。

传闻或笔记进行原样收录。上述南宋绍兴十八年漳浦海港出现海鳅搁浅事即被小说家数次收录，就笔者所见，明清时期有《五杂组》《古今谭概》《续太平广记》等小说收录此事：

  宋高宗绍兴间，漳浦海场有鱼，高数丈，割其肉数百车，至剜目，乃觉转鬣，而傍舰皆覆。①（《五杂组·巨鱼如山》）

  宋高宗绍兴间，漳浦海场有鱼，高数丈，割其肉数百车，至剜目乃觉，转鬣而旁舰皆覆。②（《古今谭概·海大鱼》）

  绍兴十八年，漳浦海岸有巨鱼，高数丈。割其肉数百车，剜目乃觉，转鬣，而傍船皆覆。③（《续太平广记·巨鱼》）

巨鱼不幸搁浅而被生割其肉、剜其目，这一幕富有画面冲击感，令人印象深刻。冯梦龙编纂的《古今谭概》中也辑有类似事件："南海人尝从城上望见海中推出黑山一座，高数千尺，相去十余里，便知为大鱼矣。此鱼偶困而失水，蜿蜒岛上，居人数百咸来分割其脂为膏，经月不尽，又有贪取鱼目为灯……"④ 明清小说除收录前代的海洋大物题材之外，对于发生在明代的此类事件也相互传播，异文众多。例如明万历年间，浙帅刘炳文由海路自台州到登州，行至荣城石岛和成山附近时，"于乱礁上见一巨鱼横沙际，数百人持斧，移时仅开一肋，肉不甚美，肉中刺骨亦长丈余，刘携数根归以示人"。⑤ 就笔者目力所及，此事至少被明代小说集《五杂组》《古今谭概》以及明清之际的

---

① （明）谢肇淛撰，傅成校点《五杂组》卷九，《明代笔记小说大观》本，上海古籍出版社，2005，第1680页。
② （明）冯梦龙编纂《古今谭概》，"非族部卷三十五"，文学古籍刊行社，1955。
③ （清）陆寿名辑《续太平广记》，"昆虫部"，北京出版社，1996，第60页。
④ （明）冯梦龙编纂《古今谭概》，"非族部卷三十五"，文学古籍刊行社，1955。
⑤ （明）谢肇淛撰，傅成校点《五杂组》卷九，《明代笔记小说大观》本，上海古籍出版社，2005，第1680页。

笔记小说《枣林杂俎》等传录。再如,《使琉球录》中记载的使臣泛海出使琉球途中遇见巨鲸一事,也被《耳谈类增》《古今谭概》《续太平广记》等明清笔记小说传录:"海舟泛琉球,夜见山起接云,两日并出,风亦骤作,撼舟欲覆。众皆骇感,舟师摇手令勿言,但闭目坐,久始不见,舟师额手贺曰:'我辈皆重生矣。起接云者,鲸鱼翅也;两日,目也。'"①

明清小说中此类题材呈现出的第二种类型是题材上的继承,即对海中大物的叙述多出自当代传闻或作者亲历。这类作品较为常见,除上述明万历年间巨鱼和使琉球途中所遇巨鲸事外,被王鏊推为"明代说部第一"的《菽园杂记》中,也记有景泰年间乐清大鱼搁浅事,大鱼"时时喷水满空,如雨。居民聚集磔其肉",②呼吸时喷水,应属鲸类。又,"刘时雍为福建右参政时,尝驾海舶至镇海卫,遥见一高山,树木森然,命帆至其下。舟人云:'此非山,海鳅也。舟相去百余里,则无患,稍近,鳅或转动,则波浪怒作,舟不可保。'刘未信,注目久之,渐觉沉下,少顷则灭没不见矣。始信舟人之不诬。盖初见如树木者,其背鬣也。"③亦是鲸。另外,笔记小说《五杂组》的作者谢肇淛是福建长乐人,家乡属于临海地区,其小说集中常可见到作者亲历的一些关于海洋现象及海洋生物的描述:"余家海滨,常见异鱼。一日,有巨鱼如山,长数百尺,乘潮入港,潮落不能自返,拨剌沙际。居民以巨木拄其口,割其肉,至百余石。潮至,复奋鬐浮出,不知所之。又有得巨鱼脊骨为臼者,今见在也。"④清代志怪小说集《秋灯

---

① (明)王同轨:《耳谈类增》卷三十九,《续修四库全书》本,上海古籍出版社,2002。
② (明)陆容撰,李健莉校点《菽园杂记》卷十二,《明代笔记小说大观》本,上海古籍出版社,2005,第498页。
③ (明)陆容撰,李健莉校点《菽园杂记》卷十二,《明代笔记小说大观》本,上海古籍出版社,2005,第495页。
④ (明)谢肇淛撰,傅成校点《五杂组》卷九,《明代笔记小说大观》本,上海古籍出版社,2005,第1680页。

丛话》的作者王椷家乡为福山（今属山东烟台），同为临海地区人，其小说集中也可见到关于海洋大物的传闻："余家濒海，康熙中，有一巨鱼随潮至，潮退不能去，遂死沙碛。长数十丈，高三丈许……村民架梯而登，争取其肉，数日方尽。"① 此事也被记入《聊斋志异》的《于子游》篇中。

巨鱼之庞大，可吞人甚至吞舟，令人目睹后有"世间安有此等生物"的不真实感，故而谢肇淛感叹道："若非亲见，以语人，人岂信乎？"② 因此不难理解当滨海居民遇到搁浅的鲸后，见其随雷雨"飞跃而去"，认为其属于龙类生物的这种敬畏心理。③ 除"海大鱼"外，明清小说中还可见到其他类的海洋大物，诸如巨虾、巨蟹、巨鼍、海雕、海凫等等（见附录二、附录三）。这些生物无一例外均为巨大体型，其庞大完全超越普通人的认知范围，蟹"大丈余，螯如巨橡"，虾须如"墙桅林立"，④ 鼍背"边幅广修不知几百里"，海雕"大如象，舒翅如船篷"，海凫毛"长三丈"，云云。⑤ 显然这些文字带有夸张的成分，《耳谈类增》索性将海洋大物类题材归入《大言》篇，可知作者的态度。

综上，海洋大物类题材或为基本实录，或为夸饰，小说作者首先展示这些生物的尺寸，其次突出其与人类对比时的体形悬殊，无不强调其"大"。要而言之，这些小说的辑录与传播反映了大物崇拜心理与好"奇"心理，同时也是对传统海洋叙事题材的继承，有着一个普遍性的海洋文化背景。⑥

---

① （清）王椷著，华莹校点《秋灯丛话》卷十八，黄河出版社，1990，第71页。
② （明）谢肇淛撰，傅成校点《五杂组》卷九，《明代笔记小说大观》本，上海古籍出版社，2005，第1680页。
③ 见（明）陆容撰，李健莉校点《菽园杂记》卷十二，《明代笔记小说大观》本，上海古籍出版社，2005，第498页。
④ （清）王椷著，华莹校点《秋灯丛话》卷十八，黄河出版社，1990，第71页。
⑤ （明）冯梦龙编纂《古今谭概》，"非族部卷三十五"，文学古籍刊行社，1955。
⑥ 也有学者指出，海洋大物叙事与佛经故事的传播相关。见王立《东亚海中大蛇怪兽传说的主题学审视》第二部分，《唐都学刊》2003年第1期。

在此基础上，明清小说中此类题材还出现了第三种类型，即题材上的超越，由传统的笔记体记录逐渐发展为富有情节和趣味性的叙事。《三宝太监西洋记通俗演义》第九十六回写道，软水洋中的两个魔王之一是鱼王，体形庞大，"约有百里之长，十里之高。口和身子一般大，牙齿就象白山罗列，一双眼就像两个日光"，还可吞舟。"开口之时，海水奔入其中，舟船所过，都要吃他一亏。怎么吃他一亏？水流得紧，船走得快，一直撞进他的口，直进到他肚子里，连船连人永无踪迹"，① 怪异而可怖。这是海洋大物题材中大鱼吞舟的文学性描写，烘托了软水洋之凶险，令小说叙事更为流畅和生动。《镜花缘》第十五回，唐敖等人游历至元股国时，沿海边观看渔人捕鱼。他们见到了有十个鱼身的何罗鱼、食之能成仙的飞鱼，还见到海大鱼："忽见海面远远冒出一个鱼背，金光闪闪，上面许多鳞甲，其背竖在那里，就如一座山峰。唐敖道：'海中竟有如此大鱼！无怪古人言：大鱼行海，一日逢鱼头，七日才逢鱼尾。'"此处对各类海洋生物的描述无疑增添了故事情节的丰富与趣味性。《聊斋志异》中的《海大鱼》则赋予海中大物以人格："相传海中大鱼，值清明节，则携眷口往拜其墓，故寒食时多见之。"② 饶有风味。其《于子游》更是将海大鱼身边的随侍幻化为一名风雅少年：

> 海滨人说："一日，海中忽有高山出，居人大骇。一秀才寄宿渔舟，沽酒独酌。夜阑，一少年入，儒服儒冠，自称：'于子游。'言词风雅。秀才悦，便与欢饮，饮至中夜，离席言别。秀才曰：'君家何处？玄夜茫茫，亦太自苦。'答云：'仆非土著，

---

① （明）罗懋登著，陆树仑、竺少华校注《三宝太监西洋记通俗演义》第九十六回，上海古籍出版社，1985，第1233页。
② （清）蒲松龄著，张友鹤辑校《聊斋志异》，会校会注会评本，上海古籍出版社，2011，第177页。

以序近清明，将随大王上墓。眷口先行，大王姑留憩息，明日辰刻发矣。宜归，早治任也。'秀才亦不知大王何人，送至鹢首，跃身入水，拨剌而去，乃知为鱼妖也。次日，见山峰浮动，顷刻已没。始知山为大鱼，即所云大王也。"俗传清明前，海中大鱼携儿女往拜其墓，信有之乎？①

大鱼在海中的身影如同"山峰浮动"，这一表达方式依然继承了海中大物之"大"的惯例。但故事构思奇妙的是，《于子游》中的大鱼是"大王"，大王随侍众多，清明前"携儿女往拜其墓"，体现出其人格化的特征。大鱼身边随行人员幻化成的少年乃"儒服儒冠""言词风雅"，"大王"之风采也可想见。这些人物塑造和情节设置为故事增添不少神秘氛围与趣味感。可见，海中大物类题材在明清小说中既有传统的笔记体叙事，也可发展为富于情节与趣味性的叙事，两种叙事风格在明清小说中是并存的。

第二节　海中仙域

仙域乃神仙居住之处。海洋的浩瀚壮阔及其蕴藏的无尽力量令上古先民为之折服，但因当时造船和航海技术尚不发达，人们难以普遍性地深入海洋，与中华之外异质文化间的交流非常偶然。在这一阶段，人们对海洋和海外世界充满浪漫幻想，想象在海洋之中有仙域，仙人居住其间。《山海经·海内北经》云："列姑射在海河州中。姑射国在海中，属列姑射，西南，山环之。"② 海河州中的列姑射山，在《列子》《庄子》的描述中更为详细和奇幻，其对海上神仙的刻画非常生

---

① （清）蒲松龄著，张友鹤辑校《聊斋志异》，会校会注会评本，上海古籍出版社，2011，第1529页。
② 袁珂校注《山海经校注》（最终修订版），北京联合出版公司，2014，第279页。

动:"藐姑射之山,有神人居焉,肌肤若冰雪,淖约若处子,不食五谷,吸风饮露。乘云气,御飞龙,而游乎四海之外。"① 超然于世俗之外。可以感受到,先民倾向于对烟波浩渺的海洋进行神化与美化。

在秦汉以来的仙道之说以及之后佛教的影响之下,汉魏六朝时期的文学作品更明显地体现出这一特征,海洋与仙域二者紧密关联。第一章所考察的《神异经》《海内十洲记》《拾遗记》《博物志》等作品,都描述了海中的仙阙福地及其神仙与物产。在这些作品中,海上神人或如少女一样美好,"不食五谷,吸风饮露",肌肤若冰雪般洁白光滑,具有永葆青春的生命力;或"乘白马朱鬣,白衣玄冠,从十二童子,驰马西海水上,如飞如风"。② 仙域之中风景瑰丽,充满神奇的仙植与灵兽:"祖洲近在东海之中,地方五百里,去西岸七万里。上有不死之草,草形如菰苗,长三四尺,人已死三日者,以草覆之,皆当时活也。服之令人长生。"③ 因道教强调凡人也能得道成仙,魏晋之后的文献中也越加频繁地演述凡人偶入仙域的奇遇,④《博物志》中的"乘槎游星河"故事即是其中一例。

到了唐宋元时期,开放的海洋政策促进了沿海经济与海洋贸易的发展,"海外诸国,日以通商,齿革羽毛之殷,鱼盐蜃蛤之利,上足以备府库之用,下足以赡江淮之求"。⑤ 渔业和海上贸易伴随着频繁的航海活动,人们与海洋和海外世界有了更深层次的互动,"诸国之来

---

① (清)郭庆藩辑《庄子集释》,中华书局,1961,第28页。
② (汉)东方朔撰,(晋)张华注,王根林校点《神异经》,上海古籍出版社,2012,第96页。
③ (汉)东方朔撰,王根林校点《海内十洲记》,载《博物志》(外七种),上海古籍出版社,2012,第105页。
④ 关于凡人入仙域奇遇的研究,可见以下论文:李丰楙:《六朝仙境传说与道教之关系》,《中国文学》1980年第8期;王青:《中国小说中相对性时空观念的建立》,《南京师范大学学报》(社会科学版)2004年第3期等。
⑤ (唐)张九龄:《开凿大庾岭路序》,载刘斯翰校注《曲江集》,广东人民出版社,1986,第608页。

王者且帆蔽海上而未已；中国之至于彼者如东西家然"，①海洋的神秘面纱被逐渐掀开。在此背景下，唐宋元三代的文人对海洋和海外世界有着明显的探索意识，受海洋文化影响的小说也包含了深入体验海洋的意味。在人们对海洋有着较为客观认知的前提下，这一时期的海中仙域题材更多具有象征意义。一方面在佛道思想的影响下延续前代遇仙、寻仙、海天佛国主题，如唐代道士杜光庭于《洞天福地岳渎名山记》中描绘仙山在海上的位置："方壶山在北海中……蓬莱山在东海中……沃焦山在东海中……方丈山在大海中……钟山在北海中……员峤山在大海中"，并注曰："十洲三岛，五岳诸山，皆在昆仑之四方，巨海之中，神仙所居，五帝所理，非世人之所到也。"②再如小说《搜神秘览·蓬莱》中李秀才泛海遇暴风，飘至蓬莱岛遇仙，都表达了凡人对于神仙世界的向往之情。另一方面还表现出明显的文人意趣和现实气息，如《北梦琐言·张建章泛海遇仙》中，唐御史大夫张建章在出使渤海国途中遭遇风涛，之后得一青衣相请，"至一大岛，见楼台岿然，中有女仙处之，侍翼甚盛，器食皆建章故乡之常味也。食毕告退，女仙谓建章曰：'子不欺暗室，所谓君子人也。忽患风涛之苦，吾令此青衣往来导之。'及还，风涛寂然，往来皆无所惧"。③张建章能够在海上得到仙人庇佑、到达海中仙域，乃因其品行高洁、为人坦荡，也就是说，只有正人君子才能结此仙缘，海中仙域在此转变为阐释作者某种思想的背景设定。

在海洋文化的影响下，海中仙域类题材的小说在明清时期依然存在，作为明清小说的一部分，它们同其他小说相似，无论在数量上还是艺术水平上都有了长足发展。笔者所辑录的明清时期此类小说，按

---

① （明）王彝：《泉州两义士传》，载《王常宗集》（二），台湾商务印书馆，1972，第6页。
② （唐）杜光庭：《洞天福地岳渎名山记》，载《四库全书存目丛书》子部第258册，齐鲁书社，1995，第385页。
③ （五代）孙光宪撰，林艾园校点《北梦琐言》卷十三，上海古籍出版社，2012，第99页。

照仙域所处地点来看,一类在地面之上(岛屿、海内仙山),另一类是水域仙宫。前者有《西游记》《北游记》《南海观世音菩萨出身修行传》《情史·蓬莱宫娥》《聊斋志异·仙人岛》《聊斋志异·安期岛》《聊斋志异·粉蝶》《耳食录·揽风岛》《小豆棚·江善人》《小豆棚·石帆》《萤窗异草·珊珊》《萤窗异草·落花岛》《亦复如是·蓬莱三岛》等小说,后者有《剪灯新话·水宫庆会录》《西游记》《八仙出处东游记》《封神演义》《韩湘子全传》《聊斋志异·罗刹海市》《觚剩续编·海天行》《耳食录·沈璧》等小说。

神魔小说的典范之作《西游记》与海洋文化之间关系紧密,小说有着浓重的海洋情结,这一点已为学界所公认。孙悟空孕育、诞生于美景卓异的海上仙山,得天地海洋之精华。他漂洋过海寻求仙道,"独自登筏,尽力撑开,飘飘荡荡,径向大海波中,趁天风,来渡南赡部洲地界"。[①] 在南赡部洲寻仙无果后又泛海西行:"忽行至西洋大海,他想着海外必有神仙。独自个依前作筏,又飘过西海,直至西牛贺洲地界。"[②] 学道归来后大闹东海龙宫,得到定海神珍铁"如意金箍棒",如虎添翼,成为"齐天大圣"。可以说,海洋对于孙悟空而言有着非常重要的意义。小说对海中仙域的描写引人入胜,孙悟空诞生之地花果山地位超凡,是"十洲之祖脉,三岛之来龙",作者赞曰:

> 势镇汪洋,威宁瑶海。势镇汪洋,潮涌银山鱼入穴;威宁瑶海,波翻雪浪蜃离渊。木火方隅高积上,东海之处耸崇巅。丹崖怪石,削壁奇峰。丹崖上,彩凤双鸣;削壁前,麒麟独卧。峰头时听锦鸡鸣,石窟每观龙出入。林中有寿鹿仙狐,树上有灵禽玄鹤。瑶草奇花不谢,青松翠柏长春。仙桃常结果,修竹每留云。一条涧壑藤萝密,四面原堤草色新。正是百川会处擎

[①] (明)吴承恩:《西游记》第一回,人民文学出版社,2010,第8页。
[②] (明)吴承恩:《西游记》第一回,人民文学出版社,2010,第9页。

天柱，万劫无移大地根。①

实乃仙气飘飘，令人向往之胜景。小说作者对海上三仙山蓬莱仙境、方丈仙山、瀛洲海岛的描述也充满仙道气息。如蓬莱仙境，诗云："大地仙乡列圣曹，蓬莱分合镇波涛。瑶台影蘸天心冷，巨阙光浮海面高。五色烟霞含玉籁，九霄星月射金鳌。西池王母常来此，奉祝三仙几次桃。"②

明清小说中的海中仙域景色或详写或略写，多异常美丽。《蓬莱宫娥》中的仙域为："崇山峻岭，路极崎岖，夹道桃株，鸟音嘈杂……更进里许，入一洞门。遥望楼殿玲珑，金玉照耀，两度石桥，乃抵其处。屏后出一仙娥，霞帔霓裳，降阶而迎。"③《安期岛》中的仙域"气候温煦，山花遍岩谷"。④《落花岛》中的仙域落花岛，更是景色迷人：

> 形如复盂，悬于波际，其色如蜀锦，五色缤纷，且香气浓郁，馥馥数百里，（申翊）心爱好之。奋身一登，旋已舍水就陆。西行里许，见若山口者，遂入之，则坦坦康庄，无复巉岩之象。山径皆落花，约寸许，别无隙地。踏花前进，滑软如茵褥，而香益袭鼻，神气为之发越。环瞩皆茂树合抱，花即生于其上。细玩之，诸色俱备，浓淡相间，香如庾岭之梅，而馥郁过之。尚有存于树杪者，则低枝似坠，绕干如飞，亦多含苞欲吐者，意盖四时咸有焉。欣然前行，约数百步，花益繁而落者益厚，且四望并无屋宇，即山之层峦叠嶂，亦隐现花中，不以全面示人。翊至此心旷神怡，小憩于梅花树下，发声一讴，花益簌簌自落若细雨然。俄闻娇音

---

① （明）吴承恩：《西游记》第一回，人民文学出版社，2010，第2~3页。
② （明）吴承恩：《西游记》第一回，人民文学出版社，2010，第316页。
③ （明）冯梦龙编撰，朱子南等标点《情史》，岳麓书社，1986，第644~645页。
④ （清）蒲松龄著，张友鹤辑校《聊斋志异》，会校会注会评本，上海古籍出版社，2011，第1261页。

叱曰："何来妄男子，此仙人所居，岂汝行乐地耶？"①

小说全文仅一千多字，其中有近三百字描述落花岛之美与香，美景逐渐推进，花香层层叠加，极具画面感和冲击力。"落花岛"地如其名，读者可透过故事中人物申翊的视角，领略到岛上处处鲜花、诸色皆备、香气浓郁之仙乡景象。海中仙域里往往还有不同于凡间的仙植、灵泉，《揽风岛》中，仙岛上"桑葚纂纂，上岸摘啖之，味逾常葚"；②《安期岛》中，仙岛之上有"其色淡碧""其凉震齿"的"先天之玉液"，③饮一盏便可增寿百年；《珊珊》中，仙岛上有"绀碧色，味甚醇"的"东海之扶桑露"，④等等。

水域仙宫处在海洋深处，晶莹剔透，另有一种氛围。《西游记》中的东海龙宫是在"东洋海底"的"水晶宫"；《封神演义》《八仙出处东游记》中的龙宫也是"水晶诸宫"；《海天行》中的龙宫辉煌巍巍，其墙壁"悉以水晶叠成"；《罗刹海市》中，龙君宫殿"玳瑁为梁，魴鳞作瓦；四壁晶明，鉴影炫目"。⑤《沈璧》中描述，从深海水宫向外望，可见"银涛万丈，璧泻从天"，当风平浪静时，则"涛声已寂，碧玉湛然。微风一拂，鳞鳞如玻璃万顷，恍惚有无数丽人滉漾清涟中"。⑥清涟与仙子交相辉映，美不胜收。

仙域是神仙居住之处，明清小说中对海中仙域的描述一定涉及与神仙相关的情节。长篇神魔小说诸如《西游记》《八仙出处东游记》《封神演义》《南海观世音菩萨出身修行传》等作品，每部小说都构建

---

① （清）长白浩歌子著，刘连庚校点《萤窗异草》初编卷二，齐鲁书社，1985，第92~93页。
② （清）乐钧著，石继昌校点《耳食录》，时代文艺出版社，1987，第124页。
③ （清）蒲松龄著，张友鹤辑校《聊斋志异》，会校会注会评本，上海古籍出版社，2011，第1262页。
④ （清）长白浩歌子著，刘连庚校点《萤窗异草》初编卷二，齐鲁书社，1985，第69页。
⑤ （清）蒲松龄著，张友鹤辑校《聊斋志异》，会校会注会评本，上海古籍出版社，2011，第459页。
⑥ （清）乐钧著，石继昌校点《耳食录》，时代文艺出版社，1987，第266页。

出一个完整的神魔世界，故事往往与凡人关联不大。神魔小说对龙王、观音等神仙的描述与前代作品相比有着显著不同，对此，在本章第四节"海神信仰"中将会论及，本节则主要以短篇小说为例考察海中仙域类题材发展至明清时期的特点。

这些小说的共同点是，故事均从身份为凡人的人物视角和感受切入，描述普通人"遇仙"的过程。《落花岛》讲述，在又香又美的落花岛，海商申翊遇见了美丽的仙子，最绝妙之处是仙子以花为衣："翊急视之，则一美女子，通体贴以落花，宛如衣锦，手一小竹篮，亦贮落英，徐徐自树后出。"仙子饮食绝不类凡俗，她食花、饮花露："及进馔，花之外无兼品。翊疑虑不敢食，女笑曰：'此仙人所饵，啖之无伤也。'翊试尝之，甘香肥美，视人间粱肉如尘土。女又进百花酿，味尤芳冽，吸之如醍醐款洽，神清气爽，飘飘欲仙。"虽然初见时，仙子颇看不上申翊，斥其为"汝一龌龊商"，但后来逐渐与之两情相悦，继而欢好："食已，始相款洽，渐及谐谑。女情不自禁，一振衣而群花皆落，皓体生辉，乃与翊欢合于石榻之上，备极绸缪，两情深相缱绻。"[1]

小说《仙人岛》中，不相信世上有神仙的才子王勉，被一名神仙带去仙境。因目睹丽人而情动，王勉被神仙逐出，丢到海中仙域仙人岛。在仙人岛，他娶到才貌双全的地仙芳云。仙子光艳明媚，能诗善赋。此外还另有一名红颜知己与之相好，王勉的日常生活可谓充满雅趣。

如上述两篇作品所示，涉及女仙的小说中常有凡仙结合情节。《蓬莱宫娥》写道："酒阑夜静，娥荐枕席，曲尽鱼水之乐。"[2]《珊珊》中，主角许皋鹤娶仙裔珊珊为妻并育有子女，体现出世俗意味。

---

[1] 本段所有引文出自（清）长白浩歌子著，刘连庚校点《萤窗异草》初编卷二，齐鲁书社，1985，第92~93页。

[2] （明）冯梦龙编撰，朱子南等标点《情史》，岳麓书社，1986，第645页。

小说中除了"遇仙"和离开仙域这两个环节，凡仙间的相处同普通人的日常生活几乎并无不同。譬如《仙人岛》中，王勉与仙子们的日常相处仿若普通人的生活，仅在王勉因思亲而归乡时，芳云施术助其过海："俄至海岸，王心虑其无途。芳云出素练一匹，望南抛去，化为长堤，其阔盈丈。瞬息驰过，堤亦渐收。"[①] 显示出其作为仙人的不凡之处。蒲松龄在小说结尾评曰："佳丽所在，人且于地狱中求之，况享受无穷乎？"可见，所谓仙域，最重要的并非食仙果、饮灵泉乃至长生不老，而是能够有聪慧美貌的红颜知己常伴左右，这种思想多可在表现仙凡之恋的小说中体会到。

在不涉及仙凡恋情的小说中，除了《安期岛》是较为典型的仙道小说以外，其余作品多不同程度地展现出现实气息或朴实的道德观念。《江善人》中，海商江某自闽抵粤途中遇到飓风，"桅折舶裂，百人皆溺，而江亦赴涛中，自揣万无生理"，[②] 他随波飘至仙岛，被仙人旌阳许真人（许逊）相救。小说强调，江某对弱者乃至动物都充满善意与同情心，"生平好善，不欺童叟，见人捕雁雀，必售而放之"。[③] 经历此番际遇后他"益修善行，母子悉登上寿"。[④] 不难看出，江某的获救和仙缘与其为人善良有着直接关系。如同《张建章泛海遇仙》中唐御史大夫张建章品行高洁，因而能在海上遇险时得到仙人庇佑、到达海中仙域一样，小说表达了只有善人、君子才能得到仙缘的观点。这类故事体现出朴素的因果观念，海中仙域成为作者为了阐释某种价值观而进行的背景设定。小说《海天行》中，海瑞之孙述祖（身份为海商）带领众贾客驾驶大舟载货出海行商，途遇飓风，其船舶被挟至龙

[①] （清）蒲松龄著，张友鹤辑校《聊斋志异》，会校会注会评本，上海古籍出版社，2011，第954页。

[②] （清）曾衍东著，盛伟校点《小豆棚》卷三，齐鲁书社2004，第41页。

[③] （清）曾衍东著，盛伟校点《小豆棚》卷三，齐鲁书社2004，第40页。

[④] （清）曾衍东著，盛伟校点《小豆棚》卷三，齐鲁书社2004，第42页。

宫，用以运送龙王进贡给天庭的宝物。因知晓此事，所有同船商人均被龙王变为人面鱼，不复归人寰，述祖因是船主有借舟之功，侥幸得回故乡。小说从侧面反映了晚明时期私人海外贸易集团的海上活动，故事场景由水域仙宫而入天府，情节非常奇幻，但仙域在此部小说中失去美感与神圣感，龙王的抢劫、阿谀奉承、草菅人命等行为令人印象深刻。

综上可知，明清小说中海中仙域题材的作品，一方面继承了《山海经》《神异经》《海内十洲记》《拾遗记》诸书的设定，对仙域和仙人的描述充满浪漫主义的幻想与虚构，颇具美感；另一方面则与航海活动显著发展后人们对海洋更为客观的认知息息相关，海中仙域往往仅作为作者展开故事的背景，或寄托理想，或批判社会，体现出现实主义气息。

第三节　海外异域

上古先民对海洋和海外世界充满了浪漫幻想，并将其反映于神话传说之中。除前文所论关于海中仙域的幻想以外，还有一类重要内容就是关于海外异域的想象，想象在遥远的海外尚有不同于中国的异域（异国），生活在其中的居民体貌与风俗均大异于中华。《山海经·海外南经》云，"结匈（同'胸'）国在其西南，其为人结匈"，"羽民国在其东南，其为人长头，身生羽"，"讙头国在其南，其为人人面有翼，鸟喙，方捕鱼"，"厌火国在其国南，兽身黑色，生火出其口中"。[①]《山海经·海外东经》云，"君子国在其北，衣冠带剑，食兽，使二大虎在旁，其人好让不争"，"青丘国在其北，其狐四足九尾"，"黑齿国在其北，为人黑，食稻啖蛇，一赤一青，在其旁"，"雨师妾

[①] 袁珂校注《山海经校注》（最终修订版），北京联合出版公司，2014，第174~178页。

在其北,其为人黑,两手各操一蛇,左耳有青蛇,右耳有赤蛇","毛民之国在其北,为人身生毛","劳民国在其北,其为人黑"。[1] 汉魏六朝时期的文学作品也多见此类内容,《神异经·西荒经》云:"西海之外有鹄国焉,男女皆长七寸。为人自然有礼,好经纶拜跪。其人皆寿三百岁。其行如飞,日行千里。百物不敢犯之,唯畏海鹄,过辄吞之,亦寿三百岁。此人在鹄腹中不死,而鹄一举千里。"[2]《博物志》云,"夷海内西北有轩辕国,在穷山之际,其不寿者八百岁","白民国,有乘黄,状如狐,背上有角","君子国,人衣冠带剑,使两虎,民衣野丝,好礼让,不争","大人国其人孕三十六年,生白头,其儿则长大,能乘云而不能走",[3] 等等,内容荒诞。

唐代以来小说文体成熟,加之造船与航海技术得到显著发展,中外交流日益频繁,人们对海外世界的了解不再仅凭想象,而是逐渐客观和深入,因此海外异域类题材的小说在继承前代作品奇异风格的基础上,具有更多生活气息。在叙事方面,小说家往往会塑造深入异域亲身体验、与异域居民进行接触和互动的人物形象,而非以往叙事时惯用的纯粹观望性视角,故事情节也由此更为丰满。本书第一章所引唐代传奇小说集《纪闻》中的《海中长人》即具有典型意义。

海外异域类题材的小说发展至明清时期,在海洋文化的影响下,产生了众多优秀作品(见附录二、附录三),其中有短篇小说也有长篇章回小说,包括《情史》《聊斋志异》中的一些文言小说以及长篇小说《西游记》《三宝太监西洋记通俗演义》《镜花缘》《海国春秋》等。短篇小说作品多继承前代同类题材小说的风格甚至素材,以奇异

---

[1] 袁珂校注《山海经校注》(最终修订版),北京联合出版公司,2014,第226~234页。
[2] (汉)东方朔撰,(晋)张华注,王根林校点《神异经》,上海古籍出版社,2012,第96页。
[3] (晋)张华撰,(宋)周日用等注,王根林校点《博物志》(外七种),上海古籍出版社,2012,第12~13页。

叙事为主要特征,同时具有一定的现实性和时代特征。下面以冯梦龙编撰的《情史》中的相关作品为例,考察明清时期海外异域类题材的短篇小说之主要特征。《情史》中有4篇此类小说,即《鬼国母》(源自《夷坚志补·鬼国母》)、《焦土夫人》(源自《夷坚甲志·岛上夫人》)、《海王三》(源自《夷坚支甲·海王三》)和《猩猩》(源自《夷坚志补·猩猩八郎》)。小说中的人物、情节各有不同(见表1),但其故事主线比较相似,均为海上航行时"舟行遭溺",后漂至异域(岛屿)并与异域中的女性居民结为夫妻,最终以夫妻分离结束故事。

由表1可以看出,小说中的海外异域均被描述为"化外"之地,其居民外表"多裸形""举体无片缕""举体无丝缕",或"略以木叶自蔽",言语"唧啾不可解"或"微可晓解",食物亦多为生果之类,简单而原始。从故事情节来看,这些小说都涉及男性中华人物与异域女性居民婚配之事。故事主角(由于海盗、船只等原因误入"焦土"或者遇风涛)"舟行遭溺",偶入异域并与其居民合婚。除《鬼国母》中的杨二郎与鬼国母人鬼生殖不相通之外,其余三对夫妇均育有后代,《焦土夫人》中的妇人更是为海贾某产三子,但小说最后无不以男弃女式的分离结局而告终。海王三的母亲在其父携子离去时,"极口悲啼,扑地,气几绝。王从蓬底举手谢之,亦为掩啼"。[①]《焦土夫人》结局尤为惨烈,当海贾某搭乘其乡人之船离开时,"妇人奔走,号呼恋恋,度不可回,即归取三子,对此人裂杀之"。[②]

4篇小说为何会呈现出这些共同特征?实际上,这些小说包含两个主要故事因素,一是女儿国因素,二是以华夏为中心的因素,而这两个因素均来自海洋文化的影响。如第一章所论,《山海经》所构建的虚幻海外世界,及其确立的"山—海内—海外—大荒"海洋地理观,与

[①] (明)冯梦龙编撰,朱子南等标点《情史》,岳麓书社,1986,第770页。
[②] (明)冯梦龙编撰,朱子南等标点《情史》,岳麓书社,1986,第769页。

"四海说"一起影响了后世的海洋叙事。《山海经·海外西经》云:"女子国,在巫咸北,两女子居,水周之。"① 关于海上女国的内容,在《后汉书》《三国志》《博物志》《梁书》《异域志》等书中都可见到。②《博物志》云:"有一国亦在海中,纯女无男。"③ 海上女国只有女性而无男性,其繁衍生息方式为"女人遇南风裸形,感风而生"或者"照井而生"等等。④ 此外,她们有时要依靠偶尔飘落至其国的男子,《异域志·女儿国》云:"其国乃纯阴之地,在东南海上……昔有舶舟飘落其国,群女携以归,无不死者。有一智者,夜盗船得去,遂传其事。"⑤

显然,《情史》中 4 篇海外异域类题材的小说,其主人公航海时出现意外,漂流到异域并与当地女性结合的故事素材来源于此。而男弃女式的分离结局以及异域被描述为极其原始落后的状态,则与"四海说"以华夏为中心的"天朝上邦"思想对小说家的影响不无关系。明清小说中常可体会到这种心理,《西游记》中唐僧师徒每次到达异国都普遍得到礼遇和尊敬,在宝象国时"两边文武多官,无不叹道:'上邦人物,礼乐雍容如此!'"。⑥《镜花缘》中,唐敖一行在君子国路遇当地两名老人,得知其来自中华,老者躬身道:"原来贵邦天朝!小子向闻天朝乃圣人之国,二位大贤荣列胶庠,为天朝清贵,今得幸遇,尤其难得。第不知驾到,有失远迎,尚求海涵。"⑦ 与之相应,

---

① 袁珂校注《山海经校注》(最终修订版),北京联合出版公司,2014,第 201 页。
② 对"女儿国"的相关梳理与研究,见詹义康《"女儿国"释》[《江西师范大学学报》(哲学社会科学版)1993 年第 2 期]、王青《女儿国的史实、传说与文学虚构》[《南京大学学报》(哲学·人文科学·社会科学版)2008 年第 3 期]等论文。
③ (晋)张华撰,(宋)周日用等注,王根林校点《博物志》(外七种),上海古籍出版社,2012,第 12~13 页。
④ (元)周致中纂集《异域志》下卷,"丛书集成初编"本,商务印书馆,1936,第 64 页。
⑤ (元)周致中纂集《异域志》下卷,"丛书集成初编"本,商务印书馆,1936,第 64 页。
⑥ (明)吴承恩:《西游记》第二十九回,人民文学出版社,2010,第 354 页。
⑦ (清)李汝珍:《绘图镜花缘》第十一回,中国书店,1985 年据光绪十四年上海点石斋本影印。

《三宝太监西洋记通俗演义》中如此形容来华朝贡的各国来使："只见午门之内，跪着一班儿异样的人。是个甚么异样的人？原来不是我中朝文献之邦，略似人形而已。"① 蔑视态度毫不掩饰。另外，随着唐代以来人们与异质文化间的交流逐渐增多，人们对海外世界的了解程度大大增强，小说家也认识到海岛（异域）中的居民和中国人实际上并无本质区别，因此在其小说中蕴含了更多现实因素，对异域居民的描述倾向于削减其在早期文学作品中的奇形怪貌，令其更接近于"人"，甚至就是人类（《海王三》中的女子）。她们或性格温顺或性格暴烈，但都对故事主角怀有深挚眷恋，具有细腻的情感和母性光辉。故事主角身份均为海商，也折射出鲜明的时代特征。

《焦土夫人》式的故事模式在明清时期海外异域类短篇小说中相当常见，譬如《海语》中的《石妖》即是如此。小说中的异域居民虽为精怪，但"姿态姝丽"，外表与人类无异，故事以男弃女式的分离为结局。同《焦土夫人》中的女子做法一样，石妖在被抛弃后愤而杀死两人所育之子："如怨如詈，掷二雏于水，号嗷而去。"② 此类故事中，《宁波毛女》（出自《都公谈纂》，题目为笔者所加）中毛女的结局最令人痛惜，她救助生病的中土航海者并与之"合如夫妇"，此人在离开时为摆脱毛女，残忍地任舟人将其溺亡："后此人登舟，毛女浮水追及，舟人以篙沉之。"③ 其无情无义世所罕匹。长篇小说中也偶有此种模式。《三宝太监西洋记通俗演义》中"李海遭风遇猴精"的故事（分布于小说第十九回、二十回、九十七回和一百回，本事出于《冶城客论·蛇珠》）主线为：（由于白龙精作怪）军士李海掉落海水

---

① （明）罗懋登著，陆树仑、竺少华校注《三宝太监西洋记通俗演义》第八回，上海古籍出版社，1985，第105页。
② （明）黄衷：《海语》卷下，"丛书集成初编"本，中华书局，1991，第21页。
③ （明）都穆撰，（明）陆采编次，李剑雄校点《都公谈纂》卷上，《明代笔记小说大观》本，上海古籍出版社，2005，第558页。

——李海飘至石岛被岛上猴精所救——李海与母猴精结为夫妻、杀蟒取得宝珠——李海跟随郑和船队离开石岛,也是《焦土夫人》式的模式。

在明清时期,《聊斋志异》中的几篇海外异域类小说尤为出色。《夜叉国》在继承《焦土夫人》式故事模式的基础上改变了一贯的悲剧结局,异域居民虽为形貌奇特的夜叉,[①] 但最终得到主角的尊重和爱,其子女也都有了光明前程。这篇小说应得到关注。从男性的视角来看,《焦土夫人》式的故事模式令人津津乐道,男子外出泛海行商,于异国他乡与当地女子有段"艳遇",而且在"天朝上邦"心理和男尊女卑心态的共同作用下,这类故事理所当然要以男弃女为结局。因此《夜叉国》是特别的,它折射出蒲松龄超越所处时代的、尊重人性的价值观。《罗刹海市》更是将海洋当作社会和政治讽喻的载体,创造出一个美丑颠倒的荒诞世界。本书第二章所引《谐铎·蜻蜓城》,也同为社会讽喻主题的小说。要而言之,明清时期海外异域类题材的小说,尤其文言短篇小说,无论是来源于唐宋时期的作品还是作者独创的作品,其主要特征从《情史》的4篇小说中可窥一斑,即在题材继承的基础上反映出具有时代特色的海洋文化因素。

除此之外,有些海外异域类题材的小说作品与现实社会关联更为紧密,朱国祯《涌幢小品·浮提异人》即具有较为典型的意义:

> 海外浮提国,其人皆飞仙,好行游天下。至其地,能言土人之言,服其服,食其食。其人乐饮酒无数,亦或寄情阳台别馆。欲还其国,一呼吸顷刻可万里,忽然飘举,此恍漾之言。然万历丁酉年,余同年叶侍御永盛按江右,有司呈市上一群狂客,

---

① 夜叉国的名称在古代文献中多有提及,唐代小说中有关于夜叉城的描述:"苏都识匿国有夜叉城,城旧有野叉,其窟见在。人近窟住者五百余家,窟口作舍,设关籥,一年再祭。人有逼窟口,烟气出,先触者死,因以尸掷窟口。其窟不知深浅。"见《酉阳杂俎·境异》。有学者认为《夜叉国》中的夜叉喻指清朝统治者,见童文成《清代文学论稿》,春风文艺出版社,1994,第151~156页。

自言能为黄白事,极饮娱乐,市物甚侈,多取珠玉绮缯,偿之过其直。及抵暮,此一行人忽不见。诘其逆旅衣囊,则无一有。比早复来,甚怪之,请得大搜索。叶不许,第呼召至前,果能为江右土语。然不讳为浮提人,亦不谓黄白事果难为也。手持一石,似水晶,可七寸许,置之于案,上下前后,物物入镜中,写极毛芥。又持一金镂小函,中有经卷,乌楮绿字,如般若语,览毕则字飞。愿持此二者为献。叶曰:"汝等必异人,所献吾不受。然可速出境,无惑吾民。"各叩首而去。①

《浮提异人》讲述来自神奇的海外异域浮提国的居民在中国的经历。浮提国人皆为飞仙,喜欢到各处旅行,而且很快便能同当地人融洽相处。明万历丁酉年,叶侍御(叶永盛)任江西巡按御史时遇到浮提国人,浮提国人善"黄白事",特别富有,还会说江西本地语。浮提国人因晚上消失后早上又出现,行踪过于神秘,被召至叶御史处问话,他们献给叶御史两件独特的礼物,但被谢绝。这两件礼物非常奇幻:一块晶莹剔透的石头,能映照出极小的物体;一个"金镂小函",中间的经卷如用梵文写成,文字阅后便随即消失。关于万历年间浮提国人的神奇故事,尚有沈懋孝《石林蒉草》中的《浮提纪闻》:"余闻之典客杨征甫,盖海外有浮提国云,其人皆飞仙,好行游天下,至其地,能言土人之言,服其服,食其食,极意同其人之乐……顷接叶侍御言,其昨按江右时,有司呈其市上一群狂客,自言能为黄白事。"②此篇与朱文内容基本相同,只比朱文中的叶侍御多了"典客杨征甫"这一消息来源,朱国祯的《浮提异人》应从《浮提纪闻》删改而成。

---

① (明)朱国祯撰,王根林校点《涌幢小品》卷二十六,《明代笔记小说大观》本,上海古籍出版社,2005,第3732页。

② (明)沈懋孝:《长水先生文钞》,载《四库禁毁书丛刊》集部第159册,北京出版社,1997,第462页。

之后还有谈迁《枣林杂俎》中的《浮提国》、袁枚《续子不语》中的《浮提国》等小说言及此事。可见此事虽涉及海外异域、异人、奇宝，但其中有江西巡按御史叶永盛这名真实人物、"万历丁酉年"这个具体时间，以及明清时期诸文人在其笔记小说中的传播，令人疑其或应有真实事件来源。

"浮提国"出自王嘉《拾遗记》："（周灵王时）浮提之国，献神通善书二人，乍老乍少，隐形则出影，闻声则藏形。出肘间金壶四寸，上有五龙之检，封以青泥。壶中有黑汁，如淳漆，洒地及石，皆成篆隶科斗之字。"[1] 依据钱锺书的看法，"浮提国"与佛经中的"阎浮提"之名相关，[2] 而"阎浮提"在佛经中指印度。浮提国指印度，则浮提国人即指天竺国僧人。自明万历年间起，随着被学界习称为第一波"西学东渐"的浪潮，数以千计的西方天主教传教士渡海来华，其中，耶稣会传教士在传播西方科技和文教方面做出卓越贡献，意大利耶稣会士利玛窦为其代表人物。

利玛窦曾在江西南昌生活过三年，宋黎明认为，朱国祯的《浮提异人》乃讲述利玛窦在南昌时发生的事情。[3] 明朝施行闭关锁国的政策，为能够顺利进入中国并被民众接受，早期入华的耶稣会士身着僧装自称"天竺僧"，意大利传教士罗明坚（Michele Ruggieri, 1543 – 1615）所著《天主圣教实录》即署名为"天竺国僧明坚"。而到了万历二十三年（1595）春，利玛窦出韶州后即正式易服改名，身穿直裰，头戴方巾，并采用了"道人"（Predicatore letterato）的称谓，身份类似佛教居士和江湖道士。明代笔记小说《万历野获编·大西洋》

---

[1] （前秦）王嘉撰，（南朝梁）萧绮录，王根林校点《拾遗记》（外三种）卷三，上海古籍出版社，2012，第 27 页。
[2] 见钱锺书《管锥编》第 4 册，中华书局，1979，第 1499 ~ 1500 页。
[3] 见宋黎明《有关利玛窦南昌活动的一段历史记忆》，载孙凤阳、孙江主编《亚洲概念史研究》第 3 卷，商务印书馆，2018，第 195 ~ 205 页。

中记载，万历二十九年（1601），礼部尚书朱文恪反对利玛窦进贡，理由之一是其随身携带的行李中有"神仙骨"等物："夫既称神仙，自能飞升，安得有骨，则唐韩愈所谓凶秽之余，不宜令入宫禁者也。"[1] 或由于这些原因，朱国祯笔下的浮提国人由天竺僧而转变为"飞仙"，实指利玛窦一行。小说中提及的两件奇珍异宝，一件应是三棱镜，另一件"金镂小函"则指封面烫金的《圣经》，由于耶稣会士自称来自印度或浮提国，所以上面所印欧洲文字便被当作梵文（般若语）。由此可以看出，《浮提异人》这篇讲述海外异域、异人、奇宝的小说与现实有着紧密关联，反映出明末清初时期众多西方传教士渡海来华、与中国人进行互动以及在中国人眼中他们的神秘形象、东西方文化之隔阂等社会现象。明清时期海外异域类题材的小说在继承前代作品奇异风格的基础上，包含了鲜明的时代印记。

在海洋文化的影响下，长篇小说对海外异域的刻画更为出色。以"下西洋"为主题的明代神魔小说《三宝太监西洋记通俗演义》中，宝船沿海共经过近40个国家，其中30多个为真实国度，女儿国、撒发国、金眼国、银眼国、丰都鬼国等国度则为作者所虚构。小说中的异域奇特之处不胜枚举，西洋诸国居民有的"浑身黑炭，头发血红"（撒发国），有的"两只眼都是白的，没有乌珠"（银眼国），有的"以墨刺面为花兽之状，猱头裸体，单布围腰"（花面国）。各国风俗习惯、宗教信仰、婚丧礼仪也充满异域特色，有的青年男女在成亲前需要男方先到女家居住半个月（金莲宝象国），有的崇尚节义，夫死后妻多绝食或自焚殉葬（麻逸冻国），等等。小说在第十五回交代了郑和一行的主要目的是"抚夷取宝"，因而在叙事过程中也常聚焦于诸国物产及其贡献的各色奇宝。此为忽鲁谟斯国所献珍宝：

---

[1] （明）沈德符撰，杨万里校点《万历野获编》卷三十，《明代笔记小说大观》本，上海古籍出版社，2005，第2726页。此事《明史》中亦有记。

狮子一对 麒麟一对 草上飞一对（大如猫犬，浑身上玳瑁班，两耳尖黑，性极纯，若狮象等项恶兽见之，即伏于地，乃兽中之王）名马十四 福禄一对（似驴而花纹可爱）马哈兽一对（角长过身）斗羊十只（前半截毛拖地，后半截如剪净者，角上带牌，人家畜之以斗，故名）驼鸡十只 碧玉枕一对（高五寸，长二尺许）碧玉盘一对（大如斗）玉壶一对 玉盘盏十副 玉插瓶十副 玉八仙一对（高二尺许，极精）玉美人一百（制极精巧，眉目肌理，无不具备）玉狮子一对 玉麒麟一对 玉螭虎十对 红鸦呼三双（珠名）青鸦呼三双 黄鸦呼三双 忽剌石十对 担把碧二十对 祖母剌二对 猫睛二对 大颗珍珠五十枚（大如圆眼，重一钱二三分）珊瑚树十枝（多枝大梗）金珀 珠珀 神珀 蜡珀 水晶器皿（各色不同）花毯 番丝手巾 十样锦毡罗 毡纱 撒哈剌（俱多不载数）[1]

仅观贡物礼单即感觉奇珍、异兽琳琅满目，充满异域风情，也使读者不禁遥想当日郑和船队威震海表之盛景。清代小说《镜花缘》中的海外异域则是另外一种格调，小说作者李汝珍学识广博，其小说也体现出博学多识的特点，构建了充满学者风致的海外世界（对此将在第四章论述）。

综上可知，海洋文化明显影响了明清时期海外异域类题材的小说，既影响小说的素材来源，又影响其叙事风格。此类题材的小说在明清两代蓬勃发展，短篇小说有《古今谭概·鹄国》《续子不语·刑天国》这类承接早期海洋叙事素材的作品，也有《夜叉国》《罗刹海市》《蛣蜣城》这类在继承传统海洋叙事的基础上有所超越的作品。长篇章回小说中的海外异域更为出色，《三宝太监西洋记通俗演义》《镜花缘》《常言道》等小说各自刻画出五彩缤纷的海外世界。

---

[1] （明）罗懋登著，陆树仑、竺少华校注《三宝太监西洋记通俗演义》第七十九回，上海古籍出版社，1985，第1024页。

表 1 《鬼国母》《焦土夫人》《海王三》《猩猩》的人物、情节一览

篇名	出处	人物	到达异域的原因	异域居民情况	与异域居民的互动情况	结局
《鬼国母》	情幻类	杨二郎（建康巨商，数贩南海）	浮照中遇海颇盗，同舟尽死，杨坠水得免，逢木抱之，浮沉两日，漂至一岛	男女多裸形，一最尊者，称为鬼国母	与鬼国母合为夫妇	杨二郎通过家人所设水陆道场重返家中，与鬼国母分离
《焦土夫人》	情妖类	海贾某（泉州曾之表兄）	在贩货三佛齐途中，舟落"焦土"，一舟尽溺，此人独得一木，浮水三日，漂至一岛	一妇人，举体无片缕，言语啾唧不可解	妇人见海贾某甚喜，携手归石室中，至夜与共寝。如是七八年，生三子	海贾某登上同乡之船离开，妇人裂杀其三子
《海王三》	情妖类	海王三之父（贾于泉南）	航巨浸，为风涛败舟，同舟数十人已溺，王得一板自托，任其颠簸到一岛屿	遇一女子，容貌颇秀美，发长委地，不梳掠，语言可通晓，无丝缕	女留与同居，朝夕伺以果实。度岁余，生一子（即海王三）	海王三之父携子乘友人客舟离去，女子板口悲啼，扑地，气儿绝
《猩猩》	情妖类	富小二（金陵客商）	泛海至大洋，遇暴风舟溺，富生漂荡抵岸	披发而人形，遍身生毛，略以木叶自蔽，语极啁啾，微可晓解。居板岩中，亦秩序有伦，各为匹偶	众共择以少女子以配富。旋择性驯生一男	富小二携子附客舟回归家乡。其子长大后，父启茶肆于市，使之主持。子赋性极明慧，旁人目之为猩猩八郎

第四节　海神信仰

自上古神话时期始，海洋的奇幻色彩即与宗教的神秘性相契合，海洋文化始终与宗教有着密切联系。《山海经》被称为"古之巫书"，与海洋相关的《神异经》《海内十洲记》《博物志》《拾遗记》等博物与志怪类小说作者多为方术家和道教徒，唐宋涉海小说中亦有观音等佛教人物形象出现。随着晚明神魔小说的发展，更是产生了数部道、释宣教小说，而这些小说几乎每部都涉及海洋。本节将从四海神信仰、龙王信仰、观音信仰、妈祖信仰等四个方面，阐述海神信仰对明清小说的影响。

一　四海神信仰

大海浩渺无垠，怀珍藏宝，时而安静祥和，时而骤风巨浪，有着未知的危险与神秘感，人们对它产生了膜拜之情，"三王之祭川也，皆先河而后海"，[①] 这种对大海的礼赞反映出古人对海洋的敬畏之情，历代海神信仰亦与此种情感关系密切。《山海经》中已有对四海神及其谱系的描述，先民依据想象创造出姿态独特的海洋之神。[②] 早期"四海"是对"天下"的具象化，"海"非确指海水，而是"荒晦绝远之地"，《荀子·王制》曰："北海则有走马吠犬焉，然而中国得而畜使之；南海则有羽翮、齿革、曾青、丹干焉，然而中国得而财之；东海则有紫、紶、鱼、盐焉，然而中国得而衣食之；西海则有皮革、文旄焉，然而中国得而用之。"[③] 四海也有确切的水体含义，但与现今的渤海、黄海、东海和南海不完全相同，乃指大陆四周（三面）的边

[①] （元）陈澔注，金晓东校点《礼记》，上海古籍出版社，2016，第423页。
[②] 袁珂校注《山海经校注》（最终修订版），北京联合出版公司，2014，第298~339页。
[③] （清）王先谦：《荀子集解》，中华书局，2013，第190~192页。

缘海，如"东海，海在其东也"。① 先秦时期即有对海洋的祭祀活动，此后历代都有对海洋的国家祭祀，《汉书·效祀志》云："始皇遂东游海上，行礼祠名山川及八神，求仙人羡门之属。"② 唐代高祖、太宗时期："大唐武德、贞观之制，五岳、四镇、四海、四渎，年别一祭，各以五郊迎气日祭之……东海，于莱州……南海，于广州……西海及西渎大河，于同州……北海及北渎大济，于洛州。其牲皆用太牢。祀官以当界都督刺史充。"③

唐代首次对海封王。天宝十载（751），唐玄宗册封四海王："十载正月，以东海为广德王，南海为广利王，西海为广润王，北海为广泽王。"④ 到了宋朝，四海神被加封王号，康定二年（1041），宋仁宗加封四海并遣官致祭："东海为渊圣广德王，南海为洪圣广利王，西海为通圣广润王，北海为冲圣广泽王。"⑤《宋史·礼志》载："立春日祭东海于莱州，立夏日祭南海于广州，立秋日西海就河中府河渎庙望祭，立冬日北海就孟州济渎庙望祭。"南宋时期，宋孝宗诏令补祭东海神于明州（今宁波）定海县海神庙。元时官方对海洋的态度最为尊崇，元世祖时，加封"东海广德灵惠王，南海广利灵孚王，西海广顺灵通王，北海广洋灵祐王"，⑥ 朝廷还常从两都派专使对南海神庙进行"酹献"祭拜。⑦ 由此可以看出，虽自唐代册封了四海神，但独立的海神庙只有东海神庙和南海神庙，西海和北海因荒晦绝远，只于河渎庙和济渎庙进行"望祭"。

---

① （汉）刘熙：《释名》，上海古籍出版社，2002，第8页。
② （汉）班固：《汉书》卷二十五《效祀志第五上》，中华书局，1962，第1202页。
③ （唐）杜佑撰，王文锦等点校《通典》，中华书局，1988，第1282页。
④ （唐）杜佑撰，王文锦等点校《通典》，中华书局，1988，第1283页。
⑤ （清）崔弼辑，闫晓青校注《波罗外纪》，广东人民出版社，2017，第47页。
⑥ （清）崔弼辑，闫晓青校注《波罗外纪》，广东人民出版社，2017，第48页。
⑦ 关于南海神祭祀的系统研究，见王元林《国家祭祀与海上丝绸之路遗迹——广州南海神庙研究》，中华书局，2006。

四海神中，南海神在民间得到的崇信超过其他三位海神，关于南海神的神话故事很早即有仙道化趋势。《列异传·度索君》云：

> 袁本初时，有神出河东，号度索君。人共立庙。兖州苏氏母病，往祷，见一人着白布单衣，高冠，冠似鱼头，谓度索君曰："昔庐山共食白李，未久已三千年。日月易得，使人怅然！"去后，度索君曰："此南海君也。"①

宋元小说中也写到南海神广利王，相较于《列异传》中的描述，其形象更为贴近世俗。《青琐高议·广利王记》（广利王助国杀贼）中，讲述宋熙宁八年广西蛮人勾结交趾侵犯边境，广利王之兵出现："一日，海边有战舰数十艘舣岸下，旌旗晖映，饶歌震川。海民曰：'不闻官兵之来，何遽有此？'乃相与问云：'君等官军乎？'对曰：'非也。吾乃广利王之兵，为朝廷先驱三日，当杀彼贼。'少顷，艘离岸，入于烟波，乃无所见。"② 在神兵相助之下，宋军大胜。此处广利王的形象是正面、威严且极有威慑力的，虽未在小说中直接出场，但其关注世事，派兵参与人间战争，已与凌于世俗之上的仙人形象相异。

四海神的故事在文学作品中虽有出现，但数目不多，明清时期也是如此。"明清时期，帝王对海神的祭祀仪礼重视有加，还经常赐匾赏银，广修庙宇。但由于四海神……不是真正来自于濒海居民的生产生活实践，因此其主要职能也并非出自沿海居民们最迫切的需要，除了南海神之外，民间对这些官方神祇一直没有建立起非常强烈的信仰，这就注定了这种观念或祭祀活动在民间缺乏生命力，当佛教进入之后最终被其他神祇所替代。"③ 笔者辑录到明清时期与四海神相关的小说

---

① （魏）曹丕撰，郑学弢校注《列异传等五种》，文化艺术出版社，1988，第20页。
② （宋）刘斧：《青琐高议》后集卷三，古典文学出版社，1958，第118～119页。
③ 王青：《海洋文化影响下的中国神话与小说》，昆仑出版社，2011，第116页。

有 3 篇，均为关于南海神的故事，即笔记小说《觚賸·南海神庙》和引自唐代小说集《传奇》的传奇小说《情史·广利王女》，以及前文提及的传奇小说《剪灯新话·水宫庆会录》，可见海神信仰对小说的影响与民间对海神的认同程度密切相关。

二 龙王信仰

龙的概念在中国古已有之，在神话传说中，龙为司雨之神。《山海经·大荒东经》云："旱而为应龙之状，乃得大雨。"①《淮南子·坠形训》云："土龙致雨。"高诱注称："汤遭旱，作土龙以象龙。云从龙，故致雨也。"②《神农求雨书》中记录了古人舞龙求雨的仪式："春夏雨日而不雨，甲乙命为青龙，又为火龙东方，小童舞之；丙丁不雨，命为赤龙南方，壮者舞之；戊己不雨，命为黄龙，壮者舞之；庚辛不雨，命为白龙，又为火龙西方，老人舞之；壬癸不雨，命为黑龙北方，老人舞之。"③祈龙求雨仪式被正式列入国家祭祀始于唐代，开元十六年（728），"诏置（龙）坛及祠堂"，④但唐时的国家祭祀中不称龙为王。

宋大观四年（1110），徽宗诏天下五龙神皆封王爵，封青龙神为广仁王，赤龙神为嘉泽王，黄龙神为孚应王，白龙神为义济王，黑龙神为灵泽王，至此民间的龙王方得到官方正式认可。道家称东南西北四海均有龙王管辖，"东方东海龙王，南方南海龙王，西方西海龙王，北方北海龙王，各各浮空而来，神通变现，须臾之间，吐水万石，火精见之，入地千尺"。⑤佛教的传入对龙王信仰也产生了影响，在《妙

---

① 袁珂校注《山海经校注》（最终修订版），北京联合出版公司，2014，第 289 页。
② （汉）高诱注《淮南子注》，上海书店，1986，第 60 页。
③ 见（唐）欧阳询撰《艺文类聚》卷一百《灾异部·旱》，上海古籍出版社，1965，第 1723 页。
④ （宋）王溥编撰《唐会要》卷二十二《龙池坛》，上海古籍出版社，2006，第 504 页。
⑤ 见《太上洞渊神咒经》，载《道藏》第 6 册，上海书店出版社，1988，第 48 页。

法莲华经》中，有娑竭罗龙王之女因听闻《法华经》而悟入佛道的故事，人们在民间传说中将其与《华严经》中的善财童子一起，安排为观音菩萨身旁的童男童女。伴随观音信仰在中国的普及与兴盛，龙女和善财在民间也有着很高的知名度，明代小说《西游记》即采纳了这一设定。

从明清神魔小说中可以看到，海龙王在人们心目中已普遍取代中国原有的四海神成为海洋之神。《西游记》中的四海龙王分别为东海龙王敖广、南海龙王敖钦、北海龙王敖顺和西海龙王敖闰。在《西游记》第三回，孙悟空学道归来后需要趁手兵器，花果山四老猴建议："大王既有此神通，我们这铁板桥下，水通东海龙宫。大王若肯下去，寻着老龙王，问他要件甚么兵器，却不趁心？"悟空闻言甚喜，转去东海龙宫找龙王敖广寻宝，敖广态度非常客气："即忙起身，与龙子、龙孙、虾兵、蟹将出宫迎道：'上仙请进，请进。'"[1] 最后悟空从东海龙王处得到定海神珍铁"如意金箍棒"，从北海龙王处得到"藕丝步云履"，从西海龙王处得到"锁子黄金甲"，从南海龙王处得到"凤翅紫金冠"，"将金冠、金甲、云履都穿戴停当，使动如意棒，一路打出去"，[2] 威风凛凛，"四海千山皆拱伏"，开启了充满力量和战斗精神的一生。这一场景反映出海洋怀珍藏宝的特征，同时又塑造了崭新的龙王形象：不再是庄严的、充满距离感的海洋神祇，而是谦和有礼、热情慷慨的形象。从第三回到第九十二回最后一次出场，龙王对于唐僧师徒而言一直是相助者的形象，例如小说第四十一回讲述孙悟空不敌红孩儿三昧真火，请来四海龙王相助：

> 那妖王与行者战经二十回合，见得不能取胜，虚幌一枪，急抽身，捏着拳头，又将鼻子捶了两下，却就喷出火来。那门前车

---

[1] （明）吴承恩:《西游记》第三回，人民文学出版社，2010，第31~32页。
[2] （明）吴承恩:《西游记》第三回，人民文学出版社，2010，第34页。

子上,烟火迸起;口眼中,赤焰飞腾。孙大圣回头叫道:"龙王何在?"那龙王兄弟,帅众水族,望妖精火光里喷下雨来。好雨!真个是:潇潇洒洒,密密沉沉。潇潇洒洒,如天边坠落银星;密密沉沉,似海口倒悬浪滚。起初时如拳大小,次后来瓮泼盆倾。满地浇流鸭顶绿,高山洗出佛头青。沟壑水飞千丈玉,涧泉波涨万条银。三叉路口看看满,九曲溪中渐渐平。这个是唐僧有难神龙助,扳倒天河往下倾。那雨淙淙大小,莫能止息那妖精的火势。原来龙王私雨,只好泼得凡火,妖精的三昧真火,如何泼得?①

龙王虽"潇潇洒洒,密密沉沉"落雨助阵,但凡雨未能扑灭妖精的三昧真火。虽能司雨,也不可随心所欲。"行者道:'你是四海龙王,主司雨泽,不来问你,却去问谁?'龙王道:'我虽司雨,不敢擅专;须得玉帝旨意,吩咐在那地方,要几尺几寸,甚么时辰起住,还要三官举笔,太乙移文,会令了雷公电母,风伯云童。俗语云:龙无云而不行哩。'"②小说中对龙王的这些刻画,既表现出其作为司雨之神的特殊能力,又反映出龙王并非万能之神,很多时候其以地位低下甚至无用的形象出现。

受海洋文化的影响,《西游记》着力塑造了龙王形象,除四海龙王之外,各水域龙王也是帮助唐僧师徒四人取经的重要人物。细读文本可知,百回本《西游记》有三十回提及龙王,其中十七回情节集中围绕龙王而展开。如前文所论,在吸收之前相关神话传说对龙王形象塑造的基础上,吴承恩创造出了带有缺点和亲和力的崭新龙王形象。《西游记》所塑造的龙王形象具有范式意义,之后的神魔小说《三宝太监西洋记通俗演义》、《南游记》(《五显灵官大帝华光天王传》)、《八仙出处东游记》(《上洞八仙传》)、《封神演义》、《韩湘子全传》

---

① (明)吴承恩:《西游记》第四十一回,人民文学出版社,2010,第508页。
② (明)吴承恩:《西游记》第四十一回,人民文学出版社,2010,第506页。

等作品中皆有龙王出现，且其特征与风格受《西游记》的影响，展示出并非完美甚至有些懦弱的形象。最典型的应是明代小说《封神演义》中的"哪吒闹海"故事，其中的龙王形象不仅没有作为"兴云步雨的正神"之威风，反而非常可怜。小说第十三回，东海龙王敖光在其三太子被哪吒抽筋虐杀后，于南天宝德门遇到哪吒：

> 话说哪吒在宝德门将敖光踏住后心……拎起拳来，或上或下，乒乒乓乓，一气打有一二十拳，打的敖光喊叫。哪吒道："你这老蠢才乃顽皮，不要打你，你是不怕的。"古云："龙怕揭鳞，虎怕抽筋。"哪吒将敖光朝服一把扯去了半边，左胁下露出鳞甲。哪吒用手连抓数把，抓下四五十片鳞甲，鲜血淋漓，痛伤骨髓。敖光疼痛难忍，只叫"饶命"。①

堂堂海洋之主，在承受丧子之痛后竟被一孩童如此武力碾压，实在是狼狈而可悲。创作于万历年间的神魔小说《南游记》中的龙王形象也不甚光彩。小说第一回《玉帝起赛宝通明会》讲述玉皇大帝发起赛宝会，邀各路神仙赴会赛宝，诸神仙所呈各色宝物皆得到玉帝赞赏，但轮到东海铁迹龙王时却出现了尴尬的一幕：

> 又有东海铁迹龙王，献上明珠一颗，奏曰："臣此珠挂于宫中，满处光辉，可吞可吐，凡民一见，永无灾难。"又有马耳山王马耳大王献上聚宝珠一颗，奏曰："龙王此宝，不为希罕。臣此珠亦能昼夜光辉，可吞可吐，凡民一见，永无灾难。更添余真金，要银便银，一指生花，一发结果，一咒飞腾。"玉帝听毕，笑曰："卿此宝果胜龙王之宝，今日会毕各赐御酒五杯。"②

---

① （明）许仲琳编《封神演义》，中华书局，2009，第84页。
② （明）余象斗等：《四游记》，上海古籍出版社，1986，第55页。

大海怀珍藏宝，而龙王所献明珠竟不敌马耳山王所献聚宝珠，颇具讽刺意味。赛宝会就这样在众人皆顺意、唯独龙王失意的气氛中结束了。

明清时期的短篇小说《西湖二集·救金鲤海龙王报德》《坚瓠集·淮海龙神》《坚瓠集·海龙王宅》《觚剩续编·海天行》等作品中都有龙王形象出现，受到同时代通俗小说的影响，这些小说中的龙王一方面具备司雨、威严、庇佑人们于海上的固有特征，另一方面也多有世俗中人的弱点和情感。譬如在《救金鲤海龙王报德》中，东海龙王因书生杨廉夫拯救了其女儿而感激不已，并将其邀至"水晶宫"当面致谢，其爱子之心与人间父母无异。再如《淮海龙神》中，淮海龙神由于其子（变成小虾米）被人吃掉，怒而杀人，与《封神演义》《南游记》等小说中都有的龙王之子被杀，龙王进而愤怒复仇的情节颇为相似。

综上，明清小说中的龙王形象相比于前代而言更贴近世俗，拥有凡人的种种缺点和情感，呈现了与其海洋之神的威严身份不甚符合的一面，但也由此更具有人情味。尤其是《西游记》中所塑造的龙王形象，更是因其不完美而展示出独特的艺术魅力。

三 观音信仰

观音在中国既是宗教神，更是深入人心的民间神。公元前7世纪，佛教尚未产生时，天竺（印度）已有了观世音，当时的观世音是一对可爱的孪生小马形象，神力宏大、慈悲和善，是善神。释迦牟尼创立佛教后，观音的形象由马童变为伟丈夫，具有"火不能烧死，水不能淹，有三十二相千手千眼"的神通。[①] 自佛教于汉代传入中国，观音信仰随之走近民众，从南北朝时开始，观音形象即逐渐女性化，并于

---

① 见金庭竹《舟山群岛·海岛民俗》，杭州出版社，2009，第101~102页。

唐代基本定型。女性形象更表现出其善良、慈悲和聪慧的特征，与"大慈大悲"相吻合。

北宋时期，在《香山宝卷》中观音成为妙庄王的三公主妙善公主，作为一名贵族少女而悟入佛道，形象非常亲民，印传佛教中的观音自此彻底中国化和民间化。唐时普陀山成为正宗的观音道场，宋代时普陀山观音道场逐渐兴盛，到了元明清时期，历代帝王也多次对其进行封赏。明万历年间，神宗于万历八年、十四年、二十二年、二十七年、三十三年和三十四年，先后六次遣内官至普陀寺进香，赐金佛玉等物，并赐"护国永寿普陀禅寺""护国永寿镇海禅寺"御匾，众善男信女纷纷前来朝拜，普陀寺的香火更为旺盛。海上交通发达后，东南沿海地区建有众多观音寺院，观音道场所在的舟山海域更是几乎岛岛都有观音寺。除去宗教意义上的信仰，观世音作为海神和善神的化身，在沿海渔村和岛民中得到更为虔诚的崇信，她对民众的求助反应迅速，"即时观其音声"，大众"皆得解脱"，受难众生只需"闻是观世音菩萨，一心称名"，即可得其庇护。[①]"无所不在，一呼即灵"的神通，大慈大悲、救苦救难的悲天悯人形象，令其成为滨海地区民众内心的守护神灵。

明代之前已有与观音相关的小说作品，如宋代小说集《睽车志》和《夷坚志》中有同题但文字相异的小说《海山异竹》，其故事主线为：某巨商涉大洋遭遇风暴—漂至一山，上有修竹—巨商得竹数竿—返乡后将竹高价卖与他人—得知竹为"落伽山观音坐后旃檀林紫竹"。此宝竹非常神奇，枝叶能救命，"有久病医药无效者，取札煎汤饮之辄愈"，[②]竹竿可海中聚宝，"每立竹于巨浸中，则诸宝不采而聚"。[③]

---

① （后秦）鸠摩罗什译《佛教十三经·观世音菩萨普门品》第二十五，中华书局，2010，第449页。
② （宋）郭彖撰，李梦生校点《睽车志》卷四，上海古籍出版社，2012，第118页。
③ （宋）洪迈：《夷坚志》，中华书局，2006，第987页。

小说中观音虽未直接出场，但通过描述"旃檀林紫竹"之神异，已烘托出她法力无边的海神形象。相较于明代之前的文言小说而言，观音在明清章回小说中的形象更为具体而生动。《三宝太监西洋记通俗演义》第一回，燃灯古佛（碧峰长老）投胎下凡需寻找善人家，于是到南海普陀珞珈山与观音商议，小说对观音的描述如下：

> 三五步，望见竹荫浓，只见竹林之下一个大士：体长八尺，十指纤纤，唇似抹朱，面如傅粉。双凤眼，巧蛾眉，跣足拢头，道冠法服。观尽世人千万劫，苦熬苦煎，自磨自折，独成正果。一腔子救苦救难，大慈大悲。左傍立着一个小弟子，火焰浑身；右傍立着一个小女徒，弥陀满口。绿鹦哥去去来来，飞绕竹林之上；生鱼儿活活泼泼，跳跃团蓝之中。原来是个观世音。①

其装扮是典型的鱼篮观音形象，外貌是一名妙龄少女，望之令人心喜、心安。除第一回之外，《三宝太监西洋记通俗演义》在第二回、第四十九回和第六十九回中均有不少篇幅涉及观音。宝船队在下西洋时，遭遇许多自然灾难与各类妖魔，而救苦救难、大慈大悲的观世音，成为航海途中重要的航海神和护海神。

《西游记》中的观音形象在古代小说中塑造得最为出色，她美貌、圣洁、超然，又充满人间女性之温情："璎珞垂珠翠，香环结宝明。乌云巧叠盘龙髻，绣带轻飘彩凤翎。碧玉纽，素罗袍，祥光笼罩；锦绒裙，金落索，瑞气遮迎。眉如小月，眼似双星。玉面天生喜，朱唇一点红。净瓶甘露年年盛，斜插垂杨岁岁青。解八难，度群生，大慈悯；故镇大山，居南海，救苦寻声，万称万应，千圣千灵。兰心欣紫

---

① （明）罗懋登著，陆树仑、竺少华校注《三宝太监西洋记通俗演义》第一回，上海古籍出版社，1985，第9页。

竹，蕙性爱香藤。"① 观音在此部小说中有着非常重要的地位，"不但是各方护法神的主持者，取经队伍的组织者，唐僧队伍的释厄者，而且完全被人化了，与孙悟空谈笑自若，成了孙悟空的知音，没有她简直就没有孙悟空由'齐天大圣'转变为'斗战胜佛'"②。其居处南海落伽山（又作珞珈山）乃瑞气缭绕、祥光氤氲的海天佛国：

> 汪洋海远，水势连天。祥光笼宇宙，瑞气照山川。千层雪浪吼青霄，万迭烟波滔白昼。水飞四野，浪滚周遭。水飞四野振轰雷，浪滚周遭鸣霹雳。休言水势，且看中间。五色朦胧宝迭山，红黄紫皂绿和蓝。才见观音真胜境，试看南海落伽山。好去处！山峰高耸，顶透虚空。中间有千样奇花，百般瑞草。风摇宝树，日映金莲。观音殿瓦盖流离；潮音洞门铺玳瑁。绿杨影里语鹦哥，紫竹林中啼孔雀。罗纹石上，护法威严；玛瑙滩前，木叉雄壮。③

可以说，《西游记》所蕴含的浓重的海洋文化气息与南海观世音这一重要人物密切相关。《西游记》中的观音形象在明清小说的创作中也有典范意义，前引《三宝太监西洋记通俗演义》及其后《八仙出处东游记》《韩湘子全传》《谐铎·大士慈航》等小说，对观音的描述均受其影响。因学界对《西游记》中观音形象的研究成果很多，此处不再赘述。

明万历年间出现了两部为海神立传的小说，其中一部即是观音出身小说《南海观世音菩萨出身修行传》（《南海观音全传》）。全书二十五回，前半部分讲述妙善公主（观音前身）之坚心修道，后半部分讲述观音菩萨携善才、童女收服青狮和白象，主要内容与《香山宝

---

① （明）吴承恩：《西游记》第八回，人民文学出版社，2010，第87~88页。
② 张锦池：《论〈西游记〉中的观音形象——兼谈作品本旨及其他》，《文学评论》1992年第1期。
③ （明）吴承恩：《西游记》第十七回，人民文学出版社，2010，第213页。

卷》相类，同时受到《西游记》的影响，在情节上有所增加，是观音题材小说的集大成之作。

以"传"的形式来证明神仙实有的做法由来已久。题东汉刘向所撰《列仙传》和东晋葛洪所撰《神仙传》即是早期两部非常重要的神仙传记，其体例拟史书中的传记，为"姓名+籍贯+展开描述+赞"的史传叙事模式，文字风格多静态描述，类似于绘画中的写真。如《桂父》云："桂父者，象林人也。色黑而时白时黄时赤，南海人见而尊事之。常服桂及葵，以龟脑和之，千丸十斤桂，累世见之。今荆州之南尚有桂丸焉。伟哉桂父，挺直遐畿。灵葵内润，丹桂外绥。怡怡柔颜，代代同辉。道播东南，奕世莫违。"[①] 与早期神仙传记相较，《南海观世音菩萨出身修行传》围绕"观音菩萨"这一主角，通过一系列曲折的情节展开叙述，由写真图似的静态刻画演变为动态叙事。例如在故事开端，妙善公主因拒不接受招婿继承兴林王国，被其父妙庄王囚禁在后园中，而妙善在园中"甘心淡薄，一意修行，与明月为朋，与清风为友，逍遥自在，无碍无拘"[②] 小说紧接着又安排种种矛盾冲突，以烘托妙善虔诚修行之心，情节完整而丰富，比《列仙传》《神仙传》等作品在叙事上有了显著发展。本书第二章论及，神魔小说流派在万历年间的兴盛与书坊主积极参与和组织小说创作不无联系，在这一背景下，明清时期以海神出身为主题的传记小说，既源于人们对海神的崇信，又与早期的神仙传记有着深刻渊源。

综上所述，在海神信仰的影响下，明清小说中时常出现观世音形象，其形象往往充满世俗色彩，头戴璎珞，身结素袍，胸前挂环佩，

[①] （汉）刘向：《列仙传》，见滕修展等注译《列仙传神仙传注译》，百花文艺出版社，1996年，第65页。

[②] （明）南州西大午辰走人订著，朱鼎臣编辑《南海观世音菩萨出身修行传》，《古本小说集成》第一辑第131册，上海古籍出版社，1991，第24页。

腰间系锦裙,① 仿若人间美女。在具有海洋之神庇佑特征的前提下,观音宜嗔宜喜春风面,受到读者的普遍喜爱。

四 妈祖信仰

明清时期最令人瞩目的海神信仰是妈祖(天妃、天后)信仰。清代笔记小说《里乘·天妃神》云:"海神,惟马(妈)祖最灵,即古天妃神也。凡海舶危难,有祷必应,多有目睹神兵维持、或神亲至救援者,灵异之迹,不可枚举。"② 妈祖信仰是非常纯粹的民间信仰,其传说产生于宋代,原型出身于福建莆田湄洲岛的一个普通家庭。相传其童年时即具神异,曾于梦中飞越海上,救人于溺,《闽书·方域志·湄洲屿》云:"湄洲屿,一名鯑江。在大海中,与琉球相望。顺济圣妃庙在焉。妃姓林,唐闽王时,统军兵马使愿之女,上人也。始生而地变紫,幼通悟秘法,长能乘席渡海,云游岛屿,人呼神女。又曰龙女。或谓妃父为贾胡,泛海舟溺,妃方织,现梦往救,据机而寐者终日。其母问之,曰'父方溺舟,子救父也'。"③

明万历年间出现的另一部海神出身传记、章回小说《天妃济世出身传》(《天妃娘妈传》)即讲述妈祖从民间女子成长为海神的故事。妈祖在宋代已不断受封,据前文所引《天妃庙记》(《灵济庙事迹记》)等文献可知,自北宋宣和五年(1123)至南宋景定三年(1262)的一百多年间,宋朝廷共晋封妈祖十四次,其中五次封夫人,九次封妃位。在元明清时期,朝廷开始以"天妃""天后"晋封妈祖,渔民、水手、海商和出使海外的使臣都将妈祖奉为海洋保护神。

明初郑和下西洋之际,朝廷特意加封妈祖天妃之号并遣使致祭,沈德符《万历野获编·女神名号》言及此事:"本朝永乐六年正月初

---

① 见(明)吴承恩《西游记》第十二回对观音的描述,人民文学出版社,2010,第151页。
② 本篇录自《稗海纪游》,载(清)许奉恩《里乘》,齐鲁书社,1988,第287~288页。
③ (明)何乔远纂《闽书·方域志·湄洲屿》,福建人民出版社,1994,第574页。

六日，太宗又加封为护国庇民妙灵昭应弘仁普济天妃，庙号弘济天妃之宫，岁以正月十五日、三月廿三日遣官致祭，盖其时将遣郑和等浮海使外国，故祈神威灵以助天声。"① 郑和下西洋之后，妈祖信仰广泛传播，从我国闽、粤、浙、台地区到日本，以及马来西亚、新加坡、菲律宾、泰国等东南亚国家华人聚集的沿海城乡，美国、巴西、秘鲁、法国、英国等国家，妈祖信仰的民间信徒遍布海内外。②

宋代小说中已常有妈祖形象出现。小说《夷坚志·林夫人庙》提到："兴化军境内地名海口，旧有林夫人庙，莫知何年所立，室宇不甚广大，而灵异素著。凡贾客入海，必致祷祠下，求杯珓，祈阴护，乃敢行。盖尝有至大洋遇恶风而遥望百拜乞怜见神出现于樯竿者。"③《夷坚志·浮曦妃祠》《湖海新闻夷坚续志·崇福夫人神兵》等小说也讲述妈祖显灵庇护民众事。

从明清小说作品中可知妈祖显灵时的情景。《三宝太监西洋记通俗演义》第二十二回、八十六回和一百回涉及天妃（妈祖），其中第二十二回直接描述船队遇危时天妃显灵：

> 二位元帅即时跪着，稽首顿首，说道："信士弟子郑某、王某，供奉南赡部洲大明国朱皇帝钦差前往西洋，抚夷取宝，不料海洋之上风狂浪大，宝船将危，望乞天神俯垂护佑，回朝之日，永奉香灯。"祷告已毕，只见半空中划喇一声响，响声里吊下一个天神。天神手里拿着一笼红灯，明明白白听见那个天神喝道："甚么人作风哩？"又喝声道："甚么人作浪哩？"那天神却就有些妙处，喝声风，风就不见了风；喝声浪，浪就不见了浪。一会儿

---

① （明）沈德符撰，杨万里校点《万历野获编》卷十四，《明代笔记小说大观》本，上海古籍出版社，2005，第2273页。
② 关于妈祖民间信仰的地区分布，见黄国华《妈祖文化》，福建人民出版社，2003。
③ （宋）洪迈：《夷坚志》，中华书局，2006，第950~951页。

风平浪静，大小宝船渐渐的归帮……只听得半空中那位尊神说道："吾神天妃宫主是也。奉玉帝敕旨，永护大明国宝船。汝等日间瞻视太阳所行，夜来观看红灯所在，永无疏失，福国庇民。"①

天妃神通广大，能令狂暴的海洋瞬间风平浪静，其标志性伴随物品乃红灯。《五杂组·海上天妃神》写道："如风涛之中忽有蝴蝶双飞，夜半忽现红灯，虽甚危，必获济焉。"②《子不语·天妃神》中的相关叙写更为详尽，不仅有红灯出现，天妃还显出真身：

乾隆丁巳，翰林周煌奉命册立琉球国王。行至海中，飓风起，飘至黑套中。水色正黑，日月晦冥。相传入黑洋从无生还者。舟子主人正共悲泣，忽见水面红灯万点，舟人狂喜，俯伏于舱呼曰："生矣，娘娘至矣！"果有高髻而金镮者，甚美丽，指挥空中。随即风住，似有人曳舟而行，声隆隆然，俄顷遂出黑洋。周归后奏请建天妃神庙。天子嘉其效顺之灵，遂允所请。

事见乾隆二十二年邸报。③

《天妃神》讲述清代乾隆年间"过海封王"的使节于途中遭遇飓风时天妃娘娘显灵事。虽出于小说集，但文后表明消息来源乃邸报，即为"实录"。用唯物主义的观点来看，所谓天妃根本不可能存在，更不会显现出"高髻而金镮"之容貌指挥于空中，为何严肃的官方邸报会有此消息？通过小说中的文学性书写较难看出真相，只有海上航行的亲历者才最清楚当时的情景。明代使琉正使陈侃的《使琉球录》中，记其于嘉靖十三年（1534）出使归途遇到飓风，

---

① （明）罗懋登著，陆树仑、竺少华校注《三宝太监西洋记通俗演义》第二十二回，上海古籍出版社，1985，第283~284页。
② （明）谢肇淛撰，傅成校点《五杂组》卷之四，《明代笔记小说大观》本，上海古籍出版社，2005，第1570页。
③ （清）袁枚编撰《子不语》卷二十四，上海古籍出版社，2012，第327页。

桅墙俱折，忽有红光烛舟，天妃显灵，船只重新起舵事。①清康熙五十八年（1719）出使琉球的副使、翰林院编修徐葆光所撰琉球国史书《中山传信录》中有篇《封舟救济灵迹》，记载了自陈侃使琉至徐葆光此次出使所遇到的天妃显灵事，笔者注意到有8次之多，②每次情况都非常危险。例如嘉靖四十年（1561），使琉正使郭汝霖一行归闽时船遇飓风失舵，郭等人祈神相助，"风乃息，更置舵。又有一鸟集桅上不去"。③又，康熙二十二年（1683），使琉球正使张学礼等人途中遇飓风暴雨，"船顷侧，危甚……龙骨半折"。在危急时刻众人祈神保佑，"时有一鸟，绿嘴红足若雁鹜"，舟人云："天妃遣来引导也！"④舟船化险为夷。

《封舟救济灵迹》中的记录显示，8次天妃显灵均未现真身，而是派遣蝶、雀、鸟、雁鹜、燕、蜻蜓、异雀等示象、引导。可以看出，海上亲历者的记录复现了当时的真实情况，因航海技术所限，漂荡于飓风暴雨中的舟船随时可能倾覆，偶尔飞过的水鸟成为众人心目中的希望。将其当作天妃显灵派遣的使者，对于陷入恐慌和绝望的漂洋过海者而言，不失为最好的心灵慰藉。

由此得知，海上守护神天妃娘娘虽难以真正守护出海者的安全，但她在人们心目中的地位不可撼动，被看作具有母性光辉的保护者。至今妈祖信仰仍非常兴盛，沿海地区处处建有妈祖庙。在广东汕尾凤山妈祖庙的"天后阁"拜殿正中，塑有一组妈祖雕像，其中一尊高4.7米，是粤东最高的妈祖泥塑坐像，其形象为："端坐垂足，头戴凤

---

① 见（明）陈侃《使琉球录》，"丛书集成初编"本，中华书局，1985，第45~48页。
② 明清两朝共22次遣使册封琉球，陈侃出使已是明代第11次，也就是说几乎每次使臣出使琉球途中都会遭遇飓风。
③ （清）徐葆光：《中山传信录·封舟救济灵迹》，载《台湾文献丛刊》第九辑，台湾大通书局，1987，第27~28页。
④ （清）徐葆光：《中山传信录·封舟救济灵迹》，载《台湾文献丛刊》第九辑，台湾大通书局，1987，第28页。

冠，前饰冠冕，身着大红金龙袍，手执朝笏，脚现绣靴，极显尊贵。妈祖面庞微俯，凤眼凝注，风神秀逸……体现其女性慈惠、温良之天赋，秀外慧中之气质。"[1] 显然这尊坐像是妈祖受封后的形象。

笔者在汕尾凤山妈祖庙看到，庙外的妈祖石雕立像也是其受封后的装扮。立像高达16.83米，是迄今全国规模最大的妈祖石雕像之一。雕像面向南海，头戴凤冠冕琉，身着龙袍、霞帔，外披斗篷、云肩，饰璎珞，搭佩带，手持如意于身体左侧，题为"天后圣母"，形象庄严肃穆。因天后配饰繁多，明清时期，民间甚至有呼其封号"天后娘娘"其到来会稍迟，呼其"妈祖"则可迅速得到救助的说法。清代小说《亦复如是》中载："尝闻秀亭黄公云：海上遇急难时，呼天后娘娘来稍迟，呼妈祖救命即至。盖呼天后须排列仪仗，呼妈祖则可应声而至。"[2]

小　结

本章分海洋奇兽、海中仙域、海外异域和海神信仰等四大题材类型，探讨了传统海洋文化对明清小说题材的影响。虽然随着航海技术的持续发展，人们对海洋的认知水平日益增高，但是在面对浩渺、神秘的海洋时，仍不免会产生相似的直观感受。在海洋文化影响下，叙事文学作品有了题材与风格上的延续性。海洋奇兽、海中仙域、海外异域和海神信仰等题材类型，从远古神话到明清小说，在传承的基础上也有所新变。

---

[1] 凤山祖庙理事会编《广东汕尾凤山祖庙志》，中国国际图书出版社，2008，第58页。
[2] （清）青城子著，于志斌标点《亦复如是》，重庆出版社，2005，第196页。

第四章　奇幻与现实：明清小说中的海洋叙事

海洋文化不仅影响了中国古代小说的题材，在叙事艺术方面也对其产生了多方面的影响。与西方海洋叙事中的现实性、冒险性、重视真实性等特征相比，中国的海洋叙事虽也包含现实因素，但往往与巧合、奇异和写意等概念相融合，带有浓厚的奇幻色彩。这种叙事风格在《山海经》等上古神话中已肇其端，后世的海洋叙事也受其影响。

明清时期的涉海小说在奇异叙事中折射出现实的映像，体现出真幻交织的艺术特征。小说作者在海洋叙事中反映现实、讽喻现实，寄托了自己的理想。本章第一节以短篇小说为中心，论述明清小说中的传统海洋叙事。第二节以长篇小说为中心，论述明清小说中的海外世界。

第一节　明清短篇小说中的传统海洋叙事

所谓"传统海洋叙事"，结合本书第一章论述，包含两个因素，一是自有文字记录起即有的奇异性叙事特征，二是"海岛（异域）奇遇"式情节模式。与海洋文化相关的奇遇类故事，最初仅有仙乡奇遇，在道教的影响下，汉魏六朝时多有寻仙、遇仙主题的文学作品出现。随着人们对海洋的了解逐渐深入，"闯入"式的奇遇类故事由单纯的仙乡想象又衍生出异域奇遇主题，在延续奇异性叙事特征的同时，形成较为固定的叙事模式，即海岛（异域）奇遇式情节模式。"奇遇"可能是遇仙，更多是遭遇奇怪经历，诸如历险、得宝等。就笔者所见，这种叙事模式应成型于唐代，《酉阳杂俎·境异》云："近有海客往新罗，吹至一岛上，满山悉是黑漆匙箸。其处多大木，客仰窥匙箸，乃木之花与须也。因拾百余双还，用之，扡不能使，后偶取搅茶，随搅而消焉。"[1] 属于较早的"闯入"式异域奇遇类故事。前文所引唐宋时期小说《长须国》《海中长人》《张建章泛海遇仙》等，均为此种叙事模式和风格。

考察历代受到海洋文化影响的小说作品可知，海中仙域和海外异域类题材的小说，也即涉及出海叙述和海外世界的作品，多为上述叙事模式，这种特征在短篇小说中尤其明显。因其风格肇始于先秦时期，叙事模式成熟于唐代，故将其称为"传统海洋叙事"。本书第三章"海外异域"部分提及的多篇文言小说，除《浮提异人》讲述异域居民在中国的经历之外，其余诸篇均为"出海—遭遇风暴—海上漂流（风吹至异域）—海岛（异域）奇遇"的情节模式，传统海洋叙事对明清小说的影响可见一斑。由此也能看出海洋的风波叵测，"舟行溺水"虽有可能出于海盗之类的人为因素，但绝大多数仍属自然灾难。

传统海洋叙事模式未定型之前，在《山海经》《神异经》《海内十洲记》《博物志》等作品中，关于出海和海外世界的描述往往出于虚构与想象，仅有仙乡想象类或怪诞异域类的主题，诸如"乘槎游星河"，"列姑射山在海河洲中，山上有神人焉，吸风饮露，不食五谷"，[2] "有一国亦在海中，纯女无男"[3] 云云，内容不经，故事中多

---

[1] （唐）段成式撰，曹中孚校点《酉阳杂俎》卷四，上海古籍出版社，2012，第 27~29 页。
[2] 杨伯峻：《列子集释》，中华书局，2012，第 41 页。
[3] （晋）张华撰，（宋）周日用等注，王根林校点《博物志》（外七种），上海古籍出版社，2012，第 12~13 页。

缺乏真实的"人物"。如前文所论，随着造船与航海技术的不断发展，人们对海洋有了实践式的体验，对海洋的了解更为深入，这些反映在海洋叙事中则是小说现实性因素增多。唐代之后，涉及海外世界的小说普遍有了真正出海航行、深入体验海洋的人物，诸如海商、渔民、海防官兵或者到属国过海封王的使臣等等，总之都是有血有肉的真实的人物，小说中他们的出海经历及其与海外世界的沟通和交往，乃是对现实生活的文学性书写。

笔者整理出明清时期明显属于传统海洋叙事模式的短篇小说共21篇，[①] 按照题材内容的不同，可将这些小说作品大致分为遇仙类和历险（奇遇）类两种类型，具体篇目见表2。

表2　属于传统海洋叙事模式的明清短篇小说

序号	篇名	出处	出海者	类型
1	《安期岛》	《聊斋志异》	长山刘中堂、武官某（出使朝鲜）	遇仙
2	《粉蝶》	《聊斋志异》	阳曰旦（琼州土人，偶自他郡归，浮舟于海）	
3	《罗刹海市》	《聊斋志异》	马骥（贾人子，从人浮海）	
4	《揽风岛》	《耳食录》	粤贾（浮舶入南海）	
5	《江善人》	《小豆棚》	江某（商于闽广，航海数十年）	
6	《石帆》	《小豆棚》	登州卞京（奇士）	
7	《珊珊》	《萤窗异草》	许皋鹤（册封暹罗，奉使入海）	
8	《苏和》	《泾林续记》	苏和（闽广小海商）	
9	《鬼国母》	《情史》	杨二郎（建康巨商，数贩南海）	
10	《焦土夫人》	《情史》	海贾某（泉州人）	
11	《海王三》	《情史》	海王三之父（贾于泉南）	

---

① 明清长篇小说中也包含传统海洋叙事情节模式的故事单元，例如《三宝太监西洋记通俗演义》中"李海遭风遇猴精"的故事（分布于小说第十九回、二十回、九十七回和一百回）即为此种叙事模式。长篇小说中此类故事单元往往分布于数回之中，且回数并不连贯，文字不够集中，因而不作为典型进行讨论。

续表

序号	篇名	出处	出海者	类型
12	《猩猩》	《情史》	富小二（金陵客商）	历险（奇遇）
13	《转运汉遇巧洞庭红波斯胡指破鼍龙壳》	《拍案惊奇》	苏州府长州县文若虚（同邻居走海泛货）	
14	《海滨元宝》	《坚瓠集》	维亭钱裕鞠（人海贸易），同伙一百二十余人	
15	《夜叉国》	《聊斋志异》	交州徐姓者（泛海为贾）	
16	《夜叉岛》	《三冈识略》	吴氏子（与一仆附贾舟，往日本国），同行百余众	
17	《人熊》	《子不语》	浙商某（贩洋为生），同伴约二十余人	
18	《桃夭村》	《谐铎》	蒋生、海贾马姓者	
19	《蛣蜣城》	《谐铎》	荀生（偶附贾舶，浮槎海上）	
20	《郭姓者》	《亦复如是》	郭姓者（以航海贩货为业）	
21	《海熊》	《挑灯新录》	邑营卒钱堂，同舟五十人	

这些小说叙事时均采用海岛（异域）奇遇式情节模式，内容也都笼罩着明显的奇幻色彩，体现出传统海洋叙事对明清小说的影响。

《安期岛》《粉蝶》《罗刹海市》《揽风岛》《江善人》《石帆》《珊珊》7 篇小说包含遇仙情节，属于海洋叙事中常见的神仙主题。其余 14 篇小说则包含鬼怪、妖兽、巨人、夜叉、海怪等海洋叙事中常见的魔幻元素，是对前代涉海作品的继承。唐代以来，不同于魏晋时期的"闯入"仙域类作品全凭想象来构建故事，海岛（异域）奇遇式的小说中有了更多的现实成分，这类小说发展至明清时期，在奇异叙事的同时对现实映像进行折射，体现出奇幻与现实交织的叙事艺术。下面分析这些小说在奇幻叙事之下隐藏的现实元素。

一 对明清时期海上贸易的反映

由表 2 可以看出，这 21 篇小说中每篇都有出海者，即亲历海上航行者，其身份多为海商。小说中的出海者除了《安期岛》中的长山刘中堂是出使朝鲜的正使，《珊珊》中的许皋鹤是到暹罗过海封王的副使，《粉蝶》中的阳曰旦是琼州本地居民，从外地经海路返乡，《石帆》中的登州卞京是一名"奇士"，常各地游历，《海熊》中的钱堂是戍台军士之外，其余16篇小说中的出海者全为海商（《夜叉岛》中的吴氏子及其仆从是"附贾人舟"去往日本国，《蛼螯城》中的荀生是"偶附贾舶，浮槎海上"），约占21篇小说的3/4。

这16篇小说中，除去《情史》中的4篇小说源自宋代小说集《夷坚志》，《转运汉遇巧洞庭红　波斯胡指破鼍龙壳》故事发生于"国朝成化年间"，《海滨元宝》故事发生于"崇祯癸未"，其余10篇小说的故事发生时间均未明确交代。参照小说创作中时人写时事往往不再强调故事背景的通例，可以合理推测这些小说的故事背景为明清时期。由此可知，虽然明清两代有着非常保守的海洋政策，但私人海上贸易仍比较繁荣，"私通者，商也。官市不开，私市不止，自然之势也"。[①] 尤其经过明代后期的短暂开海（"隆庆开海"），民间海上贸易被纳入合法贸易体系，海路经济迅速得到发展。清代曾五次颁布禁海令（顺治十二年、十三年，康熙元年、四年、十四年），直至康熙二十二年（1683）清廷收复台湾，于次年开海贸易，中国的海外贸易"以不可抵抗的势头向前发展，其规模和贸易总值远远超越前代，达到了新的高度"。[②] 从小说作品中也可感受到这一点。通过这21篇小说可知，明清时期航行于海上的船只大多为商舶。

明代大部分时期实行严厉的禁海政策，明太祖诏曰："敢有私下

[①] （明）徐光启：《海防迂说》，载（明）陈子龙选辑《明经世文编》卷四九一，中华书局，1962。

[②] 黄启臣：《清代前期海外贸易的发展》，《历史研究》1986年第4期。

诸番互市者，必置之重法。"① 但滨海地区商人打破海禁，私下泛海通商，已成屡禁不止的常态，尤其隆庆短暂开海后，民间海外贸易迅速崛起。表2中创作于明万历年间的小说《苏和》云："闽广奸商，惯习通番。每一舶推豪富者为主，中载重货，余各以己资市物往，牟利恒百余倍。"② 即刻画出这一社会现实。通过表2的小说可知，出洋行商的海贾除了闽、粤两地最多，还有江西（商于闽广，航海数十年的"江善人"是"豫章省外黄牛洲"人）、江苏（文若虚为"苏州府长州县"人，钱裕鞫为苏州"维亭"人）、浙江（《人熊》中的浙商某，贩洋为生）等地的商人，即小说涉及的海商大多为闽、粤、赣、浙籍，这与现实中的情况是一致的。

同时，《苏和》中的船舶遇风—登上岛屿—获得宝物（鼍龙遗蜕）的叙事模式和风格，又受到传统海洋叙事的影响。《拍案惊奇》首篇即为改编自《苏和》的小说《转运汉遇巧洞庭红 波斯胡指破鼍龙壳》，经过凌濛初的增润，小说情节更加曲折丰满，文字表述也更具有可读性。下面是对主角文若虚行舟遇风、登上异域（岛屿）之时的描写：

> 众人事体完了，一齐上船，烧了神福，吃了酒，开洋。
> 行了数日，忽然间天变起来。但见：
> 乌云蔽日，黑浪掀天。蛇龙戏舞起长空，鱼鳖惊惶潜水底。艨艟泛泛，只如栖不定的数点寒鸦；岛屿浮浮，便似及不煞的几双水鹅。舟中是方扬的米簸，舷外是正熟的饭锅。总因风伯太无情，以致篙师多失色！
> 那船上人见风起了，扯起半帆，不问东西南北，随风势漂去。

---

① 《明太祖实录》卷二三一，洪武二十七年春正月甲寅，台北"中研院"历史语言研究所校印，上海书店，1982，第4827页。

② （明）周元暐：《泾林续记》，中华书局，1985，第27页。

隐隐望见一岛，便带住篷脚，只看着岛边使来。看看渐近，恰是一个无人的空岛。但见：

> 树木参天，草莱遍地。荒凉径界，无非些兔迹狐踪；坦迤土壤，料不是龙潭虎窟。混茫内、未识应归何国辖，开辟来、不知曾否有人登。①

以上文字对航海过程中所遇风涛的描述十分惊险，"总因风伯太无情，以致篙师多失色"，令人感叹泛海行商之不易。幸运的是，《苏和》和其改编作品《转运汉遇巧洞庭红　波斯胡指破鼍龙壳》属于海外得宝类故事，众商人虽遭遇飓风来到这样一个荒凉无人的岛屿，但并无生命危险。与之相比，许多更加不幸的泛海商人在途中即失去生命。

表2中创作于清康熙年间的小说《夜叉岛》写道，吴氏子与一仆人搭乘海商船舶去往日本，途中"忽遇暴风，漂泊一岛"，众人上岛后遇到一个"长两丈许，朱发蓝面"的夜叉。夜叉抓住人即将其"剖而啖之"，随后夜叉将船只也破坏殆尽。正在大家惊慌之时，水中忽然又出来多名夜叉，"海水沸腾，岛峙震动"，将众商人生啖了几十名，吴氏子也被其生食。②

小说中的夜叉体貌及其行为带有明显夸饰，体现出奇幻的色彩，同时从侧面反映出明清时期的海商在出海时不但可能遭遇自然灾难、海盗，还有可能遇到威胁生命的食人生番。这类内容在唐代小说中即有出现，对明清小说中的传统海洋叙事而言，其既属于对奇幻叙事素材和风格的传承，也是对现实的折射。

要而言之，虽然这些小说最显著的特点乃奇幻叙事，但读者也可从中了解到明清时期海上贸易的种种情状。小说将现实因素蕴含于奇

---

① （明）凌濛初著，陈迩东、郭隽杰校注《拍案惊奇》，人民文学出版社，1991，第14页。
② （清）董含：《三冈识略》，辽宁教育出版社，2000，第20～21页。

异叙事之中，展现出独特的艺术面貌。

二 对清代海防的反映

表2中的小说《海熊》创作于嘉庆年间，这篇小说属于典型的海岛（异域）奇遇式传统海洋叙事模式，讲述食人怪兽事，描述细致，颇具艺术张力和恐怖气氛。其篇幅较小，兹录如下：

> 邑营卒钱堂，于乾隆间戍台，至厦门，结队乘舟浮海，适遭飓风，一昼夜风始定。视之舟已近岸，而浅搁莫行。同舟五十余人，离舟上岸，则一荒岛；草木阴浓，林花满放。方欲回舟，忽茂林中出一巨人，高数丈，面黑如漆，遍体生红毛长数寸，见人辄笑；两手拔木两本，向前如鸭奴持竹枝拦鸭状，钱等五十余人，见之惊极，任其所拦而去，无一敢逃者。无何至一石洞，钱等五十余人皆被赶入洞中。巨人随掇巨石塞其洞口而去。钱等在内，神魂俱散，惟听其死而已。约饭时，行步声响，巨人回矣；掇去巨石，抓人出洞，先咬饮喉开之血，次撕开而食，嚼之有声，顷刻尽五人。巨人停手，坐于岩前，双目渐合，竟忘塞洞；俄尔鼻息动矣，钱等知其饮血已醉，且此际已置生死于度外，若不先为下手，则怪物醒来，数十人宁敷其几啗？遂暗相集语，各拔所带腰刀，攒至巨人之前，内一卒颇有勇力，先以刀刺巨人之喉，巨人大吼，声应山谷，伤人处鲜血冒出，众人各持刀攒刺，视巨人已毙，遂急奔回舟。逾三日风色和顺，舟始得通，及抵戍地，询之土人得知巨人盖海熊也。①

故事中的出海者是乾隆年间经厦门去戍台的五十余名兵卒，在航

---

① （清）荆园居士著，陈久仁、张凤桐校点《挑灯新录》，载《续聊斋三种》，南海出版公司，1990，第85~86页。

海途中因"遭飓风"漂流至岛屿,接着发生了海熊生食人以及海熊被反杀事件,故事描写得惊心动魄。从小说中的巨人(海熊)具有令人不可思议的身高(高数丈)这一细节可以推知,海熊应为小说家夸饰乃至虚构出的形象,此篇小说具有传统海洋叙事的奇幻元素。

值得注意的是,《海熊》反映出清代台湾的海防状况和大陆通往台湾的路线情况。康熙二十二年(1683)郑成功之孙郑克塽降清之后,台湾被纳入清政府版图。由于其地处边海要塞,孤悬海外,自古以来为兵家必争之地,康熙帝采纳众官员关于加强台湾戍守的建议,实行闽、台联防的军事体制,派兵驻守各港口,"盖鹿耳门为全郡门户,而南北各港口亦有其统辖者"。① 关于大陆前往台湾的路径,《重纂福建通志》载:"凡往台湾之船,必令到厦门出入盘查,一体护送由澎而台,从台而归者,亦令一体护送由澎到厦出入盘查,方许放行。"② 即所有去往台湾的船只必须从厦门出发过海,经澎湖入台。

因此,清代小说中凡涉及往来台湾的描述均会提及厦门或澎湖,《海熊》中前往戍台的兵卒也是如此:"邑营卒钱堂,于乾隆间戍台,至厦门,结队乘舟浮海。"清初对台湾海防的重视以及派兵戍守台湾的常态化,于此小说中可窥一斑。

三 对明清两代与暹罗和朝鲜等国外交关系的折射

表2中的小说《珊珊》创作于清代乾隆年间,③ 此小说从侧面折射出中国与暹罗、朝鲜之间的外交关系,以及出使者在海上所经历的危险。故事中的出海者许皋鹤是去往暹罗过海封王的副使。暹罗即今日之泰国,立国于公元1257年(南宋宝祐五年),至此历经四个朝

---

① (清)朱景英:《海东札记》,台湾成文出版社,1983,第52页。
② 见林仁川、黄福才《闽台文化交融史》,福建教育出版社,1997,第35页。
③ 依据鲁迅先生的看法,《萤窗异草》大约成书于乾隆年间。见鲁迅《中国小说史略》,上海古籍出版社,1998,第149页。

代：素可泰王朝、阿瑜陀耶王朝、吞武里王朝和却克里王朝。元明清三代，暹罗同中国保持着频繁的朝贡关系，其中素可泰王朝对元朝贡，阿瑜陀耶王朝对明与清朝贡，吞武里王朝和却克里王朝对清朝贡。元至元二十六年（1289），即素可泰王朝第三代国主兰甘亨大帝时代，暹罗第一次向中国朝贡。清同治八年（1869）是却克里王朝拉玛五世时代，暹罗最后一次向中国朝贡。

在近六百年的历史中，暹罗同中国的贡使往来次数，仅有具体文献可查者即有160次，平均每三年多一次，相互关系长久而密切。下面笔者参照《明史·暹罗传》《粤海关志》等文献以及江应樑的文章《古代中国与暹罗的友好关系》①，对明清两朝与暹罗的贡使往来进行扼要梳理。

明洪武四年（1371），阿瑜陀耶王朝第三代国主波隆摩罗阇向明朝第一次朝贡，奉金叶表、献训象。以此为始，终明一代，阿瑜陀耶王朝和明朝从未间断朝贡关系。据文献记录，暹罗向明朝共朝贡108次，明朝廷也"不断派遣中官或专使到暹罗去抚谕、赏赐、颁印、祭吊等，可考者共十八次，计洪武时四次，永乐时十二次，成化、景泰各一次"。②暹罗是首批向明朝朝贡的国家，因而得到朝廷优待："高帝既平定天下，诏谕诸夷，诸夷君长，或使或身，悉随使者来朝贡，则高丽、日本、大小琉球、安南、真腊、暹罗、占城、苏门答腊、西洋、爪哇、彭亨、百花、三佛齐、浡泥凡十五国，臣服最先，而最恭顺。高帝作祖训，列诸不征，且示勿勤远略之意。"③ 明初施行严厉的海禁政策，平民不许与外国互市，各国贡使往来也常令断绝，在这一背景下，

---

① 见江应樑《古代中国与暹罗的友好关系》，载《江应樑民族研究论文集》，民族出版社，1992，第439~455页。
② 江应樑：《古代暹罗与中国的友好关系》，载《江应樑民族研究论文集》，民族出版社，1992，第442页。
③ （明）何乔远：《王亨传·东南夷》，载《明山藏》（八），福建省文史研究所编"福建丛书"本，江苏广陵古籍刻印社，1993。

唯暹罗与琉球、真腊得到额外照顾:"禁民间用番香番货,先是,上以海外诸夷多诈,绝其往来,唯琉球、真腊、暹罗许入贡。"① 可知明朝对暹罗态度之亲善。甚至"暹罗"之国名也是由明朝所确定,《明史·暹罗传》云:"(洪武)十年,昭禄群膺承其父命来朝,帝喜,命礼部员外郎王恒等赍诏及印赐之,文曰'暹罗国王之印',并赐世子衣币及道里费。自是,其国遵朝命,始称'暹罗';比年一贡,或一年两贡。"②

清军入关后暹罗与清朝政府也建立了贡使关系。康熙三年(1664),暹罗国主那苍王遣使来贡。在暹罗主动表达善意和臣服态度的同时,清政府对待暹罗的态度也比较宽容。康熙七年(1668),礼部议以暹罗使者所贡物与《会典》不符,令其后次补贡,圣祖云:"暹罗小国贡物,有产自他国者,与《会典》难以相符。所少贡物免其补进。以后但以伊国所有者进贡。"③ 康熙十二年(1673),暹罗国遣使奉金叶表入贡,清廷于次年四月封国主那莱王为暹罗王,"颁镀金驼纽银印,赐诰命,令使臣赍回"。④ 自此至阿瑜陀耶王朝灭国的近百年间,阿瑜陀耶王朝到清朝贡使22次。1767年,暹罗王城被缅甸侵略军攻破,阿瑜陀耶王朝灭国,同年十月,郑昭(披耶达信)攻克王城,逐走缅军后复国,建立短暂的吞武里王朝。15年后,却克里王朝篡位代之,却克里王室冒认郑昭之后裔,依然与清廷保持贡使关系,四代国主四次向清廷请封。1855年,暹罗同英国签订首个不平等条约,逐步沦为半殖民地,国弱而难以自保,十数年未同中国往来。同治八年(1869),却克里王朝最后一次向清朝朝贡,穆宗云:"该国自

---

① 《明太祖实录》卷二三一,洪武二十七年春正月甲寅,台北"中研院"历史语言研究所校印,1962,第 3373~3374 页。
② (清)张廷玉等:《明史》卷三二四《列传·外国五·暹罗传》,中华书局,1974,第 8397 页。
③ (清)梁廷枏撰,袁钟仁点校《粤海关志》,广东人民出版社,2014,第 429 页。
④ (清)梁廷枏撰,袁钟仁点校《粤海关志》,广东人民出版社,2014,第 431 页。

咸丰二年以后屡次失贡，系道途阻滞，事出有因，着加恩免其补进贡物……用副朝廷怀柔远人之意。"①

暹罗和明清两代长期而频繁的贡使往来，使两国保持了积极的政治和朝贡贸易关系，也使暹罗经济得到发展。对暹罗的封王仪式，有时为"领封"，即将中国皇帝的册封诏书交予暹罗使臣，"令使臣赍回"，有时需朝廷派使臣过海封王。小说《珊珊》即以中国使臣去往暹罗封王为故事背景，如实反映了这一历史事实。

《珊珊》结尾又叙许皋鹤出使高丽之事："后值五年之期，果有高丽之使。家人皆不欲，太史力请于廷，又乘传（船）以出。"② 同暹罗类似，朝鲜与中国也保持着长期而密切的关系，元明清三代，朝鲜遣使来贡和请封的次数很多，中国朝廷也多次派遣使臣入朝。朝鲜对待明朝廷态度恭顺，并得到朝廷的礼遇。笔记小说《五杂组·夷狄诸国》云："夷狄诸国，莫礼仪于朝鲜。"③《万历野获编·册封琉球》云："本朝入贡诸国，唯琉球、朝鲜最恭顺，朝廷礼之亦迥异他夷。朝鲜以翰林及给事往，琉球则给事为正，行人副之。"④

朝鲜对待满人建立的清朝政府，初时较为排斥，直至"三藩之乱后，中朝关系进入了正常发展的历史阶段，清朝政府又主动采取种种善意的举措。1683年清朝统一台湾后，中朝关系终于进入了稳定发展的时期"。⑤

表2中的小说《安期岛》即讲述长山刘中堂鸿训和武官某分别担任出使朝鲜的正、副使，在出使朝鲜期间发生的故事：

---

① 《清穆宗实录》卷二六六，同治八年九月壬午，中华书局，1986，第5662页。
② （清）长白浩歌子著，刘连庚校点《萤窗异草》初编卷二，齐鲁书社，1985，第71页。
③ （明）谢肇淛撰，傅成校点《五杂组》卷四，《明代笔记小说大观》本，上海古籍出版社，2005，第1565页。
④ （明）沈德符撰，杨万里校点《万历野获编》卷三十，《明代笔记小说大观》本，上海古籍出版社，2005，第2722页。
⑤ 徐东日：《朝鲜朝使臣眼中的中国形象》，中华书局，2010，第65页。

长山刘中堂鸿训,同武弁某使朝鲜。闻安期岛神仙所居,欲命舟往游。国中臣僚佥谓不可,令待小张。盖安期不与世通,惟有弟子小张,岁辄一两至。欲至岛者,须先自白。如以为可,则一帆可至,否则飓风覆舟。逾一二日,国王召见。入朝,见一人,佩剑,冠棕笠,坐殿上;年三十许,仪容修洁。问之,即小张也。刘因自述向往之意,小张许之。但言:"副使不可行。"又出,遍视从人,惟二人可以从游。遂命舟导刘俱往。水程不知远近,但觉习习如驾云雾,移时已抵其境。时方严寒,既至,则气候温煦,山花遍岩谷。导入洞府,见三叟趺坐……问以休咎,笑曰:"世外人岁月不知,何解人事?"问以却老术,曰:"此非富贵人所能为者。"刘兴辞,小张仍送之归。既至朝鲜,备述其异……刘将归,王赠一物,纸帛重裹,嘱近海勿开视。既离海,急取拆视,去尽数百重,始见一镜;审之,则鲛宫龙族,历历在目。方凝注间,忽见潮头高于楼阁,汹汹已近。大骇,极驰;潮从之,疾若风雨。大惧,以镜投之,潮乃顿落。[①]

这是一篇较为典型的仙道小说,与前代此类题材的作品相比,其故事框架、情节内容并无太大发展。叙事模式也大致为传统的海洋叙事模式,仅出海后遭遇风暴而海上漂流(风吹至异域)的环节调整为在仙术影响之下,出海者登舟顺风而行,"习习如驾云雾"。此篇具有传统神仙题材和海洋叙事模式的小说,其人物、故事背景却均真实可查。刘鸿训于《明史》有传,其字默承,万历四十一年(1613)进士,泰昌元年(1620)冬奉诏出使朝鲜。

综上所述,传统海洋叙事模式影响了明清小说的叙事风格。本节所涉20余篇小说,叙事时采用了海岛(异域)奇遇式情节模式,并

[①] (清)蒲松龄著,张友鹤辑校《聊斋志异》,会校会注会评本,上海古籍出版社,2011,第1261~1262页。

具有奇幻与现实交织的特征。大多数小说包含神仙、巨兽、夜叉、妖怪等魔幻元素，在《苏和》和《转运汉遇巧洞庭红 波斯胡指破鼍龙壳》这两篇倾向于写实风格的小说中，主人公意外在海岛获得宝物（鼍龙遗蜕）并高价售卖于胡商，也继承了唐代小说中常见的"海外得宝""胡人识宝"等叙事元素，这些都体现出明清短篇小说中的海洋叙事对前代同类作品的继承。与此同时，小说在奇幻叙事中隐藏有现实元素，反映了明清时期的海上贸易、海防情况，折射出明清两代与暹罗和朝鲜等国的外交关系等，体现了鲜明的时代气息，呈现出亦真亦幻的艺术特征。

第二节　神话与理想国：长篇小说中的海外世界

浩渺、壮丽、富庶而神秘的海洋，在明清小说的海洋叙事中展现出吞星吐日、海天无际、怀珍藏宝、涵容万族的艺术世界。明清时期人类对于海洋的认知已不仅是广阔玄虚的"另一域"，随着海洋知识和航海技术的发展，以及小说文体自身的发展和演变，整体来看，小说中的海洋叙事相较于前代小说作品，其写实成分显著加强。明代既有"四游记"、《南海观世音菩萨出身修行传》、《韩湘子全传》等充满宗教气息的释、道宣教小说，也有《三宝太监西洋记通俗演义》这样和现实密切相关的神魔小说，以及御倭主题的《戚南塘剿平倭寇志传》、反映明末辽东之役的《辽海丹忠录》和《镇海春秋》等时事小说。清代小说《蜃楼志》对海关官员贪腐的现实多有反映，《说倭传》（《中东大战演义》）等小说中的海战描述更是几近写实，令读者阅之如身临其境、心胸激荡。但考察明清小说中的海洋叙事艺术，以"写实成分显著加强"来简单概括显然不够，实际上，明清时期的海洋叙事在继承前代的基础上有诸多创新。这一时期的长篇涉海小说，以明代小说《西游记》《三宝太监西洋记通俗演义》和清代小说《镜花缘》《希夷梦》《海游记》等作品中的海洋叙事最具特色，这些小说运用真幻交织的笔法深入海洋，描绘出精彩纷呈的海外世界。在第三章笔者对《三宝太监西洋记通俗演义》和神魔小说巅峰之作《西游记》的海洋特色有较多探讨，所以本节以清代小说《镜花缘》和《希夷梦》等作品为论述重点，分析长篇小说中的海洋叙事特色。

《镜花缘》和《希夷梦》均创作于乾嘉时期，前者的故事背景设定为唐代武则天称帝时，后者的故事背景设定为五代十国末年。两部小说都在奇幻叙事中体现出强烈的现世精神，前者幻中存讽，后者寓真于梦。《镜花缘》和《希夷梦》中的海外世界分别代表了两种类型，即传统的、具有神话传说色彩、包含讽喻内涵的海外诸国，以及寄托政治抱负的理想岛国，这两种类型的海洋书写在明清小说中具有代表性意义。大体上看，《常言道》《海游记》《新镜花缘》等小说可划为第一种类型，《痴人说梦记》《狮子吼》《黄金世界》等小说可划为第二种类型。[1]

《镜花缘》全书一百回，作者李汝珍。李汝珍学识渊博，音韵学造诣尤深，其小说也体现出博学多识的特点，诸学者称其小说为"才学"小说中的"博物多识之作"[2]"杂家小说"[3]"中国第一部长篇博物体小说"[4]。从内容来看，小说可分为两大部分，前一部分（第一回至第四十回）写徐敬业起兵反对武则天称帝，百花仙子被贬谪下凡，秀才唐敖因牵涉徐敬业等人"叛逆"事受到打压，遂弃绝红尘、随妻弟林之洋游历海外；后一部分（第四十一回至第一百回）写唐敖之女小山出海寻父，百花仙子转世的百位才女相聚，共同参加女科。

---

[1] 《新镜花缘》《痴人说梦记》《狮子吼》《黄金世界》等小说为晚清时期小说。
[2] 鲁迅：《中国小说史略》，上海古籍出版社，1998，第180页。
[3] 何满子：《古代小说退潮的别格——"杂家小说"——〈镜花缘〉肤说》，《社会科学战线》1987年第1期。
[4] 陈文新：《传统小说与小说传统》，武汉大学出版社，2007，第363页。

小说不仅描写了蓬莱仙境中的仙人世界，更是浓墨重彩地刻画出一个奇幻怪异的海外世界。书中唐敖等人海外游历的情节有三十三回（第八回至第四十回），小山出海寻父的情节有十二回（第四十三回至第五十四回），这四十五回内容明显受到海洋文化的影响。值得注意的是，小说作者李汝珍曾在海州（今连云港）生活30余年，有多次出海漂洋的经历，[①]临海生活和漂洋经验显然影响了其小说创作。唐敖等人海外游历的内容也是公认的全书最精彩部分："卷中若唐敖偕多九公、林之洋周游各国，所遇多怪怪奇奇，妙解人颐，诙谐讥肆、顽世嘲人，揣摩毕肖，口吻如生，又足令阅者拍案称绝，此真未易才也。"[②] 在这一部分内容中，诸人漂洋过海，先后游历了君子国、大人国、劳民国等30多个海外异国。

自乾隆二十二年（1757）清廷下令西洋番船不得前往浙江等沿海地区，只能在广州贸易，至道光二十二年（1842），广州一直是中外贸易的唯一港口，因而长期身处海州的李汝珍虽有出海经验，但应无出国和海外贸易的亲身经历。小说中海外游历的内容大多依古籍中的神话传说敷衍而成，诸人所至的海外诸国以及途中遇到的各类奇兽异草，多取材于《山海经》。1916年，钱静方在其《小说丛考》中对《镜花缘》同《山海经》之间的关系做出考论，[③] 以此为发端，诸学者对这一问题的研究逐渐深入而具体，其中尤以李剑国、占骁勇的著作《镜花缘丛谈》中的相关考述最为翔实。[④] 笔者细读小说文本，结合前贤研究成果，将唐敖等人海外游历的33个国家及其出处整理如下（见表3）。

---

① 李汝珍从事盐运、拥有海船的妻兄许某在其《案头随录》中，不止一次记载李汝珍随其出海漂洋事。见孙佳迅《〈镜花缘〉公案辨析》，齐鲁书社，1985，第13~16页。
② （清）王韬：《镜花缘图像序》，载（清）李汝珍《绘图镜花缘》，中国书店，1985年据光绪十四年上海点石斋本影印，卷首。
③ 见钱静方《小说丛考》，古典文学出版社，1957，第54~56页。
④ 见李剑国、占骁勇《镜花缘丛谈》，第二部分"海外篇"、附录"《镜花缘》海外考"，南开大学出版社，2004，第42~120页、第280~440页。

表 3 《镜花缘》中唐敖一行所历海外诸国及其出处

序号	回次	国名	出处
1	第 11~13 回	君子国	《山海经》之《大荒东经》《海外东经》
2	第 13~14 回	大人国	《山海经》之《海外东经》《大荒北经》
3	第 14 回	劳民国	《山海经》之《海外东经》
4	第 14 回	聂耳国	《山海经》之《海外北经》
5	第 14 回	无肠国	《山海经》之《大荒北经》《海外北经》
6	第 14~15 回	犬封国	《山海经》之《海内北经》
7	第 15 回	元股国	《山海经》之《大荒东经》《海外东经》
8	第 15 回	毛民国	《山海经》之《大荒北经》《海外东经》
9	第 16 回	毗骞国	《梁书·诸夷传》《南史·夷貊传》
10	第 16 回	无继国	《山海经》之《海外北经》（无启国）
11	第 16 回	深目国	《山海经》之《大荒北经》《海外北经》
12	第 16~19 回	黑齿国	《山海经》之《大荒东经》《海外东经》
13	第 19 回	靖人国	《山海经》之《大荒东经》（小人国）
14	第 20 回	跂踵国	《山海经》之《海外北经》
15	第 20 回	长人国	《神异经·西北荒经》
16	第 21~22 回	白民国	《山海经》之《海外西经》
17	第 22~25 回	淑士国	《山海经》之《大荒西经》
18	第 25 回	两面国	《三国志·东夷传》《后汉书·东夷传》
19	第 26 回	穿胸国	《山海经》之《海外南经》（贯胸国）
20	第 26 回	厌火国	《山海经》之《海外南经》
21	第 26 回	寿麻国	《山海经》之《大荒西经》
22	第 27 回	结胸国	《山海经》之《海外南经》
23	第 27 回	长臂国	《山海经》之《海外南经》
24	第 27 回	翼民国	《山海经》之《大荒南经》《海外南经》（羽民国）
25	第 27 回	豕喙国	《淮南子》
26	第 27 回	伯虑国	《山海经》之《海内南经》
27	第 27 回	巫咸国	《山海经》之《海外西经》
28	第 28~31 回	歧舌国	《山海经》之《海外南经》
29	第 31~32 回	智佳国	—
30	第 32~38 回	女儿国	《山海经》之《海外西经》（女子国）
31	第 38~39 回	轩辕国	《山海经》之《大荒西经》《海外西经》
32	第 13 回	青邱国	《山海经》之《大荒东经》《海外东经》
33	第 15 回	鬼国	《山海经》之《海内北经》

从表 3 中可以清晰地看出，这 30 多个国家绝大多数出自《山海经》中的《海经》。除此之外，众人游历过程中遇到的各类奇兽异草，诸如精卫、木禾、蹑空草等等，也多与《山海经》《淮南子》等古籍有关。譬如出现在小说第九回的祝余草，来源于《山海经·南山经》："有草焉，其状如韭而青华，其名曰祝余，食之不饥。"① 出现在小说第十五回的人鱼，来源于《山海经·北山经》："决决之水出焉，而东流注于河。其中多人鱼……四足，其音如婴儿。"② 唐敖最终隐逸的"蓬莱山"也可见于《山海经》。这些与中华迥然相异且与《山海经》有着承继关系的海外异域、珍禽异兽、异域人物以及风俗习惯，共同构成了充满海洋气息的神幻世界。

这一部分是公认最为精彩的内容，同小说后半部分众才女相聚后的"论学说艺，数典谈经"类似，很大程度上也是作者展示其"博物多识"的炫才手段，并借以抒胸中之块垒。那么，从海洋文化影响的角度来看，这些内容的艺术魅力，或者说对于读者的吸引力又在哪里？

第一，小说作者对海洋和海外异域的一系列描述，充分满足了读者对海外的幻想。

《镜花缘》构建了一个充满学者风致的海外世界，在具有多次漂洋经历的舵公多九公和妻弟林之洋（海商）的带领之下，读者和儒生唐敖一起，见识到各种珍禽异兽、异域人物及其独特风俗。华侨现象也在小说中得到较为客观的反映，或为逃避战乱（廉景枫一家），或为躲避时祸（尹元、薛蘅香等人）而移居海外的华侨，在异国的生活状态、海外创业的不易以及对当地社会所做出的贡献等等，都在故事中有所刻画。作为中国古代小说史上极其少有的、深入描述海洋和海外游历过程的长篇小说（明代有《西洋记》），《镜花缘》的魅力显而易见。

---

① 袁珂校注《山海经校注》（最终修订版），北京联合出版公司，2014，第 1 页。
② 袁珂校注《山海经校注》（最终修订版），北京联合出版公司，2014，第 77 页。

小说对聂耳国、无肠国、犬封国、毛民国、深目国、靖人国、长人国、两面国、穿胸国、结胸国、长臂国、翼民国、豕喙国等国之国民，虽着墨不多，但因其形貌大异于常人而令人印象深刻。例如毛民国人"一身长毛"，靖人国人"身长不满一尺"，长相奇异。而其品行也有着对应于形貌的各种缺陷，毛民国人"当日也同常人一样，后来因他生性鄙吝，一毛不拔，死后冥官投其所好，所以给他一身长毛。那知久而久之，别处凡有鄙吝一毛不拔的，也托生此地，因此日见其多"。① 靖人国人"风俗硗薄，人最寡情，所说之话，处处与人相反"，"满口说的都是相反的话，诡诈异常"，是名副其实的"如此小人"，② 诸如此类，妙趣横生，包含讽喻，也令人大开眼界。在诸人海国游历的过程中，小说还不时穿插各种奇异的草木鱼虫、鸟兽神仙，具有异域传奇风格。例如在到达毛民国之前，众人见到了人鱼：

> 唐敖那日别了尹元，来到海边，离船不远，忽听许多婴儿啼哭。顺著声音望去，原来有个渔人网起许多怪鱼。恰好多、林二人也在那里观看。唐敖进前，只见那鱼鸣如儿啼，腹下四只长足，上身宛似妇人，下身仍是鱼形。多九公道："此是海外'人鱼'。唐兄来到海外，大约初次才见，何不买两个带回船去？"唐敖道："小弟因此鱼鸣声甚惨，不觉可怜，何忍带回船去！莫若把他买了放生倒是好事。"因向渔人尽数买了，放入海内。这些人鱼蹲在水中，登时又都浮起，朝著岸上，将头点了几点，倒象叩谢一般，于是攸然而逝。三人上船，付了鱼钱，众水手也都买鱼登舟。③

---

① （清）李汝珍：《绘图镜花缘》第十五回，中国书店，1985年据光绪十四年上海点石斋本影印。

② （清）李汝珍：《绘图镜花缘》第十九回，中国书店，1985年据光绪十四年上海点石斋本影印。

③ （清）李汝珍：《绘图镜花缘》第十五回，中国书店，1985年据光绪十四年上海点石斋本影印。

奇幻的海外世界，奇特的海洋生物，令人目不暇接。小说对诸海国之居民的刻画带有荒诞感，又有着一些谐谑，穿插其中的议论则体现出小说作者的睿智，也令读者深谙其意。

第二，《镜花缘》借助对海外异国种种情状的刻画，表达了针对现实的讽喻。

小说中的一些海外国家如君子国、大人国、黑齿国、白民国、淑士国、女儿国、歧舌国等，其民众形体与常人几乎无异，但风俗与所作所为大异于中华，小说将更深层次的讽喻蕴含于对此类国家的细致刻画之中，这是小说作者所着力表达的部分，也是更能引起读者共鸣与反思的部分。

例如黑齿国与白民国人的形象有着鲜明对照。黑齿国人"不但通身似墨，连牙齿都是黑的，再加着一点朱唇，两道红眉，其黑更觉无比"，[①] 而白民国人"无老无少，个个面白如玉，唇似涂朱，再映着两道弯眉，一双俊目，莫不美貌异常。而且俱是白衣白帽，一概绫罗，打扮极其素净"。[②] 前者外形"丑陋"，后者外形"美貌"，但黑齿国才女无论谈经史还是辨音韵都胜过唐敖等人，而白民国人虽外表俊秀儒雅，实则胸无点墨。这种对比嘲谑了世间那些衣冠楚楚却不学无术之人。再如对女儿国的刻画，小说用了七回篇幅（第三十二回至第三十八回）讲述女儿国的故事。在这个男女社会角色完全颠倒的国家，唐敖妻弟林之洋被国王看中，被强行纳进宫、更换女装、缠足、打耳洞、囚禁，真实体验了普通女子在男权社会遭受的压迫，以及男性偏执的审美嗜好带给女子的创伤与苦痛。让一名男性体会女性的遭遇，这种充满喜剧和荒诞意味的表现方式更有触目惊心之功效，能够令读

[①] （清）李汝珍：《绘图镜花缘》第十六回，中国书店，1985年据光绪十四年上海点石斋本影印。

[②] （清）李汝珍：《绘图镜花缘》第二十一回，中国书店，1985年据光绪十四年上海点石斋本影印。

者真正反思男权社会的不合理之处。

第三，小说也折射出鲜明的时代特征。

唐敖妻弟林之洋是从事对外贸易的海商，他常年往返内陆与海外，具有丰富的商业经验和敏锐的商业头脑。在诸国游历的过程中，林之洋经常去交易市场进行商品买卖，从小说中可以看到，经他之手买卖的货物种类繁多且往往具有合理性。例如在女儿国，他兜售胭脂、香粉、头油、头绳、翠花、绒花、香珠、梳篦等女性物品，唐敖不解地询问："此处虽有女儿国之名，并非纯是妇人，为何要买这些物件？"多九公道："此地向来风俗，自国王以至庶民，诸事俭朴。就只有个毛病，最喜打扮妇人。无论贫富，一经讲到妇人穿戴，莫不兴致勃勃，那怕手头拮据，也要设法购求。林兄素知此处风气，特带这些货物来卖……"① 此段对话表明，林之洋深谙市场供需之规律。小说还涉及海外贸易中的定价问题。当唐敖看到林之洋备货的货单上只列货物明细而未列价格时，向其询问缘由，林之洋道："海外卖货，怎肯预先开价，须看他缺了那样，俺就那样贵。临时见景生情，却是俺们飘洋讨巧处。"② 谨记客户需求准备货物、将自己带来的"舶来品"按"物以稀为贵"的原则随机定价，这些行为都能谋取更多利润，林之洋的商业头脑由此可见一斑。

虽然小说背景设定为初唐，但对林之洋这一角色的塑造，或以清嘉庆年间的外贸商人为原型，与其相关的商业描写亦反映出清代中期海商外贸的情形。其原因一是诸人出海地点为"岭南"（第七回、第八回），小说中也多次强调这一点，而在李汝珍生活的时代，广州是官方指定的唯一可进行对外贸易的城市。二是小说中写到林之洋等人

---

① （清）李汝珍：《绘图镜花缘》第三十二回，中国书店，1985年据光绪十四年上海点石斋本影印。

② （清）李汝珍：《绘图镜花缘》第三十二回，中国书店，1985年据光绪十四年上海点石斋本影印。

出海时携带鸟枪（第八回），出海贸易的船只可随船携带多支炮械，也是嘉庆七年之后才被准许的行为。①

可以说，正是对奇幻海外世界的构建，以及其中透射出的讽喻意味和时代气息，令《镜花缘》这三十余回（第八回至第四十回）内容有着丰富而独特的艺术魅力，吸引了众多读者。小说叙写的海外诸国各有特色，李汝珍借《山海经》中的奇幻世界演绎其人生经验，表达其见识与思想。对此，学术界已有较为详尽的阐释，此处不再赘述。②《镜花缘》未刊之前先以抄本流传，李汝珍在小说末回自云其写作小说及付梓原因：

> 心有余闲，涉笔成趣，每于长夏余冬，灯前月夕，以文为戏，年复一年，编出这《镜花缘》一百回，而仅得其事之半。其友方抱幽忧之疾，读之而解颐、而喷饭，宿疾顿愈。因说道："子之性既懒而笔又迟，欲脱全稿，不卜何时；何不以此一百回先付梨枣，再撰续编，使四海知音以先睹其半为快耶？"③

在友人鼓励之下，嘉庆二十三年（1818），李汝珍将"仅得其事之半"的《镜花缘》于苏州首刻，其后各地书坊一再翻刻，极受读者欢迎，直至清末而不衰。依据《小说书坊录》的著录，至宣统元年

---

① 清政府在开海之初对出海商船所需的自卫武器"概行禁止携带"（康熙五十九年覆准），雍正八年覆准"往返东洋、南洋大船准携带之炮，每船不得过二炮，火药不得过三十斤"，嘉庆七年奏准"出海贸易船只，分别梁头丈尺，以定携带炮械多寡"。见（清）昆冈等修，刘启端等纂《钦定大清会典事例》卷一二〇，《续修四库全书》本，上海古籍出版社，2002。

② 对此问题的相关研究，可见以下论著：李剑国、占骁勇：《镜花缘丛谈》，南开大学出版社，2004，第二部分"海外篇"；袁世硕：《〈镜花缘〉与〈山海经〉》，《长江大学学报》（社科版）2004 年第 1 期；单有方：《〈镜花缘〉引用〈山海经〉神话手法浅析》，《殷都学刊》2002 年第 2 期等。

③ （清）李汝珍：《绘图镜花缘》第一百回，中国书店，1985 年据光绪十四年上海点石斋本影印。

(1909),《镜花缘》被扬州、上海等地的书坊刻印二十余次,① 是清代涉海小说中翻刻刊印次数最多的一部。从其流布情况可以推知,《镜花缘》所构建的幻中存讽的海外世界具有独特的吸引力,受到读者喜爱。惜"其事之另一半"终未面世。

《镜花缘》不仅吸引了众多读者,也令小说家为之倾倒,进而模拟其言海外而喻现实的创作笔法。清代梦庄居士所撰小说《双英记》序中云:

> 客又曰:"汝又指(《双英记》)为无稽之外国事何居?"曰:"子不见《镜花缘》舍内地而专言外国乎?是宗也,非创也。总而言之,是卷皆窃比也。"②

清代乾隆年间成书的《希夷梦》则向读者描述了另一种风格的海外世界。③ 不同于《镜花缘》中叙写多个充满神话色彩的海外国度,《希夷梦》虽以"梦"贯穿全书,也有一些神怪情节,但整体上采用写实的笔法,对小说主人公在海外岛国的诸种经历进行了全方位描述,传达了作者的政治理想。《希夷梦》四十卷,又名《海国春秋》,现存最早刊本为嘉庆十四年(1809)新镌本堂藏板本,卷首有作者自序和吴云北序,以及无名氏的《南游两经蜉蝣墓并获希夷梦稿记》。小说讲述五代十国末,后周旧臣闾丘仲卿和韩速(字子邮)反对赵匡胤篡权称帝,奔走于西蜀和南唐等地,立志复国。其间偶入黄山希夷老祖洞府,昼寝于青石温床,先后梦入浮石国等海外诸邦50年,他们大展宏图、位极人臣。醒来后发现仍身处黄山洞府,乃知为大梦一场,他

---

① 见王清原、牟仁隆、韩锡铎编纂《小说书坊录》,北京图书馆出版社,2002。
② (清)梦庄居士:《双英记序》,据清十二室刊本。
③ 《希夷梦》的成书时间,见江苏省社会科学院明清小说研究中心编《中国通俗小说总目提要》(中国文联出版公司,1990)、张俊《清代小说史》(浙江古籍出版社,1997),两书认为此部小说当成书于"乾隆五十一年(1786)丙午之前"。

们若有所悟，遂转向希夷老祖学道。

小说以四十卷、50万字的篇幅叙写一梦，体制可谓新颖。从海洋文化影响的角度来看，它不但是一部在长篇说部文体上有所突破、在梦幻意识和梦幻手法上颇富创新意味的小说，而且还是"我国古代第一部用写实手法来描写海洋世界和海外功业的小说"。[①] 小说在不少地方都体现出作者对海洋的感受并非仅凭想象，而是很可能同李汝珍一样，有过实际航海、深入海洋的经验。自第六卷始，《希夷梦》转入对梦中海国的讲述，仲卿等人乘船入海，"到得洋口，搬上海舶。直出大洋，茫茫荡荡，复无垠际，虽然胸襟开豁，却愈增悲怆"。[②] 接下来作者叙写的航海过程非常细致，令人有惊心动魄的真实感。海舶先被鲲鱼阻路，又遭遇鳟鱼群和深海沟：

> 直到天亮，梢公惊道："不好了，不好了，快些回柁转篷！"众人听得，一齐动手，篷虽旋转，奈柁回不过来。梢公道："快落篷！"水手将篷落下，四围观看，并无恶物。只见船只头低尾昂，往前飞射，比篷驶风更快十倍……梢公道："我自幼在海中，随师多年，所到之处颇多，未见此地形势光景。老师曾戒道：谨防洋面沙鳟，毋近归墟硬水圆。沙鳟虽小于鲸鱼，而勍捷过之，小鳟随母，千百成群，昨所见者是也。归墟围下，水势低于大面三千六百里，又名尾闾。凡到此处，万事皆空，只有跌落的，没得出来。今船头低尾高，其行如在高山坠下，定是入涡溜了。"[③]

沙鳟阻挡海舶，是海洋中独特的景象。海鳟常聚群游动，速度极快，梢公所说"沙鳟虽小于鲸鱼，而勍捷过之，小鳟随母，千百成

[①] 郭扬：《春秋历历 海国茫茫——不应被冷落的〈希夷梦〉》，《明清小说研究》2005年第2期。
[②] （清）汪寄著，廖东、黎奇校点《希夷梦》，辽沈书社，1992，第86页。
[③] （清）汪寄著，廖东、黎奇校点《希夷梦》，辽沈书社，1992，第86~87页。

群"这个细节,也体现出小说作者对海洋的熟悉和了解。海舶陷入的深海漩涡,梢公称为"归墟"和"尾闾","归墟""尾闾"分别于《列子》和《庄子》中有记,是传说中处在渤海之东的无底之谷,海水因之注水而不满,尾闾也是明清时期对中琉海界黑水沟的一种称呼,用其命名深海漩涡非常生动和贴切。小说还将作者的海洋亲历与神话传说以及想象相结合,数次提及海洋中的"硬水"、"软水"和所谓"弱水"(见第六卷、第七卷、第二十七卷、第四十卷),①以及舟船在渡过这几种水质时的表现等,写出了海洋的神秘莫测。

仲卿和子邮梦中进入的浮石诸岛国虽离中华极远,但除了在市场交易时金银非通行货币、重布料轻绸缎之外,其服饰、语言、文字、制度等悉同中华,国民也多为华人后裔。虽为梦中海国,却极似一个小中华。仲卿二人在其中整顿淡砂、发展经济、平叛、惩奸、治水,度过了大有作为的50年。如同以往梦幻类题材的文学作品,梦中时间流速是现实生活的许多倍,仲卿和子邮在岛国倏忽50载,洞中300天,现实300年。二人于梦中惊醒时,数百年已逝,宋朝也被新的王朝所取代,他们尘心顿息,双双仙去,结尾有着隐约的幻灭感。

小说具有丰富的内涵,整个故事立意较为深刻,在艺术表现手法上,梦幻与现实的有机结合体现出作者的独具匠心。主角仲卿和子邮梦中所至的浮石等国是浮山岛的一部分,处于"东海之中""扶桑之下","鸟语花香,四时不断。向少人住,自秦时卢生畏始皇暴虐,托言带童男童女往海岛求长生仙草,却暗挈家避藏于此。童男童女俱令匹配,产育长成,互相婚姻。后亦屡有遭飓飘至者"。②卢生在历史上确有其人,《史记·秦始皇本纪》载,秦始皇派徐福泛海东渡寻不死药未果后,三十二年(公元前215年)又"使燕人卢生求羡门、高

---

① "硬水""软水"见明代小说《三宝太监西洋记通俗演义》第二十一回《软水洋换将硬水 吸铁岭借下天兵》,"弱水"见《山海经》《海内十洲记》等书。
② (清)汪寄著,廖东、黎奇校点《希夷梦》,辽沈书社,1992,第88页。

誓"。虽然历史上这位方士卢生是返回了的,还带回"预言":"燕人卢生使入海还,以鬼神事,因奏录图书,曰'亡秦者胡也'。始皇乃使将军蒙恬发兵三十万人北击胡。"① 但在唐代之后以书生卢生为主角的一系列文学作品(如《枕中记》《邯郸记》)中,"仙枕一梦"的传说广为流传。《希夷梦》将卢生出海、徐福带童男童女东渡等海洋文化元素同"仙枕一梦"相融合,创造出浮山岛上的浮石诸邦这一海国世界,其构思可谓巧妙。之后的《海游记》与此小说相类,也是通过叙述梦中海国来构筑主要故事情节,表达出作者对黑暗官场和颓败世风的嘲讽。

能够看出,海洋叙事发展至明清长篇小说,在主题和艺术表现手法等方面都与前代迥然不同,其主题不再仅为"志怪",而是多寄寓作者的理想或见解,其表现手法也更加多样。概而言之,明清时期的海洋叙事艺术集中体现于情节的传奇性和审美意蕴的崇高性。

其一,情节的传奇性。明清长篇小说突破以往涉海作品多以虚致幻的特性,运用悬念、巧合、隐喻、夸张等艺术手法将真与幻相互融合,体现出曲折跌宕的情节艺术魅力。上述《镜花缘》所构建的幻中存讽、具有明显神话传说色彩的海外诸国,和《希夷梦》所讲述的寓真于梦、风格基本写实的海国春秋,属于两种不同艺术类型的海外世界,但两部小说都有着曲折起伏的故事情节,故事整体富于传奇色彩。同时,又不约而同地以海洋作为小说主角遭遇现实打击后的选择,前者避世而游历海外,后者避世而大展宏图于海外,最终两部小说中的主角均远离尘嚣,隐入仙境,体现出海洋叙事真幻交织的特征。

其二,审美意蕴的崇高性。依据康德的观点,崇高是自然层面上全然的大,以及实践活动上令人产生与之相抗拒和吸引感受的精神力量,"崇高是一切和它较量的东西都是比它小的东西"。② 海洋,无论

---

① (汉)司马迁:《史记》,中华书局,1959,第251页。
② 〔德〕康德:《判断力批判》上卷,宗白华译,商务印书馆,1985,第89页。

在体量上还是力量上无疑具有绝对的崇高之美。这种崇高的美感在明清长篇小说的海洋叙事中得以全方位呈现。譬如《三宝太监西洋记通俗演义》第十八回描绘了千百只巨鲸般的海船以宝船为中心，在其周围排队列阵准备入海，人类船只体积之庞大、数量之多，与大海的宏伟气势完美呼应。大海本身的壮美，以及小说人物面对深不可测的海洋时，在探索精神下展开的各种实践活动，都体现出震撼人心的崇高力量，《西游记》《封神演义》等小说中的海洋世界、《戚南塘剿平倭寇志传》《中东大战演义》等小说中的海战、前引《海国春秋》中的出海场景等等，莫不如是。可以说，只有在浩瀚海洋中才能展现出这种宏阔、崇高的气势和美感。

小　结

明清小说中的海洋叙事，无论主题为何，无论风格偏向神幻还是写实，其艺术表现都常带有海洋所赋予的超然、宏阔、充满冒险精神的独特品格。本章分为两节，探讨了明清小说中的海洋叙事艺术。

第一节以短篇小说为中心，讨论传统海洋叙事对明清小说叙事模式的影响。历代受到海洋文化影响的小说，涉及出海叙述和海外世界时多运用海岛（异域）奇遇式情节模式，这种特征在短篇小说中尤其明显。与此同时，小说在奇幻叙事中隐藏有现实元素，体现出鲜明的时代气息，表现出亦真亦幻的艺术风格。第二节以长篇小说为中心，考察明清长篇小说中的海洋叙事艺术。通过对《镜花缘》《海国春秋》等作品的分析可知，在小说主题和艺术手法上，明清长篇小说中的海洋叙事相较于前代小说都有显著发展，其主题常寄寓作者的理想或见解，表现手法也体现出多样化的特征。

第五章　海洋政策和制度对明清小说的影响

海洋文化对历代小说的影响，既有共性特征，也有与其所处时代相对应的历时性特征。例如成书于嘉庆年间的"才学"小说《镜花缘》，其中对海外诸国的描述富于神话传说色彩，属于对传统海洋叙事题材的传承。另外，这也与当时的社会背景有着直接关联："大批知识分子'避席畏闻文字狱'，只能埋头于文字考据，在浩如烟海的古籍中去讨生活。以多闻博识相夸耀，一时成为弥漫知识界的习尚……李汝珍的《镜花缘》，可以说从内容和形式都打上了那个时代的鲜明印记，反映着那个时代的种种特点。"[①]

就小说创作的实际情况而言，明清小说除受到传统海洋文化与海洋叙事的影响之外，也受到当时的海洋政策的广泛影响。本书第二章所引《两海贼》即折射出清初禁海政策对滨海居民造成的苦难和困扰，及其带来的一系列社会问题。另外，与明清两朝交好的海外国家以琉球、朝鲜和暹罗为最，笔者所整理涉及贡使往来、过海册封等内容的小说也多与这几个国家相关，诸如《封琉球之役》《珊珊》《安期岛》等。再如，明代大部分时期实行严厉的禁海政策，明太祖诏曰：

---

① 胡益民：《清代小说史》，合肥工业大学出版社，2012，第367页。

"敢有私下诸番互市者，必置之重法。"① 但滨海地区商人打破海禁私下泛海通商几成常态。创作于清初的小说《遭风遇盗致奇赢　让本还财成巨富》即讲述了广州南海的海商于明弘治年间出洋至朝鲜经商事。创作于清康熙年间的小说《海天行》也反映了临海商贾赁大舟载货，于明崇祯年间扬帆出海，与海外国家互市之事。在明清小说中，此类事例不胜枚举。可见，与海洋相关的政策与制度广泛影响了明清小说的创作。下面笔者分别从明初外交政策与《三宝太监西洋记通俗演义》，以及禁海、贸易、海关制度和倭寇问题对明清小说的影响等方面对此进行论述。

第一节　明初外交政策与《三宝太监西洋记通俗演义》

明代与海洋文化关系最为密切的小说当数《三宝太监西洋记通俗演义》，这部小说是"郑和下西洋"在文学作品中的反映，也是与海洋密切相关的明初外交政策对古代小说渗透的结果。

永乐至宣德年间的郑和七次下西洋为明初之盛事。"西洋"，实指以南中国海为中心向西方延伸的印度洋海域："今日南海以西之地，今名曰印度洋或南洋者，昔概称曰南海或西南海，惟于暹罗湾南之海特名曰涨海而已。至于明初则名之曰西洋。"② 郑和带领的宝船队经过南洋群岛，横渡印度洋，取道波斯湾，穿越红海，沿东非之滨南下，最远到达赤道以南的非洲东部沿岸诸国及马达加斯加岛一带，其副使甚至远达西非海岸。沿途其访问了占城（今越南南部）、真腊（柬埔寨）、暹罗（泰国）、满剌加（今马六甲）等三十多个国家和地区，与之友好往来并进行经济与文化等方面的沟通。这一航海活动集中反映

---

① 《明太祖实录》卷二三一，洪武二十七年春正月甲寅，台北"中研院"历史语言研究所校印，1962，第3374页。
② 冯承钧：《中国南洋交通史》，上海古籍出版社，2012，第59页。

出中国当时的造船技术、海洋相关知识和航海技术的先进水平，拓宽了与印度洋诸国之间政治、经济与文化方面的交流，也丰富了海洋文化的内涵。

郑和下西洋并非以侵扰他国为目的，甚至在很大程度上也并非以发展经济为主要目的，而是有着明确的政治内涵。《明宣宗实录》云："（宣德五年六月）戊寅，遣太监郑和等赍诏往谕诸番国。诏曰：朕恭膺天命，祗嗣太祖高皇帝、太宗文皇帝、仁宗昭皇帝大统，君临万邦，体祖宗之至仁，普揖宁于庶类，已大赦天下，纪元宣德，咸以维新。尔诸番国，远在海外，未有闻知，兹遣太监郑和、王景弘等赍诏往谕，其各敬顺天道，抚揖人民，以共享太平之福。"[1] 宣德六年（1431），郑和在《天妃之神灵应记》中重申下西洋的意义："皇明混一海宇，超三代而轶汉唐，际天极地，罔不臣妾。其西域之西，迤北之北，固远矣，而程途可计。若海外诸番，实为遐壤，皆捧琛执贽，重译来朝。皇上嘉其忠诚，命和等统率官校、旗军数万人，乘巨舶百余艘，赍币往赉之，所以宣德化而柔远人也。"[2] 显然，这一航海活动的主要目的是延续洪武时的怀柔外交政策，"宣德化而柔远人"。

明政府在外交上推行的怀柔政策和朝贡制度，令郑和下西洋这一伟大的航海活动注重于宣示国威，"耀兵异域，示中国富强"，[3] 并对海外诸国进行诏告与安抚，以实现"柔远人"之政治目的。

自郑和出使西洋一百六十余年后，明代出现了一部以"下西洋"为主题的长篇神魔小说《三宝太监西洋记通俗演义》，"书叙永乐中太监郑和、王景宏服外夷三十九国，咸使朝贡事……其第一至七回为碧峰长老下生，出家及降魔之事；第八至十四回为碧峰与张天师斗法之

---

[1] 《明宣宗实录》卷六十七，宣德五年六月戊寅，台北"中研院"历史语言研究所校印，1962，第1576~1577页。
[2] 福建省地方志编纂委员会编《福建省志·文物志》，方志出版社，2002，第161页。
[3] 冯承钧：《中国南洋交通史》，上海古籍出版社，2012，第59页。

事；第十五回以下则郑和挂印，招兵西征，天师及碧峰助之，斩除妖孽，诸国入贡，郑和建祠之事也"。① 由于此部小说与"郑和下西洋"航海活动之间联系紧密，学界对其关注甚多，在各个层面、从多种角度对其开展了研究（见附录五《"郑和下西洋"与明代小说〈三宝太监西洋记通俗演义〉——文学与史学的相关研究成果综述》）。

　　小说作者罗懋登所处的万历年间，国势逐渐衰微，外患频仍，明朝政府施行的海洋政策也日趋保守。在这一社会背景下，作者广搜资料，在其小说中重现明初下西洋时波澜壮阔的远航场景。《三宝太监西洋记通俗演义》包含众多神魔因素，船队与航海过程中所遇妖魔之间的武力战争充满神怪色彩，但小说与现实有着紧密关联，对海战的诸多描写或可看作明代抗击海上倭寇的一个缩影。更加值得注意的是，向达指出："《西洋记》一书大半根据《瀛涯胜览》演述而成。"② 作者在参考郑和下西洋时的随行幕僚巩珍及翻译马欢、费信的《西洋番国志》、《瀛涯胜览》和《星槎胜览》等著述的前提下，对下西洋沿途所历诸国和地区的海路航线、地理风俗、物产、政治、经济制度，以及海外所遇华侨情况等进行了细致描述。例如《西洋番国志》记载，在爪哇"多有中国广东及漳州人流居此地"，其中杜板有中国人所创新村，"至今主广东人也，约有千余家"，旧港国的中国人"多是广东、漳、泉州人"，等等，③ 这些内容均被小说所吸收，体现出小说作者关注现实、期待国威能够重振、认同海外探险以及渴望了解海外世界的心理。

　　在《三宝太监西洋记通俗演义》中，宝船队下西洋共经过近四十个国家，对照诸书所记，可知女儿国、撒发国、金眼国、银眼国、豐

---

① 鲁迅：《中国小说史略》，上海古籍出版社，1998，第119~120页。
② 向达：《论罗懋登著〈三宝太监西洋记通俗演义〉》，载（明）罗懋登著，陆树仑、竺少华校注《三宝太监西洋记通俗演义》附录二，上海古籍出版社，1985，第1294页。
③ （明）巩珍著，向达校注《西洋番国志》，中华书局，2000，第5~9页。

都鬼国等国度为作者所虚构，其余三十多个国家则是真实国度。郑和一行的主要目的是"抚夷取宝"，小说中这些真实存在的国度，除锡兰国和爪哇国负固不服，阿鲁国和吉里地闷国国弱民贫，郑和不受其礼外，其余国家均有土物进贡。小说也强调大明船队满载瓷器、茶叶、丝绸、金银等中华物产，郑和将其赏赐给西洋诸国之事。在第三十三回、第五十回以及第七十七回等处，均有郑和赏赐各国缎绢补子、巾帽、衣物、冠带、袍笏等物的情节，此情节突出了"宣德化而柔远人"之目的。小说描述到，当宝船队到达满剌伽时，郑和代表明朝皇帝向当地番王颁发册封诏书和银印，封其国为满剌伽国，封其为满剌伽国王：

> 马游击道："……我大明皇帝钦差我等前来，赍着五花官诏、双台银印、乌纱帽、大红袍、犀角带、皂朝靴，敕封你为王。又有一道御制牌，又敕封你国叫做满剌伽国，你做满剌伽国王。"番王闻之，有万千之喜，连忙的叫过小番来，备办牛、羊、鸡、鸭、熟黄米、茭葦酒、野荔枝、波罗蜜、芭蕉子、小菜、葱、姜、蒜、芥之类，权作下程之礼，迎接宝船。
>
> 宝船一到，马游击先回了话。小番进上下程。元帅道："这都是王爷所赐。"王爷道："朝廷洪福，元帅虎威，我学生何力！"道犹未了，只见一个番王头上缠一幅白布，身上穿一件细花布，就像个道袍儿，脚下穿一双皮鞋，辔辔靰靰，抬着轿，跟着小番，径上宝船，参见元帅。宾主相待，元帅道："我等钦奉大明皇帝差遣，赍着诏书、银印，敕封上国做满剌伽国，敕封大王做满剌伽王。"番王道："多蒙圣恩，不胜感戴！复辱元帅虎帐，何以克当！"……到了明日，大开城门，满城挂彩，满城香花，伺候迎接。二位元帅抬了八人轿，前呼后拥，如在中国的仪仗一般。更有五百名护卫亲兵，弓上弦，刀出鞘。左头目郑堂押左班，右头

目铁楞押右班。人人精勇,个个雄威。那满城的小番,那个不张开双眼,那个不吐出舌头,都说道:"这却是一干天神天将。哪里世上有这等的人么?"番王迎接,叩头谢恩,安奉了诏书,领受了银印,冠带如仪。①

当宝船队到达古俚国时,郑和也代表皇帝赐紫诰和银印以册封古俚国王:

> 番王参见元帅。见了二位元帅,见了国师,见了天师,各各礼毕……元帅道:"我大明国皇帝念你们僻处四夷,声教未及,特差我等前来紫诰一通,银印一颗,金币十袋,是用封汝为王。汝诸头目,各升品级,各赐冠带。我昨日致书于汝,只大约说个来意,不曾道及圣恩,盖不敢贪天功为己功也。汝国王可晓得么?"国王道:"卑末荷蒙圣恩,感戴不胜!未及远迎,伏乞恕罪!"……
>
> 到了明日,番王同着各色头目,迎接诏书。②

可见,在下西洋途中,郑和带领的宝船队随着行程的开拓,不断通过册封仪式将一些临海国家确认为明朝属国,这一举动既传达了重要的政治含义,也为朝贡贸易的顺利进行奠定了基础。另外,小说中各番王呈上进贡礼单,郑和随后进行赏赐的"贡赐"方式,也蕴含了明朝为君、西洋诸国为臣的政治意识,彰显出天朝上邦的恩泽与威望。

要而言之,在海洋文化的影响下,《三宝太监西洋记通俗演义》这部小说出现于海洋政策日趋保守的晚明时期,是小说家对往昔"万

---

① (明)罗懋登著,陆树仑、竺少华校注《三宝太监西洋记通俗演义》第五十回,上海古籍出版社,1985,第649~650页。

② (明)罗懋登著,陆树仑、竺少华校注《三宝太监西洋记通俗演义》第六十一回,上海古籍出版社,1985,第790~791页。

国来朝"之盛景的怀念,也展现出中华民族征服海洋的能力和无尽勇气。

第二节 禁海、贸易、海关制度和倭寇问题对明清小说的影响

明清时期实行的禁海、贸易、海关制度,以及由此引发的倭寇、海盗、海关官员贪腐等社会问题,都对明清小说产生了直接影响。相关作品不再以奇幻叙事为主,而是与现实关联得更加紧密,描述了具有异国特色的贡物、倭寇入侵和海战场面、洋行贸易、海关官员的贪污腐败、抢劫富商的海盗,等等,与传统海洋叙事的题材和艺术风格有很大不同,充满时代特色与地域特色。

一 朝贡贸易制度在明代小说中的体现

明初时,明太祖采取了休养生息的政策,并坚持以农立国,"使农不费耕,女不废织,厚本抑末,使游惰皆尽力田亩"。[①] 对海外贸易采取抑制态度,施行海禁,"禁滨海民不得私自出海"[②]。外交上则推行怀柔政策,譬如洪武四年(1371),明太祖下谕至福建行省指出:"占城海舶货物,皆免其征,以示怀柔之意。"[③] 洪武五年,明太祖谕中书省臣曰:"西洋琐里,世称远番,涉海而来,难计年月,其朝贡无论疏数,厚往而薄来可也。"[④] 成祖时,明政府派出郑和船队数次下

[①] 《明太祖实录》卷177,洪武十九年三月戊午,台北"中研院"历史语言研究所校印,1962,第2682页。

[②] 《明太祖实录》卷70,洪武四年十二月丙戌,台北"中研院"历史语言研究所校印,1962,第1300页。

[③] 《明太祖实录》卷67,洪武四年秋七月乙亥,台北"中研院"历史语言研究所校印,1962,第1261页。

[④] 《明太祖实录》卷71,洪武五年春正月壬子,台北"中研院"历史语言研究所校印,1962,第1314页。

西洋,这一航海活动确立了明朝与东南亚诸国之间的朝贡贸易关系,在"宣德化而柔远人"的同时,对明代官方贸易体系的建立有着重要影响。宝船队"及临外邦,其蛮王之梗化不恭者生擒之,其寇兵之肆暴掠者殄灭之。海道由是清宁,番人赖以安业",[①] 整顿了对外贸易之海路航线,并在水陆交通枢纽及"海商辐辏之地"建立贸易中转站等,[②] 为明代朝贡贸易的顺利进行奠定了基础。明代的海禁政策在各个时期或严或弛,但原则上始终没有大的变动,对于海外商人来华贸易多采取"非入贡即不许其互市"的政策,即将朝贡贸易视为唯一合法的官方对外贸易方式。

所谓"朝贡贸易"制度,是指以外国使者来华朝贡为前提的贸易往来。各国商人随贡使到中国,使者将贡物进献至宫廷,商人将货物交与市舶司,在指定地点临时招商发卖,或由牙行负责买卖[③]:"其来也,许带方物,官设牙行,与民贸易,谓之互市。"[④] 海外诸国的贡物及货物多有异域特色,这一点在《三宝太监西洋记通俗演义》等小说中得到充分展示,从第四章所引忽鲁谟斯国的贡物礼单中可见一斑。

在朝贡贸易制度下,税监常从番舶中搜罗各种奇珍异兽献给皇帝,这些珍宝也可在明代小说中窥得其貌。笔记小说《五杂组》记曰:"闽中税监高寀,常求异物于海舶以进御。有番鸡,高五尺许,白色黑文,状如斗鸡,但不闻其鸣耳。有白鹦鹉甚多,又有黄者,其顶上有冠,如芙蓉状,番使云此最难得者。"[⑤]

[①] (明)郑和、王景弘等:《天妃宫石刻通番事迹记》,载蒋维锬编校《妈祖文献资料》,福建人民出版社,1990,第63页。

[②] (明)马欢撰,冯承钧校注《瀛涯胜览校注》,中华书局,1955,第112页。

[③] 明末时市舶司下设牙行,负责介绍买卖、评估货价,并协助官府征税和管理外商,带有半官商的性质。

[④] (明)郑若曾:《日本图纂·市舶》,载《郑开阳杂著》,文渊阁《四库全书》本。

[⑤] (明)谢肇淛撰,傅成校点《五杂组》卷九,《明代笔记小说大观》本,上海古籍出版社,2005,第1677页。

诸国朝贡对象多为明朝宫廷贵族，也有一些随贡来华的货物在贸易过程中流入民间，尤其是动植物类贡物，来华后繁衍延续，某种程度上增加了中国生物种群的多样性。笔记小说《客座赘语》中的《花木》《禽鱼》记载：

> 静海寺海棠，云永乐中太监郑和等自西洋携至，建寺植于此，至今犹繁茂，乃西府海棠耳……

> 翠鸡。番人自粤东入贡，舶中有此鸡，形大略如常鸡，而毛羽如翡翠欲滴，此中争往看之……

> 大晨鸡，万历壬子，小人国入贡，舟泊石城。其人长可二尺许，绀发绿睛，作反手字，有衣绿衣，多摺缝，方巾，与中国类者。所贡锦鸡凡四，青鸾一，白鹦鹉四。两大晨鸡，其一重五十斤，状类中国之雄，而身肥，冠笋高四尺许。[①]

朝贡贸易在明代前中期较为繁盛，这种制度有助于皇族和高官、贵族阶层获得来自海外的奇珍异宝，而对普通民众的生活则并无太多进益。怀柔政策下的朝贡贸易，尤其是双方"物物相易"部分，表现为无论各国朝贡货物多寡，明政府一律厚待，回赠的物品价值常远超贡物价值，以彰显天朝上国之气度。正统以后国势日衰，明廷之财政无力支持巨大贸易逆差下的朝贡贸易，最终导致这种在朝贡和海禁前提下的贸易形式逐渐萎缩。随着清代康熙年间海关制度的确立，朝贡贸易制度也走向终结。

二 海禁与倭寇问题对明清小说产生直接影响

在海禁政策和朝贡贸易制度影响下，明代私人海外贸易受到抑制，

[①] （明）顾起元：《客座赘语》卷一，中华书局，1987，第16~20页。

但沿海居民并无地理条件从事农业生产,唯有依靠海洋维持生存,一些平民被逼入海为盗:"滨海民众,生理无路,兼以饥馑荐臻,穷民往往入海从盗,啸集亡命。"① 受生计所迫,民间商人打破海禁,私下通商,甚至勾结沿海豪民,伙同匪寇海上掠夺。宣德六年(1431),宁波知府郑珞奏请取消出海捕鱼之禁以利民生,未果。宣宗斥其"知利民而不知为民患,往者倭寇频肆劫掠,皆由奸民捕鱼者导引,海滨之民屡遭劫掠","贪目前小利而无久远之计岂智者所为,易遵旧禁毋启民患"。② 严厉的禁海政策未能消除海疆不靖的隐患,反使边海居民的生计受到影响,而产生更为严重的动乱。张燮在其著作《东西洋考》中指出,对滨海居民出海"一旦戒严,不得下水,断其生活,若辈悉健有力,势不肯束手困穷,于是所在连结为乱,溃裂以出"。③ 可见,禁而生乱的现象在明代沿海地区并不罕见。明朝最大的民族危机是"南倭北虏",倭寇侵略于东南,鞑靼滋扰于北方,嘉靖年间尤甚。笔记小说《涌幢小品》云:"世庙时,南倭北虏并急。其时竭天下之力御虏,南方急时所输于北者,不丝毫减。"④ "嘉靖末,倭虏交儆,中原皆震。"⑤ 其中"南倭"与明朝的海禁政策有着密切关系,这一点已为学界所公认。

倭寇问题对明清小说产生了直接影响,明清时期有数十篇(部)小说作品包含与之相关的内容(详细篇目见附录二、附录三),反映出明代倭乱给沿海民众带来的异常惨烈的经历和长久的心理伤痛。下

---

① (清)顾炎武编撰《天下郡国利病书》卷九十三《福建》,载《四部丛刊三编》史部,上海涵芬楼1935年景印昆山图书馆藏稿本。
② 《明宣宗实录》卷八十三,宣德六年九月壬申,台北"中研院"历史语言研究所校印,1962,第1916页。
③ (明)张燮:《东西洋考》卷七,中华书局,1981,第131页。
④ (明)朱国祯撰,王根林校点《涌幢小品》卷三十,《明代笔记小说大观》本,上海古籍出版社,2005,第3824页。
⑤ (明)朱国祯撰,王根林校点《涌幢小品》卷三十二,《明代笔记小说大观》本,上海古籍出版社,2005,第3863页。

面笔者结合海禁与明代倭乱之关系，对相关明清小说进行探讨。

晚明著名科学家和政治家徐光启指出，倭患起因在于海禁："私通者，商也。官市不开，私市不止，自然之势也。又从而严禁之，则商转而为盗，盗而后得为商矣。当时海商多倩倭以为防卫，交通既久，乌合甚易。边海富豪，向与倭市者，厉禁之后，又负其资而不偿，于是倭舡至而索负，且复求通；奸商竟不偿，复以危言撼官府，倭人乏食，亦辄房掠。如是展转酝酿，复有群不逞辈，勾引乡导，内逆外愤，同恶相济，而陈东、徐海辈为之魁，于是乎有壬子之变……"①

对此，万历年间，沈德符在其笔记小说《万历野获编·海上市舶司》中提到，一些人主张禁止海外贸易以杜绝外患，"动云禁绝通番以杜寇患"，这种看法是狭隘的。嘉靖倭乱的直接原因就在于朝廷禁止海外贸易，沿海势要私下同倭人勾结，从事走私贸易而获利，进而强夺倭人货物，双方矛盾渐深，引发倭寇之乱："嘉靖间闽浙遭倭祸，皆起于豪右之潜通岛夷，始不过贸易牟利耳，继而强夺其宝货，靳不与值，以故积愤称兵。"②

倭寇侵扰明朝始于洪武二年（1369），"时倭寇出没海岛中，数侵掠苏州、崇明，杀略居民，劫夺财务，沿海之地皆患之"。③ 由此至嘉靖三十一年（1552）的倭寇，被学界称为明朝前期的倭寇，多为日本人。在这一时期，朝廷注重加强海防、积极清剿，倭患为害较小。倭寇侵掠中国沿海地区的次数以嘉靖朝为最多。嘉靖二年，宁波发生日本细川氏和大内氏之间的争贡事件，大内氏朝贡使者乘机烧杀抢掠，一些日本浪人、商人和渔民勾连在一起，频繁侵扰中国沿海。嘉靖二

---

① （明）徐光启：《海防迂说》，载（明）陈子龙选辑《明经世文编》卷四九一，中华书局，1962。
② （明）沈德符撰，杨万里校点《万历野获编》卷十二，《明代笔记小说大观》本，上海古籍出版社，2005，第2230页。
③ （清）谷应泰：《明史纪事本末》卷五十五，中华书局，2015，第839页。

年至三十一年，倭寇侵扰中国 28 次。嘉靖三十二年至四十四年，倭寇最为猖獗，先后侵扰中国多达 521 次，此期的倭寇被学界称为明朝后期的倭寇。这一时期的倭寇中有不少中国人，其构成比例大约为真倭 3/10，从倭者 7/10："江南海警，倭居十三而中国叛逆者十七也。"①

"真倭"即日本海盗，明人王世贞《倭志》论其来源时指出："前之入寇者，多萨摩、肥后、长门三州之人，其次则大隅、筑前、筑后、博德、日向、摄摩、津州、纪伊、种岛，而丰前、丰后、和泉之人亦间有之。"② 也就是说，大部分倭寇出于日本九州和本州西南、东南地区。该地区商业发达，多有出海之商舶、贡舶，倭寇多为家境贫困之人，他们附乘贡舶和商舶或直接划舟前往中国。真倭出没于海上，不时侵掠中国沿海地区，杀人、放火、掠财，行事风格残忍狠辣：

> 倭寇袭击府庾民舍，为之一空，掳掠少壮，发掘冢墓；杀害庶民，骸骨如山，血流成河；缚婴儿于柱上，沃以沸汤，闻其啼号，拍手笑乐；捕得孕妇，卜度所孕是男是女，赌酒争胜负，剖腹查明以后，输者饮酒，其荒淫达到不可信状的程度，城野萧条，过者陨涕。③

按照明清小说中的描写，真倭的形象很有特点，令人印象深刻。"倭奴左右跳跃，杀人如麻"；④"披重铠，持利器，头颅大如斗，口员而小，色黝黑，知为真倭"；⑤ "圆精小口，肤黝于漆，真魁贼也"。⑥

---

① 《明世宗实录》卷四〇三，台北"中研院"历史语言研究所校印，1962，第 7062 页。
② （明）王世贞：《倭志》，载《弇州四部稿》（外六种）卷六，《四库明人文集丛刊》，上海古籍出版社，1993，第 273 页。
③ 〔日〕田中健夫：《倭寇——海上历史》，杨翰球译，武汉大学出版社，1982，第 103 页。
④ （明）周清原：《西湖二集》，人民文学出版社，1989，第 546 页。
⑤ （明）朱国祯撰，王根林校点《涌幢小品》卷三十，《明代笔记小说大观》本，上海古籍出版社，2005，第 3819 页。
⑥ （明）沈德符撰，杨万里校点《万历野获编》卷二十二，《明代笔记小说大观》本，上海古籍出版社，2005，第 2497 页。

跳战、嗜杀、大头、圆而小的口、皮肤黝黑等,是其在明清小说作品中的形象。

"从倭"也称为"假倭",其成分比较复杂,有中国海外贸易私商和商团、私贩、水手、流民、贼寇,也有被倭人"掳掠少壮"时抓走、充当侵犯中国时的向导和"炮灰"的普通沿海居民。话本小说《喻世明言·杨八老越国奇逢》讲述元朝至大年间倭奴入寇中国后,"所掳得壮健男子,留作奴仆使唤,剃了头,赤了两脚,与本国一般模样,给与刀仗,教他跳战之法。中国人惧怕,不敢不从。过了一年半载,水土习服,学起倭话来,竟与真倭无异了"。[1] 此小说中的主角杨八老即是被倭人捉去充当"假倭"的无辜平民。

嘉靖年间负责海禁与东南防倭事宜的赵文华认为,海禁政策直接造成了"假倭"的产生:"寇与商同是人,市通则寇转为商,市禁则商转为寇,始之禁禁商,后之禁禁寇。禁之愈严而寇愈盛。片板不许下海,艨艟巨舰反蔽江而来;寸货不许入番,子女玉帛恒满载而去。"[2] 也就是说,所谓海寇和海商是同一类人,能够合法地出海与诸国互市时,其身份为海商,海禁施行后,依照法令,原本参与互市的沿海商民就成为海寇。海禁越严,则出海贸易越有暴利,海寇愈盛。话本小说《西湖二集·胡少保平倭战功》写道,倭寇首领汪直在成为海盗之前是名遵守公平交易规则、颇讲信用的私人贸易海商:

> 姓王(汪)名直,号五峰,徽州歙县人,少时有无赖泼撒之气,后年渐大,足智多谋,极肯施舍,因此人肯崇信他。相处一班恶少,叶宗满、徐惟学、谢和、方廷助等,都是花拳绣腿,好刚使气,三十六天罡,七十二地煞之人……嘉靖十九年,遂与叶

---

[1] (明)冯梦龙编撰,许政扬校注《喻世明言》,人民文学出版社,1958,第259页。
[2] (明)谢杰编纂《虔台倭纂》上卷《倭原二》,载北京图书馆古籍出版编辑组编《北京图书馆古籍珍本丛刊》,书目文献出版社,1998。

> 宗满这一班儿到广东海边打造大船，带硝黄、丝绵违禁等物，抵日本、暹罗、西洋诸国，往来互市者五六年，海路透熟，日与沿海奸民通同市卖，积金银无数。只因极有信行，凡是货物，好的说好，歹的说歹，并无欺骗之意。又约某日付货，某日交钱，并不迟延。以此倭奴信服，夷岛归心，都称为"五峰船主"。王直因渐渐势大，遂招聚亡命之徒徐海、陈东、叶明等做将官头领，倾资勾引倭奴门多郎、次郎、四助、四郎等做了部落。又有从子王汝贤、义子王滶做了心腹。从此兵权日盛，威行海外，呼来喝去，无不如意。①

在官方施行禁海、禁民众私下通番交易的政策下，汪直招聚亡命之徒徐海等人，斥巨资勾引倭人和地方无赖为之效力，其海上贸易集团逐渐强大，以致兵权日盛，威行海外。笔记小说《涌幢小品》写道："倭寇之起，缘边海之民与贼寇通，而势家又为之窝主。嘉靖二十六年，同安县养亲进士许福，有一妹，贼虏去，因与联婚往来，家遂巨富。"② 在倭乱最为严重的时期，沿海居民、地方豪势与日本人相互勾连，形成复杂的利益关系。

倭寇频繁侵扰沿海嘉兴、海盐、乍浦、上海等地区，在小说《胡少保平倭战功》中，可以看到以汪直为首的倭寇给边海居民造成的极大伤害：

> 六月，寇嘉兴、海盐、澉浦、乍浦、直隶、上海、淞江、嘉定、青村、南汇、金山卫、苏州、昆山、太仓、崇明等处，或聚或散，出没不常。凡吴越之地，经过村落市井，昔称人物阜繁、

---

① （明）周清原：《西湖二集》，人民文学出版社，1989，第545页。
② （明）朱国祯撰，王根林校点《涌幢小品》卷三十，《明代笔记小说大观》本，上海古籍出版社，2005，第3818页。

积聚殷富之处，尽被焚劫。那时承平日久，武备都无，到处陷害，尸骸遍地，哭声震天。倭奴左右跳跃，杀人如麻，奸淫妇女，烟焰涨天，所过尽为赤地，柘林、八团等处都作贼巢。①

小说《型世言》第七回《胡总制巧用华棣卿　王翠翘死报徐明山》也反映了倭害之惨烈：

> 到了嘉靖三十三年，海贼作乱，王五峰这起寇掠宁绍地方：楼舡十万海西头，剑戟横空雪浪浮。一夜烽生庐舍尽，几番战血士民愁。横戈浪奏平夷曲，借著谁舒灭敌筹。满眼凄其数行泪，一时寄向越江流。一路来，官吏婴城固守，百姓望风奔逃，抛家弃业，掣女抱儿。若一遇着，男妇老弱的都杀了。男子强壮的着他引路，女妇年少的将来奸宿，不从的也便将来砍杀，也不知污了多少名门妇女，也不知害了多少贞节妇女。②

前引《胡少保平倭战功》和《胡总制巧用华棣卿　王翠翘死报徐明山》以及清初长篇章回小说《金云翘传》等作品，均有倭寇头领徐海被抗倭将领胡宗宪诱杀的情节，小说同时刻画了徐海与妓女王翠翘之间的感情。

综上所述，明代至清初涉及倭寇问题的小说反映出明朝海禁政策与倭乱之间的关系，记录了侵扰明朝两百多年的倭寇之残忍凶狡，记录了汪直、徐海集团的兴盛与覆灭，以及戚继光、胡宗宪、朱亮祖、俞大猷、李天宠等抗倭英雄的风采。不少作品主题鲜明，人物性格有特色，情节扣人心弦，颇具艺术魅力。倭患给明人带来难以磨灭的伤痛，直至数百年后的清代中晚期，仍有不少小说书写倭寇问题，诸如《雪月梅传》《歧路灯》《女仙外史》《绿野仙踪》《野叟曝言》《玉蟾

---

① （明）周清原：《西湖二集》，人民文学出版社，1989，第546页。
② （明）陆人龙：《型世言》，中华书局，1983，第100页。

记》《升仙传演义》等作品。值得注意的是，在这些小说中，御倭不再是关乎国家安危、举足轻重的行为，作者选择将御倭情节写进自己作品时也不再像明代小说那样进行尽量客观的描述，而是多具有神魔化的叙事倾向。本书第二章对这一问题已进行探讨，此处不再赘述。

郑和指出："欲国家富强，不可置海洋于不顾。财富取之海，危险亦自于海。"① 隆庆初年（1567），在抚臣涂泽民奏请之下，穆宗解除海禁，沿海商民允许到除日本之外的诸国自由行商，"准贩东西二洋"，② 民间私人海外贸易获得合法地位，明朝迎来数十年民生安乐、海宇宴如之景象："迨隆庆年间，奉军门涂右佥都御史议开禁例，题准通行，许贩东西诸番，惟日本倭奴，素为中国患者，仍旧禁绝。二十余载，民生安乐，岁征税饷二万有奇，漳南兵食，借有克裕。"③ "隆庆开海"后，海商可从福建漳州月港出海从事商业活动，民间海外贸易迅速崛起。创作于万历年间的小说《泾林续记·苏和》即反映出这一社会现实。

三　清代中期海关制度与《蜃楼志》

如前文所述，明朝的对外贸易习用唐宋以来的市舶制度，其主要特征为朝贡贸易，市舶司隶属于布政司，"掌海外诸藩朝贡市易之事"。④ 清廷收复台湾后，于康熙二十三年（1684）颁布了开海贸易令，并于翌年设立江海关、浙海关、闽海关和粤海关四个通商港口，负责管理各省沿海的对外贸易，这标志着中国在对外贸易行政管理上市舶制度的终结和海关制度的创立。四个海关各设专任道员，即"海

---

① 见郑一钧《论郑和下西洋》，海洋出版社，1985，第398页。
② （明）张燮：《东西洋考》卷七，中华书局，2000，第131页。
③ （明）许孚远：《疏通海禁疏》，载（明）陈子龙选辑《明经世文编》卷四百，中华书局，1962。
④ （清）张廷玉等：《明史》卷七十五《职官志·市舶提举司志》，中华书局，1974，第1848页。

税监督",由满人出任。海关制度建立后,对外贸易管理(海关)和对外贸易机构(洋货行,简称洋行)完全分离开来,中国由传统的朝贡贸易制度转变为商行贸易形式。在粤海关,广州十三行成为清政府特许的对外贸易垄断组织。

"十三行"本指地名,非因有十三家洋行而得名。据《广东新语》载,广东琼州府领十三州县,各种货物云集至此,又称十三行货:"东粤之货,其出于九郡者,曰广货;出于琼州者,曰琼货,亦曰十三行货;出于西南诸番者,曰洋货。在昔州全盛时,番舶衔尾而至,其大笼江,望之如蜃楼㠘嶼……故曰金山珠海,天子南库。"① 清代对外贸易机构被称为"洋行",因十三行一带的对外贸易最为繁荣和集中,故"十三行"和"洋行"混称为十三洋行。当时的十三行地区在广州西城门外。十三行行商的业务主要包括两个方面:一方面垄断外贸具体进出口业务,并负责向海关缴纳税款;另一方面代表政府和海关约束洋商,充当两者之间的联络中介。

长篇世情小说《蜃楼志》(又名《蜃楼志传奇》)即以粤海关和洋行为切入点展开叙述。小说共二十四回,初刊于清嘉庆九年(1804),作者题庾岭劳人。作者托言故事发生于明代嘉靖年间,实际上刻画的是鸦片战争前夕清代中叶的社会生活和洋行商务活动。小说以主人公苏吉士(笑官)的家庭变故和感情经历为主线,以官逼民反而啸聚山林的姚霍武、据州占府对抗朝廷的海盗摩剌为副线组织故事,展现了广州在"乾嘉盛世"之下暗隐的危机,带有鲜明的岭南特色和时代特色。

此书以写实的风格讲述粤东官场与洋商的复杂关系和矛盾,反映出广州十三行的兴衰历史。从海洋文化影响的角度进行观照,这部小说的意义主要表现在以下两个方面。

---

① (清)屈大均:《广东新语》卷十五,中华书局,1985,第432页。

首先，艺术性地再现了清代中期的行商生活、海关行政体系、制度以及关税税收情况。

苏吉士父亲苏万魁为洋行商总，掌管十三行进出口丝绸贸易及其他生意。小说开头即言：

> 广东洋行生理在太平门外，一切货物都是鬼子船载来，听凭行家报税，发卖三江两湖及各省客商，是粤中绝大的生意。①

"鬼子"指来华贸易的外商，"行家"乃十三行的行商。作为政府特许的对外贸易垄断组织，十三行的行商有权代表海关对外商征税，外商载货来华后也要主动向"行家"报税，显示出十三行的半官半商性质。由小说中这段话可以看出，粤海关及其管辖下的"行家"拥有独立的对外贸易管理和征收关税权利，即独立的海关主权。"粤海关在鸦片战争前，完全拥有海关税则和关政管理的自主权。国内商船经营对外贸易，须先向地方官和海关监督申请登记，发给船照，方许进出口。外商货船来穗先泊澳门，经海关允许由引水员引入虎门，在海关查船定额纳税后方可碇黄埔港。"② 这与清末实行的由外籍税务司管理海关的"洋关"制度截然不同。

粤海关下设多处通关口岸，总体趋势是越来越多。乾隆八年（1743），粤海关通关口岸"大小共43处"，至道光年间已达70多处。③《蜃楼志》对此也有提及："话说那惠州八口，乃是乌墩、甲子、油尾、神泉、碣石、靖海、浅澳、墩头，各口设立书办，征收货税。"④ 此外，随着贸易的兴隆，小说对粤海关的关税税则和税收也有着细节性的描述（第七回）。可以说，《蜃楼志》基本再现了清代中期

---

① （清）庚岭劳人：《蜃楼志》第七回，凤凰出版社，2013，第1页。
② 广州海关志办公室编《广州海关志》，广东人民出版社，1997，第3页。
③ 韦庆远、叶显恩主编《清代全史》第五卷，辽宁人民出版社，1991，第289页。
④ （清）庚岭劳人：《蜃楼志》第七回，凤凰出版社，2013，第68页。

的海关行政体系、制度以及税收情况,具有重要的经济史料意义。

其次,全方位揭示了海关官员的腐败行为。

细读文本可知,此部小说从多个角度揭示出海关监督及其下属的腐败行为,诸如买卖官职、敲诈行商、巧立税收名目、生活奢靡、收受贿赂,等等。故事开篇即讲述粤海关监督郝广大对行商的敲诈勒索。郝广大"既爱银钱,又贪酒色",其官职依靠"谋干"得来,即用钱买来的(第一回),反映出海关系统的买官卖官现象。笑官的父亲苏万魁作为洋行商总,通过多年经营成为广州巨富,"家中花边番钱(外币)整屋堆砌,取用时都以箩装袋捆",① 财力十分雄厚。十三行生意的兴隆勾起封建官僚的贪欲,海关监督郝广大初上任便假公济私、大肆敛财,他给苏万魁下告示曰:

> 照得海关贸易,内商涌集,外舶纷来,原以上等国课,下济民生也。讵有商人苏万魁等,蠹国肥家,瞒官舞弊。欺鬼子之言语不通,货物则混行评价;度内商之客居不久,买卖则任意刁难。而且纳税则以多报少,用银则纹贱番昂,一切羡余都归私橐。本关部访闻既确,尔诸商罪恶难逃。但不教而诛,恐伤好生之德,旬自新有路,庶开赎罪之端。尚各心回,毋徒脐噬。②

郝广大最终榨得三十万两银子。在他的恐吓与压榨之下,苏万魁遭受牢狱之灾、失去大部分财产,遂万念俱灰,情愿返乡终老。众行商见其告退也纷纷请辞,十三行走向衰败,最后仅剩七家。

因粤海关收入由皇帝直接支配,地方收入和开支需靠"缴送"和"规礼"解决,海关勒索行商的行为并非偶然。粤海关收入类似于当代税收中的地税,"缴送""规礼"则是地方政府和海关对外贸易中的

---

① (清)庚岭劳人:《蜃楼志》第一回,凤凰出版社,2013,第1页。
② (清)庚岭劳人:《蜃楼志》第一回,凤凰出版社,2013,第2页。

"管理费"。由于"规礼"可由地方自行制定,其定额较为随意,所以自康熙年间海关制度建立始,在整个清代的对外贸易中,粤海关几乎无官不贪。① 小说中描写的郝广大巧立税目(如"耗银""火烛银"等)额外征税的行为(第六回),也与"规礼"相关。此外,《蜃楼志》中还多次描述海关官员及其差吏、随从生活奢靡、收受贿赂,以及关吏气焰嚣张、越权拿人,形如土匪的行径(第一回、第六回、第七回、第十四回、第十七回),对清代中期海关腐败的揭露可谓形象而深刻。

在小说卷首,罗浮居士序曰:"劳人生长粤东,熟悉琐事,所撰《蜃楼志》一书,不过本地风光,绝非空中楼阁也。"《蜃楼志》是可见最早的,也是鸦片战争之前唯一一部描写海关和洋行、行商生活的小说,为考察和研究清代洋商和清代中晚期社会提供了诸多参考资料。就艺术层面而言,《蜃楼志》也有许多可取之处,郑振铎认为它"无意于讽刺,而官场之鬼蜮毕现,无心于谩骂,而人世之情伪皆显",②开后来《官场现形记》《二十年目睹之怪现状》诸书之先河。戴不凡称赞此部小说堪被列为上品:"自乾隆后期历嘉、道、咸、同以至光绪中叶这一百年间,的确没有一部能超过它的。如以'九品'评之,在小说中这该是一部'中上'甚或'上下'之作。"③

小　结

除受到传统海洋文化与海洋叙事的影响之外,明清小说也受到当时海洋政策的广泛影响。本章考察了明清时期与海洋环境、临海生产生活方式密切相关的外交、贸易、海关和海禁、迁海(界)等政策以

---

① 见杨国明《〈蜃楼志〉海关史料考辨》,《学术探索》2017年第9期。
② 郑振铎:《中国文学研究》,作家出版社,1957,第1294页。
③ 戴不凡:《小说见闻录》,浙江人民出版社,1980,第277页。

及由此衍生的倭乱、海盗、海关官员腐败等社会现象对明清小说的影响。

以"郑和下西洋"为主题的小说《三宝太监西洋记通俗演义》反映了明初"宣德化而柔远人"的外交政策，小说出现于海洋政策日趋保守的晚明时期，是小说家对往昔"万国来朝"之盛景的怀念，也展现出中华民族征服海洋的能力和无尽勇气。"郑和下西洋"对朝贡贸易的顺利施行具有重要意义，在朝贡贸易制度的影响下，明代出现诸多具有异域特色的海外贡物及货物，这一点在《三宝太监西洋记通俗演义》等小说中得到充分展示，从小说所记贡物礼单中可见一斑。朝贡贸易制度下，税监常从番舶中搜罗各种奇珍异兽献给皇帝，这些珍宝在《五杂组》《客座赘语》等明代笔记小说中可窥得其貌。明清时期涉及倭寇问题的小说也受到明代海洋政策的影响，这些小说反映出海禁政策和朝贡贸易制度与倭乱之间的密切关系，记录了侵扰明朝两百多年的倭患问题，此类题材的书写直至清代中晚期仍在继续。

与清代中期海关制度和政策密切相关的小说是初刊于嘉庆九年（1804）的长篇世情小说《蜃楼志》，此部小说也是鸦片战争前唯一一部描写海关和洋行、行商生活的小说。小说以写实的笔法刻画出粤东官场与洋商之间的复杂关系和矛盾，艺术性地再现了清代中期的行商生活和海关行政体系，形象而深刻地揭露了清代中期海关官员的腐败行为，具有独特的地域特征和经济史料价值。

第六章 晚清（1840～1911年）涉海小说对传统题材的继承与创新

晚清是一个激烈动荡的时代。① 鸦片战争爆发以来，列强用坚船利炮打开中国海门，清廷腐败孱弱，被迫签订一系列丧权辱国的不平等条约。可以说，晚清中国与列强的冲突是从海洋开始的。西方列强和日本通过海洋入侵中国，给中国带来巨大的民族危机和生存危机。面对外族侵略，有识之士表现出极其复杂和矛盾的心理，既对中华民族悠久的历史文化传统充满自豪，又对国家遭受的欺凌感到屈辱，对政府腐败和民众蒙昧深觉不安，希望求新求变。光绪三十二年（1906）十一月，陈啸庐在《中外三百年之大舞台》序中感叹：

呜呼！我中国以廿二行省之广，四百兆人民之多，益以土壤之美，物产之富，甲于五洲。诚有如英将威士勒云：中国人有蹂躏全球之资格。惜乎负此资格而不能奋发有为，与列强相见于竞争之战场，徒使外人笑我同胞，辱之胯下，按之泥涂，举左右手挞之，都不以为意，但思起身时拾地下黄金以去。又若日本，区区岛国也，亦谓中国国辱兵败而不知耻，叩头求活于他人之宇下，唾面自干而毫无奋发之情，后生大事惟黄金是贮，甚至比我于噬言八百、贪贿赂、破约束、亡国之印度。呜呼！以震旦文明而受

---

① 本书所言"晚清"，时间范围从1840年第一次鸦片战争始，至1911年辛亥革命止。

此五千年来历史未有污点,能不痛心欤?吾不知大陆睡狮其梦竟何日觉,举世病夫厥竟何日瘳也?①

晚清文人痛心于当时局面,纷纷思考救国救民之策。他们认识到,小说作为大众普遍喜爱的文艺形式,可以发挥重要作用。1902年11月,梁启超在《新小说》杂志发表《论小说与群治之关系》一文,提出:"欲新一国之民,不可不先新一国之小说。故欲新道德,必新小说;欲新宗教,必新小说;欲新政治,必新小说;欲新风俗,必新小说;欲新学艺,必新小说;乃至欲新人心,欲新人格,必新小说……今日欲改良群治,必自小说界革命始,欲新民,必自新小说始。"② 他倡导"小说界革命",强调小说的革新及其对社会改良和民众进步的积极意义。这一看法在社会上产生巨大影响,亦引发新式小说创作、翻译之高潮。吴趼人在《〈月月小说〉序》中形容:"吾感夫饮冰子《小说与群治之关系》之说出,提倡改良小说,不数年而吾国之新著新译之小说,几于汗万牛充万栋,犹复日出不已而未有穷期也。"③ 由此可见晚清小说数量之多、传播速度之快、影响之大。

在不少晚清文人看来,小说通俗易懂,易为读者接受,具有催人自省,进而厘革世风的作用。因此他们纷纷参与到小说创作与传播之中,许多小说家在其作品中寄托民族精神。光绪二十九年(1903),杭州上贤斋出版的沈惟贤所撰《〈万国演义〉序》云:"今学界日新,志士发愤,咸欲纵观欧亚大势,考其政教代兴之机,富强竞争之界,

---

① (清)陈啸庐:《中外三百年之大舞台》序,光绪三十三年(1907)上海鸿文书局铅印本。
② (清)梁启超:《论小说与群治之关系》,载《饮冰室合集》第4册,中华书局,2015,第864、868页。
③ (清)吴趼人:《〈月月小说〉序》,《月月小说》第1号,1906年。

即黉塾之师,用以发明事理,启牖来学,亦于是乎汲汲焉。"① 小说末尾写道:"保种之道,在于自强,自强之道,在于政治腐败之后改革新猷,又在于文明输入之中保存国粹。这个道理,中外一致。凡我同胞,若能抱定这个宗旨,于全球地面,力争一个自存的位置,不但今日世界可抵欧种东渐之力,将来亚族膨胀,还可布种他洲,以全球一统共主国呢。"② 可见,作者编撰《万国演义》的意图,乃是希望考察欧美大势以作为中国之借鉴,师法西方以自强,这显示出晚清文人对小说潜移默化的教化意义的重视。与传统小说相比,随着社会的巨大变迁,晚清小说在题材内容、传播方式、社会地位和影响等方面都发生了显著变化。

近年来,有关晚清小说的研究著述日益增多,但整体而言,仍有不少待拓展之处。陈大康在《中国近代小说史论》之《导言:近代小说的历史使命》中指出,目前已知的近代小说数量多达 5000 余种,但以往研究主要集中于四大谴责小说和《海上花列传》等少数几部作品,大量小说无人问津,"近代小说的研究有待加强"。③ 晚清众多的小说类型和流派、小说作家、小说杂志、小说传播现象等都值得我们重视,需要对其开展专门研究。

晚清涉海小说是这一时期小说的重要组成部分,体现出海洋文化对晚清小说创作产生的深远影响。这种影响不仅表现在涉海小说和翻译小说数量的大幅增加、小说题材和类型更加丰富等方面,尤为重要的是,晚清文人对海洋文化精神有着更为深刻的认识与理解。梁启超曾指出:

> 海也者,能发人进取之雄心者也。陆居者以怀土之故,而种

---

① (清)沈惟贤:《〈万国演义〉序》,杭州上贤斋光绪二十九年(1903)版。
② (清)沈惟贤:《万国演义》第 3 册,杭州上贤斋光绪二十九年(1903)版,第 188 页。
③ 陈大康:《中国近代小说史论》,人民文学出版社,2018,"导言"第 1 页。

种之系累生焉。试一观海，忽觉超然万累之表，而行为思想，皆得无限自由。彼航海者，其所求固在利也，然求之之始，却不可不先置利害之度外，以性命财产为孤注，冒万险而一掷之。故久于海上者，能使其精神日以勇猛，日以高尚。故古来濒海之民，所以比于陆居者活气较胜，进取较锐，虽同一种族而能忽成独立之国民也。①

海洋能激发濒海居民的进取雄心、自由思想、冒险精神以及活力与勇气，这是"陆居者"难以体会的。海洋文化精神中包含的宏阔宽容、顽强拼搏、团结协作等因素，在晚清涉海小说中有着充分体现，与传统小说创作相比，其题材、艺术、精神内涵等方面在继承的基础上实现了超越、创新与突破。

笔者通过爬梳、整理得知，晚清文人自撰涉海小说至少有81篇②[具体篇目见附录四]。这些小说从文体来看有文言小说和白话小说；从创作主体来看指晚清文人自撰小说，不包括翻译小说。1908年，香港绘图《中外小说林》刊载署名"世"之《小说风尚之进步以翻译说部为风气之先》：

> 各国民智之进步，小说之影响于社会者巨矣。《佳人奇遇》之于政治感情，《宗教趣谭》之于宗教思想，《航海述奇》之于冒险性质，余如侦探小说之生人机警心，种种（族）小说之生人爱国心，功效如响斯应。其关系于社会者如此，故东西洋诸大小说

---

① （清）梁启超：《地理与文明之关系》，载《饮冰室合集》第4册，中华书局，2015，第966页。
② 笔者对统计篇目特作说明如下。1. 一些晚清小说先在报刊刊载，后出版单行本，对此不进行重复统计。2. "晚清涉海小说"指晚清时期涉及（和包含）海洋文化因素的小说。具体而言，内容涉及海洋风光、人类围绕海洋开展和施行的各种活动与政策、与海洋相关的民风民俗等（如航海、渔业、海战、近代海军、海关、海洋政策、海外留学、海外贸易、出洋华工等）的小说，均视为涉海小说。

家、柴四郎、福禄特尔辈，至今名字灿焉，近来中国士夫，稍知小说重要者尽能言之矣。自风气渐开，一切国民知识，类皆由西方输入。夫以隔睽数万里之遥，而声气相通至如是之疾者，非必人人精西语，善西文，身历西土，考究其历史，参观其现势，而得之也。诵其诗，读其书，即足以知其大概，而观感之念悠然以生……以小说进步为报界之进步，即以小说发达为民智之发达，吾诚不能不归功于小说，尤不能不以译本小说为开道之骅骝也。①

可见，小说对政治、宗教和思想等均可能带来深刻影响。晚清民风渐开，翻译小说对这一时期的社会进步、民智启蒙都产生了一定推动作用，所以在具体论述晚清涉海小说的过程中，应适当以翻译小说为参照。

晚清时期海洋文化对小说的影响问题尚未得到学界足够关注，研究成果很少。笔者经检索发现只有数篇期刊论文与之相关，而无专著或博士学位论文对此进行探讨，从研究现状来看具有较大拓展空间。有鉴于此，本书在第六、七章探讨海洋文化对晚清小说题材与思想艺术等方面的影响。

第一节　晚清涉海小说对传统题材的继承与发展

海洋文化对中国古代小说的影响经历了漫长的发展历程，到了晚清，这一影响首先体现于题材的变化上。晚清小说既有对传统海洋叙事题材的继承和发展，同时，充满海洋文化气息的新的题材也不断涌现，折射出鲜明的时代特征。如前五章所论，晚清之前的小说中，有不少对海洋风光、海洋生物、人类的海洋活动、航海工具、与海洋文化有关的战争和婚恋、海外贸易、女性形象等进行描写的作品，时至

---

① （清）世：《小说风尚之进步以翻译说部为风气之先》，《中外小说林》第4期，1908年。

晚清，这些题材依然存在，同时也伴随社会、时代的变迁而产生新的变化，被赋予新的时代内涵。

一 海洋风光、海洋生物和人类海洋活动题材

(一) 与海洋风光、海洋生物相关的题材

晚清涉海小说包含很多与海洋景色相关的描写，例如海上风浪和海上观月等。创作于道光前期的小说《咫闻录·海中巨鱼》记曰："海中巨鱼，《名人说部》已言不详矣。予闻潮洲澄海县，有泛海贸易姓金名镛者，驾洋艘出樟林镇口，放大洋。浪高风急，水如飞立，横冲直击，左倾右侧。"① 这里对风浪的描述虽比较简略，但"浪高风急，水如飞立，横冲直击，左倾右侧"一句形象逼真，突出了海上风浪的迅猛、惊险。晚清小说《淞滨琐话·因循岛》对月亮的描摹也很灵动："时值初秋……逶迤数十里，日已暝黑，月起海中，三坠三跃，大逾车轮，现五色光。"② 寥寥数语，栩栩如生。海上观月与陆地景色显然不同，在海浪的映衬下，月亮"三坠三跃，大逾车轮，现五色光"。作者如果缺乏航海经历而未能目睹，恐怕难以细致地写出海上生明月这一独特景象。

也有小说描述了冰山风光。《航海少年》是由日本樱井彦一郎撰写、商务印书馆编译所翻译的冒险小说，其第四章写到海上冰山：

  舟行三四日，遥见天水浑茫相接处，白点浮荡，莫名何物。舟愈进，形愈大，久乃知为寒带中海面积冰，其大者名冰山，最大者则为冰野。盖北极寒冰，年年累积，迄无底止，愈积愈重，终不自支，互相挫碎，堕落于海，两两压叠，结成冰山，随流摇

---

① （清）慵讷居士：《咫闻录》卷四，重庆出版社，2005，第76页。
② （清）王韬撰，刘文忠校点《淞滨琐话》卷十，齐鲁书社，1986，第275页。

曳，无一定处。①

北极寒冷而海面常年结冰，所以有很多历年积累的冰块互相挫碎、压叠，结成冰山乃至冰野随流摇曳，成为海面上的一大景观。小说文字非常生动。

在晚清涉海小说中，还经常出现对海岛的描写。在小说作者笔下，各种海岛风光不一。宣鼎所著《夜雨秋灯录·北极毗耶岛》中的海岛古树参天，怪石嵯峨，"山深气肃，杳无人踪，怪鸟昼号，蛟螭夜舞……逾一涧，飞瀑潺潺，两壁如夹"。②既是人间美景，又是荒凉险境。奚若翻译的《秘密海岛》第十一章"林肯岛"提到海岛火山口"状如漏卮，约高一千英尺"，"黑暗不辨深浅"。③虽为早已熄灭的火山口，但读者阅至此，依然能遥想当年火山喷发时的场景，定然气势磅礴，十分壮观。

与传统的海洋题材小说相似，海龟、鲸鱼和海鳅等海洋生物在晚清涉海小说中也很常见。《埋忧集·龟王》云：

> 昔黄焜以舟师赴广南，将渡小海，军将忽于浅濑中，得一琉璃小瓶子，大如婴儿之掌。其内有一小龟子，长可一寸，往来旋转其间。瓶子项极小，不知何入之由也。取而藏之。其夕，忽觉船一舷压重。起视之，有众龟层叠就船而上。大惧，以将涉海，虑致不虞。因取所藏之瓶子，祝而投于海中，众龟遂散。既而语于海舶之胡人，胡人曰："此所谓龟宝也，稀世之灵物。惜其遇而不能有，盖薄福之人不胜也。倘或得而藏于家，何虑宝藏之不丰哉？"惋叹不已。得非即所谓龟王耶，不然，何龟之随之者众也？④

---

① 〔日〕樱井彦一郎：《航海少年》，《说部丛书》初集第七十五编，商务印书馆，1914，第17页。
② （清）宣鼎：《夜雨秋灯录》，上海古籍出版社，1987，第214~215页。
③ （清）奚若翻译《秘密海岛》，（上海）小说林总发行所，1905，第78页。
④ （清）朱翊清：《埋忧集》卷三，重庆出版社，1996，第220页。

此处对龟王的描写带有不少想象成分,"众龟层叠就船而上"以救其王的举动显然是小说家虚构之笔,体现出传统海洋叙事的奇异特征。此外,小说中还有胡人识宝的情节,属于传统海洋叙事的素材类型。与《拍案惊奇》第一卷《转运汉遇巧洞庭红 波斯胡指破鼍龙壳》中,文若虚等人都不识鼍龙壳是奇宝,只有波斯商人识宝相似,《埋忧集·龟王》提到的胡人知道众人都不知的龟宝事,在一定程度上继承了中国传统小说中的素材。

《淞隐漫录·海底奇境》中也有胡商识宝、购宝情节:

> 时有碧眼贾胡知生怀宝而归,叩门请见。生示以钻石一,巨若龙眼,精莹璀璨,不可逼视。请价。曰:"非四十万金不可。"曰:"论价亦殊不昂,顾此惟法国方有之,足下何从而得哉?"生曰:"中华宝物流入外洋,岂法王内廷之珍不能入于吾手哉?"贾胡又以减价请。生曰:"方今山东待赈孔殷,苟能以三十万拯此灾黎者,请以畀之。"贾胡曰:"诺。"辇金载宝去。①

自唐代始,胡人识宝、购宝情节在中国古代小说中比较常见,且与海洋文化多有关联。李剑国所著《唐五代志怪传奇叙录》在述及《青泥珠》篇时指出:"胡人剖腿藏珠,唐小说多言之。"述及《径寸珠》篇时指出:"波斯胡人买得径寸珠为海神索去事。"述及《宝珠》篇时指出:"则天时胡人买宝珠事。"② 程国赋所著《唐五代小说的文化阐释》第六章"唐五代小说创作与商品经济"第三节"胡商现象的文化内涵"也指出:"唐五代小说中有很多关于胡商识宝、寻宝、进行珠宝交易的描写,大多收录于《太平广记》之中。"③ 不可否认的

---

① (清)王韬:《淞隐漫录》,人民文学出版社,1983,第353~354页。
② 李剑国:《唐五代志怪传奇叙录》,南开大学出版社,1993,第479页。《青泥珠》《径寸珠》《宝珠》均出自唐代戴孚所撰《广异记》。
③ 程国赋:《唐五代小说的文化阐释》,人民文学出版社,2002,第197页。

是，中外贸易往来在繁荣的唐代和孱弱的晚清，其内涵有着本质的不同。晚清时的此类小说在继承传统题材的基础上，也透露出作者对时局的愤慨："中华宝物流入外洋，岂法王内廷之珍不能入于吾手哉？"①

小说《片帆影》有对海鲸的描写："不一日，群山不见，白浪翻腾，（黄）汉生顿触胸怀，行出船面盼望，但见远天连水，不辨西东。偶于望中，遥见水面一道浪花，愤激数十丈，若有一物焉，冲浪而起者，一腾掉（棹）间，复入水里。惟时轮隔稍远，亦微有震动。汉生急询船上水手曰：'此何物？'水手曰：'此必鲸鱼也。'"② 此处刻画的鲸若隐若现，虽然距离较远，但从"遥见水面一道浪花，愤激数十丈"之气势，可知海鲸体积之大、威力之猛。

《埋忧集·海鳅》有对海鳅的描写："乾隆间，乍浦海潮不退。海水过塘，漂没庐舍人畜无算，汤山天妃庙前石狮，直滚至都统衙门而止。其后潮退，有海鳅搁住塘坳不去。长数十丈，人争往割取其肉，熬油以代膏火。已而割者渐多，鳅不胜痛，一跃翻身，压死者数百人。"③ 这属于传统的海洋大物叙事风格，对海鳅的描述真实中带有夸饰成分。

晚清时期的涉海小说创作中，与上述关于海洋景色、海洋生物的描写相似的相当普遍，体现出受到海洋文化影响的小说作品在题材上的传承特点。

（二）记载人类海洋活动的题材

晚清小说中，有些作品记载了人类在浩瀚海洋中的各种实践活动，具有鲜明的海洋特色，这种特征在道光前期的小说中已出现。例如，小说《咫闻录·海鳅鱼》描述渔民捕杀海鳅的场景：

---

① （清）王韬：《淞隐漫录》，人民文学出版社，1983，第354页。
② （清）伯：《冒险小说：片帆影》，《中外小说林》第8期，1908年。
③ （清）朱翊清：《埋忧集》卷二，重庆出版社，1996，第199页。

粤东平海,乃出洋之口,鳅有时至。予曰:"其浩浩森森,渊渊穆穆者,海也;其来也无形,其去也无踪者,鳅也。从何以窥?"客曰:"子不知夫沿滨海若,灵于内地神祇乎?当春夏之交,渔民猬集于庙,焚香祷祝,掷筊而知其来;又必筊卜可捕,以为神之许也,则捕之。于是集渔艇数百,一艇选识水性、熟水境、习镖法者数人,驾以快桨,备以铁镖;镖有眼,穿以绳而系之于艇。船必陈柳木梆,以待鳅来。盖天生一物,必有一制。鳅之所忌者,柳也。又使善观海色者数人,登山而望,见海面百余里外,凭空突起高阜,白浪轻浮于上,黑云铺映于下,水势滔滔,潮声隐隐,知是鳅来。爆竹为号,舟人贾勇而待。数刻间,扬鬐鼓鬛,波涌如山,譬犹千军万马,飞腾而至。口喷水沫,光天化日之下,倒洒大雨,非特艇中人衣发尽湿,即岸上人亦湿透衣襟矣。但闻群击柳梆,声满于海,鳅遂势蹲而尾垂下。艇人齐心尽力,摇桨飞水以迎之。鳅近艇,铁镖齐放,鳅负痛,疾卷而去。渔艇渔子,具遂鳅势,卷匿波中,舟皆不见。须臾,一舟昂首而起,各舟亦渐次起矣。一渔人拭脸而出,各渔人亦次第出没矣。登舟各收镖绳,得镖而嗅,其气腥,则已中,鳅可得也;盖鳅皮损则咸水入之必死。歇息间,又见鳅来,亦复如是法以御之。三近三放,而鳅已死矣。"[1]

海鳅即露脊鲸,体型庞大。晚清之前关于杀海鳅的描述,多是在其不幸搁浅时,沿海居民爬上其背割肉。就笔者目力所及,除了《海鳅鱼》,渔民主动入海捕杀大型海洋生物的小说仅有《五杂组·鲨鱼》一篇,此外,《水浒后传》第十一回描写了李俊于斗山门临岸处与众军士远程射杀"小鲸",而捕杀更大海洋生物海鳅的描述在之前小说

---

[1] (清)慵讷居士:《咫闻录》卷八,重庆出版社,2005,第157~158页。

中未再见到。《海鳅鱼》对渔民捕杀海鳅的场面刻画得十分生动，这一捕杀活动需集体配合，"集渔艇数百，一艇选识水性、熟水境、习镖法者数人，驾以快桨，备以铁镖"，做好充分准备；众人齐心协力、全力以赴，经过多次顽强搏斗才能捕杀巨大的海鳅。小说所刻画的捕鳅过程充分表达了人类在海洋活动中所展现出的勇敢、智慧和协作，这正是晚清海洋文化精神的集中体现。《海鳅鱼》与晚清小说《片帆影》以及经翻译引入国内的《荒岛孤童记》《航海少年》等小说一样，展示出全人类相通的深入海洋、与海洋搏击的可贵精神。

（三）与航海工具、海洋建筑相关的题材

晚清时期，与航海工具、海洋建筑等相关的题材，在继承前代作品的基础上透射出新的时代气息。

王韬在其《淞隐漫录·海外美人》中写到造船：

> 陆梅舫，汀州人。家拥巨资，有海舶十余艘，岁往来东南洋，获利无算。生平好作汗漫游，思一探海外之奇……既遴人，又选舶，谓孰坚捷便利，冲涉波涛。众舵工进言曰："与乘华船，不如用西舶；与用夹板，不如购轮舟，如此可绕地球一周而极天下之大观矣。"生哑然笑曰："自西人未入中土，我家已世代航海为业，何必恃双轮之迅驶，而始能作万里之环行哉？"爰召巧匠，购坚木，出己意创造一舟：船身长二十八丈，按二十八宿之方位；船底亦用轮轴，依二十四气而运行；船之首尾设有日月五星二气筒，上下皆用空气阻力，而无借煤火。驾舟者悉穿八卦道衣。船中俱燃电灯，照耀逾于白昼。人谓自剡木之制兴，所造之舟，未有如此之奇幻者也。①

从小说内容来看，陆梅舫为"一探海外之奇"而造出的船舶实际

---

① （清）王韬：《淞隐漫录》卷四，人民文学出版社，1983，第193页。

上是中西结合体,既采用中国传统的造船方法,又汲取了西方的技术和手段。《埋忧集·夷船》则对海外船只有着较为详尽的描述:

> 数年前,传闻琼州境外忽来一船。其长逾于洋船,大称之。上有三层,楼橹帆樯,壮丽高大,行疾于风,而身中不见一人。中置铜铳,围径丈许,亦能无人自放,中国大炮远不及也。①

小说对来自荷兰、英国等国的"夷船"之结构、性能和外观做了比较详细的描述,"夷船"特征为船身坚固、性能齐全、威力强大。

不少晚清涉海小说描述了邮轮、飞舰、巡洋舰等新式航海工具。兹举数例。

例一,《淞隐漫录·媚梨小传》云:"一日,女偶阅西字日报,见有约翰名,已附轮舟从西土至此,不觉失惊。"②

例二,《淞隐漫录·消夏湾》云:"嵇仲仙,南昌人。世读书……日僧无垢酷爱之,延至其国写经,愿以巨金赠。一日薄游横滨,散步海滨,睹一轮舶甚巨,几若巍峨远峙天际。问之西人,曰:'此为邮船,在美洲犹居次等。'"③

例三,《新石头记》第三回《听芳名惊心增惝恍　尝西菜满腹诧离奇》:

> 宝玉道:"不知这轮船有多大,坐多少人?"帐房的人道:"我也说不出他有多大,每回的搭客,好几百人。"焙茗连忙说道:"罢,罢,快别说了!凭他多大的船,坐了几百人,不要挤死了么?我们爷挤不惯。"帐房的人道:"管家有所不知,要是坐统舱呢,那是说不定要挤的,坐了房舱,就好得多了。倘是坐了

---

① （清）朱翊清:《埋忧集》卷十,重庆出版社,1996,第336页。
② （清）王韬:《淞隐漫录》卷七,人民文学出版社,1983,第309页。
③ （清）王韬:《淞隐漫录》卷十二,人民文学出版社,1983,第566页。

官舱，那是比在家里还舒服，一样的有客堂起坐的地方，饭菜也好，船上买办也来招呼，闲人是不能进去的。倘是爱清净的，那就坐了大菜间，吃的是外国大菜，一路上有细崽招呼。只怕在家里也没有这等舒服呢。"①

从例一可以看出，西方人乘"轮舟"渡海来华在晚清已是相当普通的事情。例二对嵇仲仙在日本横滨海滨所见邮轮进行描述，"轮船甚巨，几若巍峨远峙天际"。例三则对海轮的体积、规模、环境等分别展示：轮船体积庞大，每次可容纳乘客数百人，轮船里划分有不同等级的房间，有统舱、房舱和官舱等，官舱特别干净舒适。介绍可谓详尽。通过这些文字，我们能够感受到时人对海上远航以及航船的了解已颇为普遍和细致。

陆士谔创作的小说《新中国》，提到前所未有的海洋建筑——海底隧道。小说第三回写道："我道：'不错，方才电车果在隧道中行走的。但是上海到浦东，隔着这么大一个黄浦，难道黄浦底下也好筑造隧道么？'女士道：'怎么不能？你没有听见过，欧洲各国在海底里开筑市场么？筑条把电车路，希甚么罕？'"②《新石头记》第三十一回也叙及贾宝玉等人穿越"澳大利亚洲底下的一条水隧道"。③ 两部小说中谈到的欧洲各国在海底开筑市场、建设海底隧道，可谓言海外之文明，开国人之眼界。

综上所述，就小说对海洋风光、人类的海上活动以及航海工具等内容的描写来看，晚清涉海小说在对传统题材的继承中也体现出新变，

---

① （清）吴沃尧：《新石头记》，载黄霖校注《世博梦幻三部曲》，东方出版中心，2010，第112页。

② （清）陆士谔：《新中国》，载黄霖校注《世博梦幻三部曲》，东方出版中心，2010，第314~315页。

③ （清）吴沃尧：《新石头记》，载黄霖校注《世博梦幻三部曲》，东方出版中心，2010，第242页。

主要反映于以下几个方面。

其一，传统的海洋叙事多杂糅神怪（如《西游记》《西洋记》等），晚清涉海小说则更多写实成分。从对海鲸等海洋生物以及人类的海上实践活动的描写中可以看出，虽存在一些夸饰成分，但写实部分显著增加。

其二，渔民主动入海捕杀海鲸的行为，在以往海洋叙事中极为罕见，而在晚清涉海小说中则多次出现。例如《海鳅鱼》对渔民入海捕杀海鳅的描摹非常扣人心弦、真切可信。这是人类对于海洋有着更深入体验的证明，是勇敢、毅力、团结协作等海洋文化精神的重要体现，也表明海洋文化对晚清小说的影响更加明显而深刻。

其三，晚清涉海小说中既提及传统航海工具指南针等物，如《海外美人》写道："测定罗针，径向西行。"[①] 也有电灯等现代物件，更有邮轮、巡洋舰、海底隧道等新式航海工具和海洋建筑出现。如光绪三十一年（1905）农历五月，上海小说林社出版日本押川春浪著、徐念慈译述的《新舞台》二编，其第一节标题为"怪巡洋舰"。与以往小说相比，这些均是题材上的新变。

二 与海外国家战争的题材

在晚清之前的小说作品中，有关海外战争的题材以抗击倭寇入侵为主，到了晚清，涉海小说中的战争题材在继续书写抗倭（中日战争）故事的同时，出现一些变化。

其一，题材范围进一步扩大，由以往主要写抗倭扩大到抗击英、法、日等多国的侵略。

例如，小说《林文忠公中西战记》描述林则徐抗英之举，其序文称：

[①] （清）王韬：《淞隐漫录》，人民文学出版社，1983，第195页。

余自束发就傅,时辄闻诸先进谈及林文忠公,其用兵之妙,阵法之精,无有至于此者……然林公往矣,而林公之勋业岂无传于后世。于是远采旁搜,得是而以究其原委,而叹林公之韬略宏矣。林公字则徐,先为澳门总镇时,英人贸易粤东,强横孰甚,竟无一人以制之者。于是而洋人益肆。林公不敢宽其责,破洋艘,焚洋土,人民称快,声名灿然。洋人闻风而窜,一鼓而四海宁静矣。殆林公既没,而洋人又复渐渐滋生。作通商计,可积而千,积而万,不数载而洋人遍于宇内。嗟乎!林公往矣。假今日复有如林公者,其能使英人之如是猖獗乎?故是书之首,专述洋人之猖獗,而叹穆阿彰之柔懦。其词句之清浑如白话,故农工商贾之人阅之,亦一目了然云。①

由小说序言可知,作者对林则徐破坏贩卖鸦片的英国商船、销毁鸦片的行为给予充分肯定:"破洋艘,焚洋土,人民称快,声名灿然。洋人闻风而窜,一鼓而四海宁静矣。"林则徐去世后,洋人又卷土重来,序言作者愤然指出,假若现在能出现林则徐这样的民族英雄,则英国人绝不敢如此猖獗。这表达出晚清文人面对危局时呼唤英雄的心声,以及对穆阿彰之流不作为的晚清官员的强烈不满、对洋人的愤恨。同时,作者注重使用通俗浅显的语言写作小说,力图使民众皆能在阅读时一目了然。

又,短篇小说《埋忧集·乍浦之变》细致描写了晚清西方列强入侵时给百姓带来的巨大痛苦。小说中提到的乍浦之变是历史上实有的事件,道光二十二年四月九日(1842年5月18日),英军二十四艘海舰、两千余官兵侵犯乍浦。他们攻破城池,烧杀抢掠,无恶不作,以至生灵涂炭,惨不忍睹。小说以较多篇幅叙述英国士兵残忍奸杀民女、无恶不

---

① 见陈大康《中国近代小说编年史》,人民文学出版社,2014,第443~444页。

作的行径，同时，对军官虚伪、罪恶、贪婪的嘴脸也进行揭露："匪有黑白二种，黑者愚蠢殆如犬羊，听白者所驱使，亦不知畏死，故临阵必使施放鸟枪。然破城时，亦知淫掠。凡所掠妇女，少艾者必以供白鬼，黑鬼则自取老丑者多。有以数人迭淫一人而死者……又闻白鬼性亦淫毒，殆不下黑鬼。其所得妇女，嬖爱特甚……颇好文墨，每入人家，遇名人书画，如获拱璧，争取无少遗焉。"① 阅《乍浦之变》对惨烈场景的描写，如同阅《扬州十日记》，令人不忍卒读。

其二，晚清抗倭题材小说也呈现出多样化的特点。

一方面，有些小说借明代倭寇题材揭示晚清现实，如方浚师所撰《蕉轩随录》卷四中的《瓦氏兵》以及长篇小说《蜃楼外史》等。萧相恺指出，《蜃楼外史》"书借明事，援古证今，实是清末现实社会的写照。书中对严嵩、赵文华依靠赠送金银换得岛寇暂退的描写，正是对晚清屈辱求和，割地赔款以使列强退兵的批判"。②

另一方面，晚清抗倭小说多集中于描写晚清时台湾人民对日军入侵的抗击，至少有4部小说以此为题材。即：《刘大将军平倭百战百胜图说》[光绪二十一年（1895）上海《新闻报》刊载]、《台战演义》（又名《台战实纪》，光绪二十一年刻本）、《台湾巾帼英雄传初集》（光绪二十一年上海书局出版）、《说倭传》（一名《中东大战演义》，光绪二十三年香港中华印务总局铅印）。这些以台湾军民抗倭为题材的小说，其中3部连载或刊印于光绪二十一年，1部刊印于光绪二十三年。众所周知，光绪二十年甲午中日战争爆发，战争以清政府失败而告终。1895年4月17日，清政府被迫与日本签订《马关条约》，依据条约规定，中国割让台湾岛及其附属各岛屿、澎湖列岛给日本，并赔偿日本2亿两白银。这激起包括台湾人民在内的中国人民的强烈愤

---

① （清）朱翊清：《埋忧集》卷十，重庆出版社，1996，第334页。
② 萧相恺：《蜃楼外史》条，载刘世德主编《中国古代小说百科全书》（修订本），中国大百科全书出版社，1998，第463页。

慨，台湾人民的反抗斗争此起彼伏。晚清文人创作的上述 4 部小说，鲜明地展现了甲午海战后中国人对日寇侵略行为的奋勇反抗，以及对腐败无能的清政府的强烈不满。这些小说多风格写实，"乃刘公在台湾与倭寇接战之实纪也"。①

不过需要注意的是，此类小说所述也有与事实不尽相符之处。光绪二十一年上海《新闻报》刊载《刘大将军平倭百战百胜图说》广告称：

> 《百胜图说》以传刘大将军诸将士之不朽功业，备志倭奴全军覆亡情节。证之历史，倭人狠贪，好犯上国，累朝入寇。唐时几遭薛将军灭尽种类，明时受创于戚将军，目今屡败于刘将军。三公鼎峙，震慑海邦。蔾床旧主愤而有作，撰成一百六十回，先以三十二图说录正，付之石印。②

小说设置"倭奴全军覆亡情节"，与史实不符，从中可体会到晚清民众希望抵抗日本侵略、打败日本的愿望。

三 涉海小说中的婚恋题材

婚姻恋爱是一个历久弥新的话题。在中国小说史上，有关婚恋题材的小说数量最多，艺术成就也最高。就晚清婚恋题材的涉海小说而言，与传统小说相比，主要出现两个方面的变化。

第一，晚清涉海小说在婚恋模式上强调中西结合。

与传统的婚恋题材小说相比，晚清涉海小说一个突出的变化就在于书写中国男性和西方女性的恋爱、婚姻故事。《海外美人》写道，陆梅舫丧妻后，"影只形单，凄然就道。长年林四，妻之远族兄也，

---

① 《〈台战演义〉序》，载《台湾文献史料丛刊》第七辑，台湾大通书局，2009，第 3 页。
② 《绘像刘大将军平倭百战百胜图说》，《新闻报》1895 年 8 月 10 日。

第六章　晚清（1840~1911年）涉海小说对传统题材的继承与创新　197

谓生曰：'闻西方多美人，俗传有女子国，距此当不远，盍于海外觅佳丽，且减愁思，当有妙遇。'测定罗针，径向西行，月余进地中海口，地名墨面拿，意大利国之属土，即史书所称为大秦者也"。① 陆梅舫在墨面拿遇到一个同乡，被赠予两名海外美人，"生返视二女，媚眼流波，娇姿生倩，顾盼之间，自饶丰韵，日夕对之，弥觉其美。既归里门，即以二女为箧室，不复言娶。女当盛暑时亦裸体，窃窥其浴，亦如常人"。② 王韬创作的涉海小说作品多处出现类似情节，《媚梨小传》中，英国美女媚梨主动嫁于华人丰玉田，不仅丰玉田获得西方美女媚梨的芳心，且媚梨身携五万金，十分富有。③《海底奇境》中，聂瑞图赢得瑞国美女兰娜的芳心，兰娜送他龙宫辟水珠、兜率宫定风珠等珍贵珠宝。④

从这些小说中可以看出，与传统婚恋小说相比，晚清涉海小说中出现不少中国男子与西方女子结合的情节，且往往是西方女子主动追求中国男性。梁启超在其《论中国学术思想变迁之大势》中提出："生理学之公例，凡两异性相合者，其所得结果必加良，此例殆推诸各种事物而皆同者也……二十世纪则两文明（按：指中华文明与欧美文明）结婚之时代也，吾欲我同胞张灯置酒，迓轮俟门，三揖三让，以行亲迎之大典，彼西方美人必能为我家育宁馨儿，以亢我宗。"⑤ 上述小说中出现的中国男子与西方女子结合（且女子财、貌双全）的情节，至少体现了两方面的内涵。一是如同《聊斋志异》中书生总遇到美貌狐女一样，纯粹为晚清文人的白日梦，只不过中国人同海外异质文化接触之后，梦中女主角不再是狐鬼女子，而转为西方美女。二是

---

① （清）王韬：《淞隐漫录》卷四，人民文学出版社，1983，第195页。
② （清）王韬：《淞隐漫录》卷四，人民文学出版社，1983，第197页。
③ （清）王韬：《淞隐漫录》卷七，人民文学出版社，1983，第307页。
④ （清）王韬：《淞隐漫录》卷八，人民文学出版社，1983，第353~354页。
⑤ 梁启超：《论中国学术思想变迁之大势》，载《饮冰室合集》第3册，中华书局，2015，第580页。

依照梁启超所强调的"公理公例",融合中西两方文化之精华,必将得到更加优秀的"文化硕果"。这种观念折射到晚清涉海小说中,展现出一种独特的婚恋理想。

第二,晚清涉海小说在有关婚恋的描写中引入海外国家之风俗民情。

在小说《海外萍因》中,英国少女加芝顿主动追求凤城陈生,英国某少年"醉心于女,尝屡求婚。女恶其猥薄,不许。嗣闻与生接洽,波生醋海,潜怀暗杀主义……某计不得逞,益大怒,遗书请决斗。所谓决斗者,西人挟仇愤,或争风等事,不愿涉讼,相约携刀剑互斗于野,各邀亲友作证,伤毙勿论。如两人中一不愿斗,则众以为无勇,讥笑百出,必避居他处乃免,风俗如此"。① 此处关于决斗的描述,属于晚清涉海小说所体现的西方特有的风俗民情,这也是以往小说中所未见的内容。

四 海外贸易题材

在晚清之前的涉海小说作品中也有关于海商、海外贸易的描写,例如《鬼国母》《苏和》《转运汉遇巧洞庭红 波斯胡指破鼍龙壳》《人熊》等。与传统海外贸易题材相比,晚清涉海小说出现一些新的变化。

第一,以往涉海小说中描写的海外贸易地域主要是中亚、南洋等地,如明代话本小说《转运汉遇巧洞庭红 波斯胡指破鼍龙壳》中的波斯,还有小说中提到的"吉零国",应处于斯里兰卡和缅甸之间,也即今天的孟加拉湾。晚清涉海小说中的海外贸易范围则更大,包括今欧洲、美国等地。

小说《淞隐漫录·徐麟士》有关于"海市"的描述:

> 方拟返旆,忽有贵客款关至,邀往观海市。生以初不相识,辞

---

① (清)钜鹿六郎:《海外萍因》,《赏奇画报》第 5 期,1906 年。

不赴。客曰："此百年一次，为商家之盛典，亦海国之大观。今岁以荷兰王子适来，斗奇炫富，矜多竞胜者，必倍于往日。君如有财，天下之异物，不难致也。"再三固请，生乃许之。贵客早备舟以待，双轮激水，其捷若飞。既至，市肆环集，珊瑚、珠贝、火齐、木难之属，大半不能辨识其名。酒楼茗寮，多设于临街。①

小说提到，百年一次的海市"为商家之盛典，亦海国之大观"，荷兰王子也来参与其中。再如《淞隐漫录·闵玉叔》提及海外"趁墟"，其中有不少黑人：

偶晨起闻海畔耶许声，鞡履出视，但见小艇十余艘，中储谷蔬，操舟者多黑人，睹生衣冠殊异，群围观之，或有招生入舟者。生正欲觅女，而女适至，谓生曰："今日为趁墟之期，岁凡四次。往返多或半月，少或十日，俱以谷果菜蔬易野味供烹饪，或得宝物，则易金钱。客囊若富，则远贾异洲，往往不复再返……"②

此处对海外墟市的描写颇有异域风情。小说《夜雨秋灯录·树孔中小人》也谈及出海贸易："（澳门岛居民仇端）时随海舰出外洋贸易各国。"③可见晚清时期海外贸易范围之广。

第二，晚清之前小说中的海外贸易往往是海商主动参与的，而晚清小说中的海外贸易有时则带有更多被动因素。从根本上来讲，此类贸易是在西方列强的强迫之下进行的。例如西方国家向中国大量倾销鸦片即为典型，这在晚清一些涉海小说中得以呈现。

五 与海洋相关的女性题材

与以往小说相比，晚清涉海小说中女性题材的作品呈现出两方面

---

① （清）王韬：《淞隐漫录》卷一，人民文学出版社，1983，第47~48页。
② （清）王韬：《淞隐漫录》卷三，人民文学出版社，1983，第115页。
③ （清）宣鼎：《夜雨秋灯录》卷七，上海古籍出版社，1987，第343页。

的变化。

第一，女性题材的小说数量大幅增加，并常涉及海外女性。

晚清有不少小说以女性为重点刻画对象，如《女学生》《台湾巾帼英雄传》。这一时期也出现众多以女性为主角的翻译小说，诸如《女人岛》《美人岛》《女海贼》《无人岛》《佛罗纱》等。以小说《女海贼》为例，此书为日本江见水荫撰、商务印书馆编译所译述的翻译小说，讲述日本一名女子率舰队横行海上之事，是一部典型的女主小说。光绪三十五年（1909），《申报》刊载小说广告《新年消闲之乐事》，对其介绍如下："日本一女子率舰队横行海上，性诡奇，貌尤妖冶，见者辄为倾倒。行踪飘忽，尝登陆入一勋爵府第，掳其女去。国家派芝浦中佐率艇队追捕，悉为破灭。后为一新闻记者设计捕杀。事颇新奇，译笔亦诡谲可喜。"①

在晚清时期，不仅翻译小说中出现围绕海外女性叙写的作品，中国人自撰小说也有对海外女性进行刻画的内容。前引《海外美人》即对西方美女进行了详细描写，而小说《淞隐漫录·东瀛才女》中，则描摹了小华、阿中、阿超、阿玉等几位旅居上海的日本艺妓。小说结尾对中日女子的差异进行比较：

> 天南遁叟曰："天下之至无情者，莫如日本女子。其为客妻，阅人如传舍，绝无所动于中；数年聚首，临别绝无依恋色。问其有柔情缱绻，韵致缠绵，如胶漆之固结而不可解者乎？无有也。至于男女同浴堂，共罗帐，裸体相对，毫不避些子嫌，抑何了无遮碍，达观洞识若是哉！中国男女之事多以情，感情之所至，至有贯金石、动人天、感鬼神而不自知者。日女之薄于情也，在不知贵重其身始。然其为人客妻，也有足取者：付以箧笥，畀之管

---

① 《新年消闲之乐事》，《申报》1909年2月7日。

钥，而绝无巧偷豪夺之弊，此则中国平康曲院中人所不及也。呜呼！风犹近古欤？"①

小说作者认为，日本女子往往无情，而中国女性很重感情；日本女性不重其身，男女同浴堂、共罗帐、裸体相对的情况比较常见，但日本女子守纪、重然诺，是"中国平康曲院中人所不及"的。这反映出随着中国与海外异质文化的更多接触与交流，晚清时人对中外女性之间的差异有了一定了解，并从男性视角出发，对其进行审视与评价。

第二，晚清涉海小说进一步揭示并称扬女子才华。

《绣球缘》是以明代抗倭为故事背景的小说，在第十四回《获王孙众询首相　平倭寇女赛千军》和第十五回《哪咭回国换奸臣　素娟让功拜义父》中，着重描写了黄素娟杰出的眼光、能力与才华。当倭寇屡侵中原，张居正苦无良策之时，黄素娟运用兵法，献计捣毁倭寇巢穴。②另有小说《花月痕》中的杜彩秋、薛瑶华等妓女，在面临倭寇侵略时毅然披挂上阵，与韩荷生等人共同破除倭寇妖法，终大胜倭寇。《台湾巾帼英雄传》书首序言称，在晚清台湾抗击日本的战争中，除了刘永福率领的台湾军民以外，还有众多女性参与其中："尚有孙夫人、刘小姊者，或誓报夫仇，拔剑而起，或素承家训，荷戟以从。如此深明大义，可为巾帼增辉。"③作者将这些女性的勇敢、爱国行为与"彼世之居高位、享厚禄者"进行对比，或歌颂或讽刺鞭挞，褒贬之情溢于言表。

晚清时期，与传统的"女子无才便是德"的看法截然不同，社会上对女性价值的认识和评价有较大改善。小说《新中国》第五回《辨

---

① （清）王韬：《淞隐漫录》卷十一，人民文学出版社，1983，第509页。
② 见（清）佚名《绣球缘》，时代文艺出版社，2003，第206～212页。
③ 古盐官伴佳逸史：《台湾巾帼英雄传（初集）》，载《台湾文献汇刊续编》第22册，九州出版社，2016，第344～345页。

女职灵心妙舌　制针厂鬼斧神工》描述：

> 我道："我还有一个疑题，要请问你。那女子，是向来管理家政的。现在，也出来做了事。家里头各种琐屑事情，叫那个去管？难道男子反伏在家中，操井臼、事中馈不成？"女士道："这话更不通了。即以从前而论，从前是黑暗世界，然而，那时候女子，尚多出外谋生的。如：做老妈子的、做奶妈子的、做拣茶叶的、做拣鸡毛的、做拣桂元的、做拣兰子的；做火柴厂的、做毛巾厂的、做纺纱厂的、做绣丝厂的；还有梳头娘、剃面娘、卖婆、牙婆、渔婆、稳婆、媒婆、缝穷婆，也都是女子。这种人，难道都没有家的么？有家，必定有家政。然而，他们也要过日子的。并且，往在家里的女子，也不仅光管些儿家政。有做铁车女工的，有做裁缝的，有做穿钉书籍的，有做顾绣的。"我道："你繁征博引，我辩是辩不过你。但是，心里头终有点子不服。"女士道："女子治繁理剧之才，本来胜过男子。所不及者，就不过体魄之健强、举动之活泼耳！"[①]

作者借小说人物之口明确表明，女子不仅能做好家政，亦能走向社会从事众多种类的工作，其治繁理剧之才实胜过男子。

不仅女性地位、时人对女性的看法在晚清有较大变化，随着社会的发展，晚清文人也呼吁女性应发挥才华，为社会和国家服务。正如《女学生》书末所写："作书人写到此处，将慧贞年少伟志及其备尝艰苦情形也叙得差不多了，我这部小说，也就从此结束，但望天下有志女子，看到慧贞的行止，兴起点热心，破除些锢习，那中国女界就不患不出些人才，中

[①] （清）陆士谔：《新中国》，载黄霖校注《世博梦幻三部曲》，东方出版中心，2010，第323页。

国国家也不患不渐致富强了。"① 究其原因，在很大程度上是西方异质文化（海外文化）输入封建中国后，对整个社会产生了影响。

综上所述，本节从海洋景色、海洋生物和人类的海洋活动、航海工具、海洋建筑，以及海战、涉海小说中的婚恋、海外贸易、与海洋相关的女性题材等方面，分析了晚清涉海小说对传统题材的继承与发展。可以看出，在承继传统涉海小说题材类型的基础上，晚清小说融入更多时代特色，同时展现出受到海洋文化影响的明显痕迹。

第二节　晚清涉海小说题材的创新与突破

晚清社会动荡不安，随着西方文化的强势输入，社会和民生都发生了巨大变化。作为对社会生活直接或间接反映的晚清小说，在题材上也出现诸多创新与突破。海关、海军、出海华工，以及与海洋相关的冒险、侦探、殖民等新的题材的小说纷纷问世，成为海洋文化影响下小说创作方面的独特现象。

一　海关题材

康熙二十三年（1684），清廷颁布开海贸易令，翌年开放江海关、浙海关、闽海关和粤海关四个通商口岸，海关制度在中国创立。乾隆二十二年（1757），清廷下令禁止西洋番船前往浙江等沿海地区，仅能在广州贸易。广州成为官方指定的唯一对外通商口岸，即所谓"一口通商"。鸦片战争后，中国逐渐失去关税自主权。1858 年，依据清政府与英、美、法签订的《通商章程善后条款》，总理大臣可邀请英（美、法）外籍人帮办税务。次年 5 月，南洋通商大臣何桂清委任英国人李泰国担任中国海关第一任总税务司，并于上海设立总税务司署。

---

① （清）朱夏：《社会小说：绘图女学生》，改良小说社，1908，第 27 页。

李泰国回国后,由英国人赫德和费士莱会同署理总税务司职务,这种外籍税务司管理中国海关的制度被称为"洋关"制度。晚清海关实行外籍总税务司制度,表明清政府已丧失作为主权国家所应有的海关独立性。随着海关管理权的丧失,中国的门户訇然洞开,西方列强以海关为据点,控制中国财政,干涉中国内政,中国逐渐进入半殖民社会。

晚清之前虽有涉及清代中期海关制度的小说,但数量极少。到了晚清,诸如《文明小史》《官场现形记》《二十年目睹之怪现状》《孽海花》《分割后之吾人》《廿载繁华梦》《宦海潮》等涉及晚清海关的小说作品大量出现。

第一,小说揭示出晚清海关丧失国家主权的现实,以及由此带给百姓的痛苦。

《文明小史》第四十七回《黄金易尽故主寒心 华发重添美人回意》写道:

> 张媛媛冷笑道:"……只有中国人做中国的官,那有外国人做中国官的道理,这话我不相信。"白趋贤道:"你这话可说错了。你说外国人不做中国的官,我先给你个凭据。不要说别的,就是这里黄浦滩新关上那个管关的,名字叫做税务司,他就是外国人做的中国官,你们堂子里懂得什么?"张媛媛听了,愣了一回,说道:"那个新关?"白趋贤道:"就是有大自鸣钟的那个地方,就是新关。上海新关,有上海的税务司,北京还有个总税务司,还是那年同这里斜桥盛公馆的盛杏荪同天赏的太子少保,亦是戴的红顶子。你们晓得什么,也在这里乱说。"①

英国人赫德正式担任海关总税务司后,开始了对中国海关近半个世纪的管辖。晚清海关官员队伍中有不少外籍关员,他们往往趾高气

---

① (清)李伯元撰、郭洪波校点《文明小史》,岳麓书社,1998,第249页。

扬，肆无忌惮地欺压中国百姓。《文明小史》第十五回《违慈训背井离乡 夸壮游乘风破浪》写道：

> 不多时，船到洋关码头，便见一个洋人，一只手拿着一本外国簿子，一只手夹着一枝铅笔，带领了几个扦子手走上船来，点验客人的行李。看见有形迹可疑的，以及箱笼斤两重大的，都要叫本人打开给他查验；倘或本人慢了些，洋人就替他动手，有绳子捆好的，都拿刀子替他割断。看了半天，并没什么违禁之物，洋人遂带了扦子手，爬过船头，又到后面船上查验去了。这边船上的人齐说："洋关上查验的实在顶真！"那个被洋人拿刀子割断箱子上绳子的主儿，却不住的在那里说外国人不好。①

被洋人关员找茬欺辱的百姓不但没有反抗，反而带有奴性地夸赞其检查态度认真，令人感觉讽刺和悲凉。从小说中还可以看到，在晚清海关码头，不仅洋人关员欺压中国百姓，华人关员也常为虎作伥，成为洋人欺压中国百姓的帮凶。② 晚清徐卓呆所撰小说《分割后之吾人》描述惨遭列强瓜分国土后的中国人所遭遇的欺凌，其中也形象地刻画出在政府丧失税关主权后，人们承受的物质和精神上的双重痛苦。

第二，小说揭露出海关官员的贪污腐败。

鸦片战争之前，海关官员腐败现象已非常普遍，晚清海关的贪污腐败则更为严重。为谋取海关官员职位，很多人削尖脑袋寻找门路，海关买官卖官现象严重。《官场现形记》第二十五回《买古董借径谒权门 献巨金痴心放实缺》写道，如想谋到上海关道一职，需花费数十万两银子：

---

① （清）李伯元撰，郭洪波校点《文明小史》，岳麓书社，1998，第80页。
② （清）李伯元撰，郭洪波校点《文明小史》第三十五回《谒抚院书生受气 遇贵人会党行凶》，岳麓书社，1998，第182~187页。

  贾大少爷道:"像上海道这们一个缺,要报效多少银子呢?"黄胖姑把头摇了两摇道:"怎么你想到这个缺?这是海关道,要有人保过记名以海关道简放才轮得着。然而有了钱呢,亦办得到,随便弄个什么人保上一保;好在里头明白,没有不准的。今天记名,明天就放缺,谁能说我们不是。至于报效的钱,面子上倒也有限。不过这个缺,里头一向当他一块肥肉。从前定的价钱,多则十几万,少则十万也来了。现在这两年,听说出息比前头好,所以价钱也就放大了。新近有个什么人要谋这个缺,里头一定要他五十万。他出到三十五万里头还不答应。"①

  由小说中的描写可知,海关道是当时官场上的优缺,要价为五十万两银子。小说多次提到"里头"一词,表明海关高层卖官现象特别严重,只要有钱即可买到官位,以致大家都习以为常、心照不宣。小说《廿载繁华梦》也提及,谋一个广东海关监督的职位至少需三十万两银子,就连官部衙门中的库书,因有极大油水,也有许多人费尽心机谋求。而海关大小官员徇私枉法行为的主要经手人就是库书,小说第二回描述:

  刘婆道:"老身听人说,海关里面有两个册房,填注出进的款项,一个是造真册的,一个是造假册的。真册的自然是海关大臣和库书知见;假册的就拿来虚报皇上。看来一个天字第一号优缺的海关,都要凭着库书舞弄。年中进项,准由库书经手,就是一二百万,任他拿来拿去,不是放人生息,即挪移经商买卖,海关大员,却不敢多管。还有一宗紧要的,每年海关兑金进京,那库书就预早高抬金价,或串同几家大大的金铺子,瞒却价钱,加高一两换不等。因这一点缘故,那库书年中进项不下二十万两银

---

① (清)李宝嘉:《官场现形记》,人民文学出版社,2020,第434~435页。

子了。再上几年，怕王公还赛他不住。"①

海关内部为应付上层官员和朝廷检查，做假账现象非常普遍，"假册的就拿来虚报皇上"，掌管造册登记等事务的吏员库书，也"年中进项不下二十万两银子"，虽有夸大成分，但库书的权柄足可得见。

晚清海关对内营私舞弊，对外则横征暴敛。小说《二十年目睹之怪现状》写道，协助海关检查的兵丁公开勒索乘客："又等了一大会，扦子手又进来了……众人上岸要走，却被两个官喝住。便有兵丁过来，每人检搜了一遍。我皮包里有三四元银，那检搜的兵丁，便拿了两元，往自己袋里一放，方放我走了。"② 其行径如同强盗。

第三，小说反映出海上走私现象。

经海关进行的海上走私在晚清涉海小说中得以反映。《二十年目睹之怪现状》第十回写道："原来外面扦子手查着了一船私货，争着来报，当下述农就出去察验。"③ 即揭露这一现象。海上走私不仅涉及一般违禁物品，有时还涉及军火走私。《孽海花》第二十九回描述："一仙道：'……听说那船上被税关搜出无数洋枪子药，公司里大班，都因此要上公堂哩！不过听说运军火的人，一个也没扣捉得，都在逃了。这军火是贵会的么？'……摩尔肯道：'税关因那日军火的事情，盘查得很紧，倒要小心。'"④ 除了军火之外，在晚清时期，数量庞大的鸦片也通过海上走私途径运输到中国，这在晚清涉海小说中都体现。

二 海军题材

海军题材也是晚清涉海小说与以往相比出现的新题材。晚清时期，

---

① （清）李小配：《廿载繁华梦》第二回，团结出版社，2017，第14页。
② （清）吴趼人：《二十年目睹之怪现状》第五十八回，人民文学出版社，2020，第538～539页。
③ （清）吴趼人：《二十年目睹之怪现状》第十回，人民文学出版社，2020，第80页。
④ （清）曾朴：《孽海花》第二十九回，人民文学出版社，2020，第453页。

战争的中心和范围由过去的陆地转移到海上,从鸦片战争到甲午海战无不如此,这充分表明建立强大的海军是取得战争胜利的关键。而晚清政府所创建的海军在英、法、日等国家的军队面前不堪一击,所以晚清文人在小说创作中表达了对增强海军军备的深切渴望。陆士谔在其小说《新中国》中,对建立强大的海军充满期待与幻想。小说第二回写道:

> 我问:"吾国海军,几时成立的?共有几许兵舰?那兵舰都向那一国定造的?训练海军,可有洋将帮同办理?"女士道:"你这旧人,碰碰就要说出旧话来。向外国定购兵舰,请外人训练海军,都是光绪年间李文忠所行故事。这会子怎么还会有!……如今是科学昌明、人才极盛,无论陆军、海军,电机制造各学,懂的人很多。所以,这一回兵舰都是自家制造的。听得海军人员说,兵舰一定要自己设厂制造的。比不得商船,可以随随便便,不拘那一国厂里都可以制造,只要是只船是了。"①

在《新中国》所构建的世界中,中国海军强大的梦想得以实现,新的国家科学昌明、人才极盛,兵舰是本国所造,人才是本国所培养,再也不用仰仗洋人。中国海军兵舰数量多,威力大,军力为"全地球第一"。② 这是晚清文人的幻想,更是他们的理想。

碧荷馆主人撰于1908年的小说《新纪元》同样对增强军备充满憧憬。小说家幻想在1999年,黄之盛元帅统率的中国海军利用各种先进武器在苏伊士河大败欧洲海军。另有范腾霄所撰以航海为主题的小说《航海奇谭》,在宣统元年(1909)六月至十二月刊载于《海军》第一期和第二期。《海军》为季刊,创刊于1909年6月,由留日海军

---

① (清)陆士谔:《新中国》,载黄霖校注《世博梦幻三部曲》,东方出版中心,2010,第307~308页。

② (清)陆士谔:《新中国》,载黄霖校注《世博梦幻三部曲》,东方出版中心,2010,第309页。

学生所组织的海军编译社编辑发行，该社"以讨论振兴海军方法、普及国民海上知识为宗旨"。

显然，陆士谔创作的小说《新中国》、碧荷馆主人创作的小说《新纪元》以及留日海军学生创刊的《海军》季刊，均明确地体现出晚清时人希望民族振兴的迫切心理。

此外，翻译小说中也有不少作品言及海军，反映出晚清时期全球范围内不同国家对海洋和海军的重视。日本少栗风叶著、商务印书馆编译所译述的小说《鬼士官》由上海商务印书馆于光绪三十三年（1907）出版，小说叙日本海军事。日本押川春浪撰、徐念慈译述的小说《新舞台》，其第一节为"海底战艇"，第十二节为"日本雄飞之时机"，从章节标题即可看出日本人对海军军备之关注以及对国家雄飞之期望。

三　华工出海题材

早在秦汉时期中国人就开始移居国外，中国的海外华侨史距今已有2000多年，历代文学作品对此较少体现。明清时期的小说创作涉及这一领域，明代小说《三宝太监西洋记通俗演义》吸收《西洋番国志》《瀛涯胜览》《星槎胜览》等著述中的资料，提及海外移民之事。但小说作者对移民这一群体较为忽略，多一语带过，甚至为显示郑和船队之战力强大而着重塑造了一个反面角色——华侨陈祖义。在清代小说《镜花缘》中，华侨现象得到较为客观的反映，或为逃避战乱（廉景枫一家），或为躲避时祸（尹元、薛蘅香等人）而移居海外的华侨，他们在异国的生活状态和对当地社会所做出的贡献等，都在小说中得到刻画。但总体看来，在鸦片战争之前，描写华侨、华工生活的文学作品，尤其小说作品数量很少。

到了晚清，随着前往海外谋生的华工数量急剧增加，描写华工生活的小说作品也越来越多。此类作品是传统海洋叙事中"海外异域"

题材的延续。伴随晚清社会的巨大变革，相较于前代同类题材小说，这些小说包含了更多写实成分。《振华五日大事记》所刊侠义小说《侠报》后半部分，即讲述了香山人黄信朋与民女阿纤等人避往南洋，死里逃生的经历，小说偏向写实风格。另有《黄金世界》、《劫余灰》、《宦海潮》、《华侨泪》、《侨恨》、《檀香山华人受虐记》、《南非华工受虐记》（翻译小说）等小说，均从不同方面反映了华工、华侨的真实生活，揭示出华工在海外的悲惨遭遇。

小说《苦社会》描写了在美华工和华商的悲惨遭遇，漱石生在《〈苦社会〉序》中指出：

> 小说之作，不难于详叙事实，难于感发人心；不难于感发人心，难于使感发之人读其书不啻身历其境，亲见夫抑郁不平之气，流离无告之人，而为之掩卷长思，废书浩叹者也，是则此《苦社会》一书可以传矣。夫是书作于旅美华工，以旅美之人，述旅美之事，固宜情真语切，纸上跃然，非凭空结撰者比……自二十回以后，几于有字皆泪，有泪皆血，令人不忍卒读，而又不可不读。良以稍有血气，皆爱同胞，今同胞为贫所累，谋食重洋，即使宾至如归，已有家室仳离之慨，况复惨苦万状，禁虐百端，思归则游子无从，欲留则楚囚饮泣。①

小说细致刻画了晚清旅美华工的惨苦之状，可谓当时出海华工真实生活的鲜明写照。此部小说亦试图寻找解救社会的经世救济良方，其探索精神十分可贵。

宣统元年（1909）三月二十一日，上海《华商联合报》第二期载《侨恨》第一回，其篇末云：

---

① （清）漱石生（孙玉声）：《〈苦社会〉序》，载《苦社会》，上海图书集成局，1905，卷首。

> 我因为上海有事,也就回来。回来之后,我的心想起自己在南洋的时候,对他侨居的同胞说要联合做事,替我的国家出力,为自己的国民增光。当时都说是要先立一个联合的机关,最好是在上海先立个报馆试办试办,每月出几次报纸。这报纸当中的文字,是不要太深,不要太浅,要使文字深的人看见也要看,文字浅的人看见也能看。这报纸当中,尤最好是要做几句小说改良社会。所以我决计要办这个报纸,还要决计做几句小说……将要做的时光,又想起在南洋的时候,有这许多恨处,这许多侨居的同胞,是更加恨到了不得了。我就便想把这侨居的同胞所存的苦心,所说的闲话,代为传述传述,发挥发挥,并且把我自己先来现身说法,随手把这小说起名叫做《侨恨》。[①]

办报者以其亲身经历,讲述创作《侨恨》的原因在于要将侨民所受之苦代为传述,以激励国民奋发之心,替国家出力,为国民增光。所以他将小说取名为《侨恨》,表达出海华侨所遭受的欺凌和华侨之恨。

四 与海洋相关的幻想题材

晚清涉海小说创作中幻想题材涉及面很广,前文谈到的小说《新中国》即有关于中国拥有强大海军的幻想,这属于军事方面的幻想。除此之外,涉海小说中还有关于政治、社会、教育、语言、科学等多方面的幻想。

首先,将海洋当作政治讽喻载体,对政治和文明社会进行幻想。陈天华所撰《狮子吼》描写浙江沿海的舟山岛上,有座村庄名为民权村,村里建有学校、医院、议事厅、警察局等,居民自由、平等,村庄俨然世外桃源。《狮子吼》将海洋当作社会和政治讽喻的载体,创

[①] (清)失情、凝血合述《侨恨(续第一期)》,《华商联合报》第2期,1909年。

建了一个海上理想国,反映出晚清文人的政治抱负,以及他们对文明社会和国家的憧憬。

吴趼人创作的《新石头记》第二十二回《贾宝玉初入文明境　老少年演说再造天》至第二十六回《闲挑灯主宾谈政体　驾猎车人类战飞禽》,将世界上的政体分为专制、立宪和共和,描绘了他理想中的社会——文明境界,倡导"文明专制",强调普及德育,认为"文明专制,有百利没有一害"。①《黄金世界》作者则在小说中虚构出一个海外孤岛,以寄托其社会理想。《新中国》描述,在立宪四十年之后,中国一跃成为世界最强国。这些体现出作者的政治理想和鲜明的时代心理。

其次,幻想汉语流布海外,成为全球范围内势力最大的语言。《新中国》第四回《催醒术睡狮破浓梦　医心药病国起沉疴》写道:

> 我问:"外国学生,怎样听讲的?他们素不懂吾国语言文字的呢!"监督道:"现在,全世界文字,势力最大的就是吾国的汉文。无论英、法、德、奥、俄、美、日本,有学问人,没一个不通汉文汉语的。所以,汉文汉语,差不多竟成了世界的公文公语。全球万国,没一处不通行吾国的书籍,行销到欧美两洲,每年总有到二千万部光景。你想,还有甚听讲不明之理?"②

晚清时期出国留学生越来越多,他们可以接触到海外国家的语言、思想、文化与科技。在这一背景下,小说作者幻想若干年后随着中国的强大,外国学生也能到中国留学,使用中国的语言和文字,阅读中国的书籍,汉文汉语能成为全世界通用的"公文公语"。小说作者陆士谔期盼中国强大之情溢于言表。

---

① (清)吴沃尧:《新石头记》,载黄霖校注《世博梦幻三部曲》,东方出版中心,2010,第196~219页。
② (清)陆士谔:《新中国》,载黄霖校注《世博梦幻三部曲》,东方出版中心,2010,第320页。

第六章　晚清（1840～1911年）涉海小说对传统题材的继承与创新　213

最后，翻译并引进一些与海洋相关的科幻小说。以日本押川春浪撰，金石、褚嘉猷译述的小说《秘密电光艇》为例，此书于光绪三十二年（1906）二月由上海商务印书馆出版，小说讲述日本军人樱木大佐为增强国家实力，侨居海岛，制造出一艘秘密电光战艇。小说体现出日本人对科技与军事的幻想和期望。可见在世界范围内，不同国家都将海洋作为军备战略之关键，对其极为重视。惜晚清时期国力孱弱，海军亦弱，中国沦为众列强欺凌对象。

五　海外留学生题材

兰陵氏在其为翻译小说《累卵东洋》所撰写的跋语中呼吁，"开智之事，功莫大于学校"。[①] 晚清有识之士认识到教育的重要性，但他们所重视的教育并非传统科举之学，而是实学，关注科学知识。这在晚清涉海小说中得以反映。

《淞隐漫录·海外壮游》写道："钱思衍，字仲绪……少读书有大志，师授以时文，弃置一旁，初不欲观。谓人曰：'此帖括章句之学，殊不足法。'"[②] 义侠小说《侠女奇男》开头也描述，湖北人宗国昌少年遭家变，靠叔父支持得以从师肄业。"是时朝廷方议行策论试士，末造科举，尚未停止……（塾）师劝之应试。国昌曰：'末造功名，有何希罕？况所贵读书云者，为其能学贯中西，博通经史，裕将来有用之实学，为国家卓达之材耳。况丁今日之世界，环球斗智，岂惟是揣摩三五篇陈腐策论，而举人、而进士，幸为宗族交游光宠而已哉？学生不患功名不成，而患所以致功名之学问，不可以对人也。'"[③]

这些都表明，当时的有识见者不再对科举有更多关注，而是着眼于"实学"、关心科学、留意于"环球斗智"。很多人漂洋过海到西方

---

① 〔日〕大桥乙羽：《累卵东洋》，忧亚子翻译，爱善社印刷，1901，第78页。
② （清）王韬：《淞隐漫录》卷八，人民文学出版社，1983，第355页。
③ （清）伯耀：《义侠小说：侠女奇男》，《中外小说林》第9期，1907年。

留学，由此出现不少以海外留学生为题材的小说，此类作品也是传统海洋叙事中"海外异域"题材的延续。

杞忧子所撰《苦学生》描述早期留美学生经历的艰难生活。光绪三十三年（1907）泽新书社刊行《海外奇缘》，小说讲述了留学生华昌与岳素贞的恋情。光绪三十四年，上海改良小说社出版的小说《女学生》刻画了赴美留学生黄慧贞的遭遇。以上小说均以早期海外留学生为描写对象，这是以往海外世界、海外异域题材的小说中所未有，也是晚清小说随着时代的变化而在题材上的创新与开拓。

六 与海洋和海外世界相关的冒险题材

晚清涉海小说中出现冒险题材，在一定程度上是因受到海外异质文化影响。光绪三十三年六月，上海商务印书馆出版《世界一周》，小说第一回回首云："译者道：我们中国人，别的好处却甚多，若论起冒险精神一层，却较西人差远了。第一是怕死，第二是无远志。有了此两种痼疾，所以数千年来所有大脚色，也只能在自己国度圈套中跳跳舞舞，却不能长枪大戟，到海外穷荒之地，撑起一番大事业来。我难道说西人不怕死么？不过他爱国、爱名誉的思想，比爱身命的思想更重些，倒把身命看轻了。"① 明确批判了中国人的懦弱与狭隘，并高度赞扬西方人的进取、冒险精神。

晚清时期，无论是国人自撰还是翻译小说，都出现较多与海洋或海外世界相关的冒险题材作品。《中外小说林》所载《片帆影》标"冒险小说"，小说开头写道："哥仑航海，始获美洲，遂成今日之繁华新世界。足迹遍寰宇，眼界空古今。故西人富有一种冒险的性质，海外奇观，必有足多者焉。吾语吾同胞，为述《片帆影》。"② 表现出

---

① 〔日〕渡边氏原：《世界一周》，商务印书馆编译所译述，商务印书馆，1907，第1页。
② （清）伯：《冒险小说：片帆影》，《中外小说林》第8期，1908年。

作者希望国人能通过阅读这些冒险小说来开眼看世界，进而培养更多的进取精神。光绪二十九年（1903）农历十月，英国马斯他孟立特原撰、徐念慈所译小说《海外天》由常熟海虞图书馆出版，此书也标注为"冒险小说"。此外，《北冰洋冒险得新地记》、《支那哥伦波》（原名《狮子血》）、《无人岛》、《绝岛英雄》、《世界一周》、《美人岛》、《朽木舟》、《海上健儿》、《航海少年》等均标注为"冒险小说"，这些小说中翻译小说占大部分。

冒险精神是海洋文化的一种重要体现。海洋风波叵测，出海者需时时与风浪抗争，所以冒险小说常与海洋密切相关，海洋环境也更能激发人类的冒险精神。小说《航海少年》第九章写道："利德船行烈风暴雨中，咫尺外莫能辨，风声浪声，夹杂怒吼，吾辈当此，死生悉置度外，惟力向前途，与风浪力争。"[①] 如此注重细节的出海描写，在中国传统小说中是罕见的。此类小说在晚清时期较多出现，无论是原创作品还是经译者选择、引进的作品，都不同程度地体现出国人的忧患意识，这也是海洋文化影响晚清小说的表现之一。

小　结

本章首先从海洋景色、海洋生物和人类的海洋活动、航海工具、海洋建筑，以及海战、涉海小说中的婚恋、海外贸易、与海洋相关的女性题材等方面，分析了晚清涉海小说对传统题材的继承与发展。显然，在承继传统涉海小说题材类型的前提下，晚清小说融入了更多时代特色，同时展现出受到海洋文化影响的明显痕迹。在此基础上，又从海关、海军、华工出海、与海洋相关的幻想、与海洋和海外世界相

---

① 〔日〕樱井彦一郎：《航海少年》，《说部丛书》初集第七十五编，商务印书馆，1914，第42页。

关的冒险等方面，就晚清涉海小说题材的开拓和创新加以剖析。除这些题材之外，还有一些题材如殖民、与海洋相关的侦探故事等，均为晚清之前所未有，或与以往传统题材迥然不同。由此可以看出，晚清涉海小说既有对传统题材的继承与发展，又受到晚清时期海洋文化的影响，实现了题材上的开拓与创新。这正是晚清中国被西方列强打开国门后，社会现实、政治环境、思想文化、生活环境等发生的巨大变化在小说中的反映，也是海洋文化对晚清小说广泛影响的重要表现。

第七章　海洋文化对晚清（1840～1911年）小说思想与艺术的影响

晚清时期，海洋文化不仅广泛影响小说题材，而且对小说的思想和艺术等方面也有举足轻重的影响。本章分两部分对此进行阐述。

第一节　海洋文化对晚清小说思想的影响

晚清时期，古今中外各种思想交融、碰撞于同一时空，既有传统的儒家思想，也有来自海外尤其是来自西方国家的思想和文化，这在同时期的涉海小说创作中得到明显的体现。

一　中国传统思想，特别是儒家思想在晚清涉海小说创作中得以延续

对传统小说劝诫思想的继承，在晚清较早时期的涉海小说中颇为明显。小说家多坚持传统小说观，希望能以小说创作教化世人。

创作于道光前期的小说《咫闻录》自序云："志怪之作，始于《山海经》，后世仿之不下数百种，或借此以抒情怀，或搜罗以博闻见，或彰阐以警冥顽，莫不有深意存焉，非徒以醒睡眼、供谈笑而已，然总不出古人范围。予资鲁笔钝，未尝学问，虽博闻强识，月亡所能，而又不求甚解；惟闻怪异之事，凡可作人镜鉴，自堪励策者，辄记之

而不忘,盖由性之相近而然也。"① 慵讷居士在序言中强调劝诫思想,希望以小说创作"作人镜鉴,自堪励策"。光绪元年(1875)申报馆刊行的《遁窟谰言》自序延续了这种思想的表达,序言云:"而所以不遭摈斥者,亦缘旨寓劝惩,意关风化,以善恶为褒贬,以贞淫为黜陟,俾愚顽易于观感,妇稚得以奋兴,则南董之椠铅,何异道人之木铎?斯编所寄,亦犹是耳。"② 又,光绪三年印行的小说《夜雨秋灯录·小王子》讲述江左徐君懂得医术,以开设药肆为业,曾救活过一名乞丐。后来他出海时漂泊到朝鲜所辖的一座岛屿,遇到了小王子,小王子即之前徐君所救乞丐。为了报恩,小王子送给徐君满仓豆,"徐货豆得十余万金"。③ 小说赞扬了行善和报恩的行为。可见当时的小说创作与传统小说类似,以劝诫为主。如陈大康所言:"在近代前期,人们对小说的见解承袭以往,即虽出之游戏之笔,却应足资劝惩。"④

随着社会的变革,传统思想在晚清涉海小说中得以延续的同时,亦折射出时代气息。小说《说倭传》即围绕晚清时事甲午中日战争展开,其第六回将逃离平壤战场的叶志超与海战英雄邓世昌相对比,叶志超"伸报朝廷,假传芽山大捷,连日逃出韩邦,走往别国",而邓世昌"谅众寡不敌,恐失手被擒,乃下令即鼓轮将船与倭船相撞。俄而致远与倭船俱皆沉没,邓管带见船将沉,便跳入江中尽节"。⑤ 两两对比,烘托出对邓世昌英勇抗敌、赤胆忠魂的赞颂。同时,此部小说也反映了中日海战的惨烈。光绪三十三年,东方活版部刊行的小说《罂粟花》歌颂了林则徐、邓廷桢、关天培等人的报国行为,并表彰

---

① (清) 慵讷居士:《〈咫闻录〉自序》,载《咫闻录》,重庆出版社,2005,卷首。
② (清) 王韬:《〈遁窟谰言〉自序二》,载《遁窟谰言》,河北人民出版社,1991,卷首。
③ (清) 宣鼎:《夜雨秋灯录》,上海古籍出版社,1987,第881页。
④ 陈大康:《中国近代小说史论》,人民文学出版社,2018,第13页。
⑤ (清) 洪秀全:《说倭传》,中国国际广播出版社,2012,第15~17页。

三元里人民勇敢抗英的壮举。《罂粟花》是一部反映鸦片战争的小说，在歌颂小说人物忠、义、勇的同时，全方位摹写了西方霸权主义欺凌下的晚清中国。

另有轩胄所撰小说《侠报》讲述南洋华工黄信朋"游侠好义"的行为，故事结尾写道："又数年，李客死，遗资数十万，悉归生。闻某令已去任，捆载扶榇归。乡人荣之。时已二子一女，皆阿纤所产。后数年，二子成立，人皆以侠义之报云。"[1]小说赞扬并肯定了黄信朋的侠义品格及其得到的回报。黄信朋的出海华工身份，令小说中的传统侠义题材透射出晚清特有的时代气息。

在海外谋生的华商或华工，多恪守中国传统思想尤其是传统的儒家思想，这在晚清涉海小说中得到体现。载于《农工商报》光绪三十三年第13期的报刊小说《信义商家朱紫弃小传》，讲述海商朱紫弃到新加坡经商时为番客代寄汇款，回程途中船舶遇雾触礁，朱紫弃携带的七百元汇款全部丢失，他"当日将历年积埋的银两，拈来赔偿尚且不够，直把田地卖完，房屋押借，方一一照信交妥，重回星嘉坡（新加坡）"。[2]小说强调传统的儒家信义思想，并以"信义"作为小说标题。在故事结尾，小说作者发表议论：

> 可见"信"字就係发财的本钱咯。试使他昧了良心，收了庄口三百汇款，不回新嘉坡，点有这个日子呢？故此为商的资本，唔係单靠银钱为资本，"信"一个字，亦是资本……喂，朋友，唔怕冇本钱，至怕冇"信"呀，学吓个老朱喇。[3]

这段文字用粤方言写成，体现出临海地区的地域性特征。作者对

---

[1] （清）轩胄：《侠义小说：侠报》，《振华五日大事记》第7期，1907年。
[2] （清）文屏：《信义商家朱紫弃小传》，《农工商报》第13期，1907年。
[3] （清）文屏：《信义商家朱紫弃小传》，《农工商报》第13期，1907年。

朱紫弃重"信"、重然诺的行为大为称赞,认为这不仅是经商的根本,更是做人的根本。

可以看出,这些小说中的忠、信、侠、义以及行善、报恩主题,是中国传统文化在晚清涉海小说中的映射。

二 涉海小说蕴含的思想具有晚清时期鲜明的时代特色

梁启超在其《中国唯一之文学报(新小说)》中云:"借小说家言,以发起国民政治思想,激厉其爱国精神。"[①]他强调通过小说宣扬国民政治思想,激励民众的爱国精神。晚清涉海小说中有很多作品充满寓意,如《蜃楼外史》乃"借明事,援古证今,实是清末现实社会的写照。书中对严嵩、赵文华依靠赠送金银换得岛寇暂退的描写,正是对晚清屈辱求和,割地赔款以使列强退兵的批判"[②]。这些小说言此而喻彼,其中蕴含的思想体现出鲜明的时代特色。

第一,以海舟或海洋生物作比,讽刺晚清政府之腐败无能。

寓言小说《浮海奇谈》创作于1910年,时值辛亥革命前夕,晚清政府大厦将倾。在这最后时刻,小说以海舟喻晚清,反映出当时的社会现状和民众心理:

> 蒙蒙天日,漫漫汪洋。箕伯怒号,鱼龙失穴。猛声撼地,骇浪腾空。地裂山崩,电飞云卷。
>
> 中有朽舟,困于漩涡。倏下倏高,忽来忽往。残舵羸桨,半付东流。浪巨风高,船几没水。吁!——险!险!险!
>
> 船上器件,或为波卷,或被风吹,七毁八崩,势将沉灭。掌舵者,手桨者,酣酣仰睡,佯若不闻。搭客大惊,互相筹策,互

[①] (清)梁启超:《中国唯一之文学报(新小说)》,《新民丛报》1902年8月18日第14号。
[②] 萧相恺:《蜃楼外史》条,载刘世德主编《中国古代小说百科全书》(修订本),中国大百科全书出版社,1998,第463页。

第七章　海洋文化对晚清（1840~1911年）小说思想与艺术的影响　221

相劝勉。群起，醒之。奈舟子不觉，尽法呼之，推之。始转侧半醒，反怒众客无礼。怒毕，仍复睡下，鼾声雷鸣，与风浪之声相应。吁——险！险！险！

……

忽有大轮，乘风破浪，万苦千艰，向朽舟而来。既至，众客纷纷过船。夷衣革履，英气勃然。噫！海盗劫船欤？抑同文同种者，代司桨舵欤？曰："非也。此留学外洋，功成回国，修驾朽舟之伟人、之志士也。"嘻！朽舟其可免覆乎？其仍有一息生气乎？喜！喜！喜！①

作者将晚清政府和晚清社会比喻为困于波涛汹涌的大海中的一条朽舟，充满惊险，危机四伏，即将倾覆。作者希望留学外洋、功成回国的伟人和志士来修理朽舟，蕴含着对有能力之人士协力拯救社会的期待。

小说《时谐新集·水族世界》写道：

自轮舶通商以来，往来海面，鼓动海水，波涛益多。龙王不安于宫，欲遣使臣与外国人商量设法，使水族宁静。遂登殿问诸臣，谁能任交涉之事者。乌龟乃学毛遂之自荐。龙王大喜，即敕令前往。乌龟衔命而去。在路上遇见一轮船，龟欲登船致意，苦于无路可上，乃环舟觅路。正徘徊间，忽船后放出热气，不偏不倚，正射着乌龟。龟大惊，遁回。龙王问交涉事如何，龟顿首曰："臣今实无此才干，请别遣能员去办罢。"龙王又问何故回来。龟细奏前事。龙王大怒曰："亏你起先还挺身自荐，说是能办交涉，怎么外国人放了一个屁，你便吓的跑回来。"②

① （清）百钢少年：《浮海奇谈》，《南越报附张》1910年10月14日。
② （清）郑贯公编《时谐新集》，中华印务有限公司，1904，第91页。

此小说篇幅不长，却有深刻寓意。作者采取比喻和拟人的手法，将清廷外交官比作海洋中的乌龟，嘲讽其见识短浅、懦弱胆小之丑态。在晚清政府外交屡屡受辱，与列强签订一系列丧权辱国条约的背景下，这一比喻生动贴切，令人深省。

第二，借历史上与海洋相关的重要事件，宣扬汉民族意识，体现出较强的思想性与政治性。此类小说主要集中于三大事件，一是蒙古军队于崖门灭南宋之事，二是郑和下西洋，三是郑成功收复台湾事。小说作者多借这三件与海洋相关的历史事件，表达忧国忧民思想和民族意识。关于这一点，将在本章第二节探讨晚清涉海小说艺术时详细分析。

综上所述，晚清涉海小说的思想性至少体现于两个方面，一是借助海舟或海洋生物的本义作比，以表达对清政府屡弱无能的不满；二是反映民众面对海外列强入侵中国时的反抗精神，例如在《海外扶余》等作品中，郑成功攻取被荷兰殖民者窃居的台湾，以民族英雄的形象彪炳史册。要而言之，小说家感于晚清中国遭受海外列强的欺凌与蹂躏，在民族危亡之际，将目光投向海洋，言此而喻彼，以激励民众的爱国精神，反映出作者强烈的忧患意识。

第二节　海洋文化对晚清小说艺术的影响

海洋文化在晚清时期大规模地融入小说作品之中，给晚清小说艺术带来什么样的变化？这些小说与中国传统小说创作差异何在？目前，学界对此论题的探究尚属零玑散珠，涉及文本亦较为有限。[①] 有鉴于

---

① 相关研究成果主要有：倪浓水：《王韬涉海小说的叙事特征》，《蒲松龄研究》2009 年第 1 期；程洁：《明清文本中的海洋文化与近代知识者的现代意识建构》，《河南大学学报》（社会科学版）2016 年第 7 期；马平平、顾明栋：《清代小说中的海洋书写》，《安徽大学学报》（哲学社会科学版）2020 年第 5 期。

第七章　海洋文化对晚清（1840~1911年）小说思想与艺术的影响　223

此，本节在文献统计的基础上，从命名与寓意、体现海洋文化和时代心理的时空设置、海岛（异域）奇遇式情节模式的晚清书写、由想象和虚幻到注重写实的叙事笔法等四个方面，对晚清涉海小说的艺术进行探讨。

一　命名与寓意

命名是小说创作的重要组成部分，也是小说艺术形式的具体体现。就笔者所统计的晚清涉海小说作品而言，其篇名或书名、人物命名、地名均具有海洋文化影响的印记，体现出晚清时代特色。概而言之，主要表现在以下几个方面。

（一）晚清小说篇名（或书名）中的"海""岛""新"及其寓意

晚清涉海小说的篇名或书名常以"海""岛"等为名，包括文人自撰小说和翻译小说。文人自撰小说无疑与晚清社会有着直接关联，而翻译小说也从侧面反映出时人的阅读期待和倾向。在晚清文人自撰的81篇（部）涉海小说中，以"海"命名的作品有21篇（部），即：《埋忧集》卷二《海鳅》、卷六《海大鱼》，《遁窟谰言》卷十一《海岛》，《淞隐漫录》卷四《海外美人》、卷八《海底奇境》，以及《海外壮游》、《孽海花》、《日本海之幽舟》、《冰山雪海》、《海外扶余》、《海外萍因》、《海上魂》、《海镜光》、《海外奇缘》、《宦海潮》、《水晶宫》（原名《茫茫大海》）、《航海奇谭》、《海怪幽船》、《海底奇谈》、《浮海奇谈》、《粤中之海盗》，占比约为26%。

与之相应，晚清涉海翻译小说中也有不少以"海"嵌入书名或篇名的作品，诸如《海底旅行》、《海外天》、《航海述奇》、《海岛奇谭》、《秘密海岛》、《海外轩渠录》、《暴堪海舰之沉没》、《海底漫游记》（又名《投海记》）、《海天奇遇》、《情海魔》、《航海少年》、《海底沉珠》、《海上健儿》、《海上神童》、《女海贼》和《海底仇》等。

以"岛"命名的晚清文人自撰涉海小说篇目如下：《遁窟谰言》

卷四《翠驼岛》、卷十一《海岛》、卷十二《岛俗》,《夜雨秋灯录》卷四《北极毗耶岛》,《淞隐漫录》卷一《仙人岛》,《淞滨琐话》卷十《因循岛》,共6篇,占比约为7%。

以"岛"嵌入书名或篇名的晚清涉海翻译小说有《海底旅行》《海岛奇谭》《秘密海岛》《无人岛》《绝岛英雄》《女人岛》《美人岛》《孤岛英雄记》《荒岛孤童记》等作品。

以上小说将"海""岛"等与海洋密切相关的字眼嵌入小说名之中,可以清晰地看出海洋文化对小说命名的直接影响。

这些篇名或书名多有寓意,体现出较强的现实精神。以小说《因循岛》为例,因循岛乃海洋深处自成小世界的岛屿,除懦弱的岛主外,其余各级官员均为专爱食人脂膏的豺狼,且为外来者。"三年前不知何故,忽来狼怪数百群,分占各处,大者为省吏,次者为郡守、为邑宰,所用幕客差役,大半狼类。始到时,尚现人身,衣冠亦皆威肃。未数月,渐露本相,专爱食人脂膏",太守府署前门还标有"清政府"。[①] 作者以此揭露晚清政府的懦弱无能,政要部门已被异种所占据、瓜分,虎狼当道,鱼肉百姓。因循岛,顾名思义,乃"因循守旧"之缩写,以此作为小说篇名,意在讽刺清政府的因循守旧、国力孱弱。

还有数部涉海小说以"新"命名,晚清至少有4部这样的小说,即《新石头记》《新镜花缘》《新纪元》《新中国》。《新石头记》《新镜花缘》体现了小说续书的一种命名方式。以"新"命名的一些小说,诸如《新三国志》《新水浒》《新西游》《新金瓶梅》《新孽海花》《新中国未来记》《新七侠五义》《新儿女英雄传》等,阿英在《晚清小说史》中将其称为"拟旧小说"。他指出:"晚清又流行着所谓'拟

---

① (清)王韬撰,刘文忠校点《淞滨琐话》卷十,第275页,齐鲁书社,1986。

旧小说'，产量特别的多，大都是袭用旧的书名与人物名，而写新的事。"① 因此学者亦称这类小说为"翻新小说"。②"拟旧小说"袭用旧书名书写新的事物和故事，表达作者对衰朽晚清的嘲讽和抨击。例如萧然郁生的《新镜花缘》是仿《镜花缘》续写的故事，在《月月小说》共刊载十二回。内容述及唐敖之子小峰随舅父林之洋出海，途中遭遇风暴漂至维新国，此国之人皆讲洋文，所用物品皆仿洋人之物。另外以"新"命名的小说《新纪元》和《新中国》等，也折射出当时民众期盼改变现状、渴求新变、对未来充满憧憬的心理。

海洋的广阔与包容，及其远离尘世的距离感，令处在动荡社会的晚清时人对其既有向往，又有隐然畏惧。"海"与"岛"成为极具象征意味的文学意象，在晚清小说中或为政治与社会的讽喻载体，或为一独立小世界，成为人们想象中能够逃避世俗、发生奇遇之处。小说以"海""岛""新"命名，折射出晚清时人渴求远离现实社会、期盼变革的心理，也寄托了文人的理想与希望。

（二）晚清涉海小说中的人物命名及其寓意

晚清涉海小说描写了各色人物，其姓名也五花八门。对此进行考察可以发现，有些小说通过人物命名刻画其性格、形象，例如，《蜃楼外史》第二回写道："内中有一个师爷，是严嵩最合意的，姓吴，单名一个图字，外号天良。"③ 作者为奸臣严嵩"最合意的"师爷取名为吴图（号天良），意谓此人无聪明才智，亦"无（吴）天良"，做尽丧尽天良之事。

《新石头记》第二十三回介绍东方先生："先生复姓东方，名强，表字文明。所生三子、一女：长子东方英，次子东方德，三子东方法，

---

① 阿英：《晚清小说史》，人民文学出版社，1980，第176～177页。
② 见欧阳健《晚清小说史》，浙江古籍出版社，1997，第335页。
③ 《绣像蜃楼外史》第二回《众朝臣无意兴师　逞奸雄全无法纪》，光绪二十一年（1895年）上海文海书局石印本。

女名东方美。父子五人，俱有经天纬地之才，定国安邦之志。敝境日就太平繁盛，皆是此父子五人之功。后来这位女公子又招了一位女婿，就是那再造天之后，名叫华自立。他本来是科学世家，东方氏得了这位女婿相助为理，敝境越是日有进步。"① 作者为小说人物所取的姓名传达了其理想，寓意不言自明：在中华五千年文明面前，英、德、法、美等西方列强都是文明古国之子女"晚辈"。

《新中国》第一回刻画了一位科学家，名为金冠欧。此名寓意明显，"金"代表富有，"冠欧"，即领先于欧洲。他"回国后，国家就派他到各处勘看矿苗。勘了一年多，竟被他勘着了三个金矿、八九个铁矿、六七个铜矿、二十多个煤矿，又在广西发现了一个钻石矿、二个银矿。官民合力，逐一开采起来，不到二年，金、银、铜、铁都有了。于是，鼓铸金、银、铜各币，开办国家银行。把民间国债票，全数收回，国用顿时宽裕了"。② 在贫弱落后的晚清，作者通过小说中的人物姓名，表达对国家能够科学致富，摆脱遭受西方诸国欺凌局面的期盼。另外，诸如《新中国》第三回提及的预备立宪公会会长国必强、《片帆影》中东方病夫国某县之富家子黄汉生、《新纪元》中担任总统诸军兵马大元帅的黄之盛等，其人物命名皆体现出作者希冀国家强盛的愿望。

（三）晚清涉海小说中的地名及其寓意

晚清涉海小说中的地名同样反映了小说家的精心构思，体现出鲜明的海洋文化特色和时代气息。《新石头记》第二十一回，作者塑造了理想社会——文明境界，其中有座自由村；陈天华所撰《狮子吼》，描写浙江沿海舟山岛上有座民权村；等等。民权、自由，均为晚清时人所追

---

① （清）吴沃尧：《新石头记》，载黄霖校注《世博梦幻三部曲》，东方出版中心，2010，第 201～202 页。
② （清）陆士谔：《新中国》，载黄霖校注《世博梦幻三部曲》，东方出版中心，2010，第 305 页。

求和向往的理想境界，小说中虚构的文明世界以这些词语命名，体现出作者憧憬能够在海洋之中建立起崭新、自由、注重民权的理想国度。

再如小说《孽海花》，第一回写道："这孽海和奴乐岛，却是接着中国地面，在瀚海之南，黄海之西，青海之东，支那海之北。"显然指晚清中国。故事以"孽海"作为奴乐岛周围的环境，并构建小说中的世界："在地球五大洋之外，哥伦布未辟，麦折伦不到的地方，是一个大大的海。"晚清时期，中国人已明确知道中华并非世界中心，"孽海"以及海中"奴乐岛"这一设定与命名，体现出小说家的世界性眼光和海洋文化视角。奴乐岛虽风光秀美，但百姓缺乏自由，具有崇拜强权、献媚异族的特征。此岛不与别国交通，闭关自守，狭隘而封闭，在面临生存危机时，岛民依旧醉生梦死。[1] "孽海""奴乐岛"等地名，形象地揭露了晚清政府的昏聩无能，同时，作者也痛心于国民于危亡之际的愚痴蒙昧，对国家自由和强盛有着强烈向往。针对其寓意之深远，张中行在《负暄琐语》中评价道："近来新撰小说，风起云涌，无虑千百种，固自不乏佳构。而才情纵逸，寓意深远者，以《孽海花》为巨擘。"[2]

晚清涉海小说中的命名方法，有些如上文所述采取寓意法，也有些采取谐音法。如小说《因循岛》中，作者为河上老猿化成的太守取名"侯冠"，[3] 乃沐猴而冠；《新石头记》中的洋行买办名为"柏耀廉"，谐音为"不要脸"，[4] 皆属谐音法命名。也有一些小说采取衍生法命名，轩辕之胄所撰《海镜光》中，小说人物文生祥之名即如此。此人是"新会人，文天祥之裔也，生有侠骨。偶阅族谱，知乃祖忠于

---

[1] （清）曾朴：《孽海花》第一回《一霎狂潮陆沉奴乐岛　卅年影事托写自由花》，人民文学出版社，2020，第 1~2 页。
[2] 蒋瑞藻：《小说枝谈》，古典文学出版社，1958，第 196 页。
[3] （清）王韬撰，刘文忠校点《淞滨琐话》卷十，齐鲁书社，1986，第 276 页。
[4] （清）吴沃尧：《新石头记》，载黄霖校注《世博梦幻三部曲》，东方出版中心，2010，第 130 页、132 页。

宋，为张弘范所窘毙者，顿怀民族思想，励志苦学"。①"文生祥"乃文天祥后裔，其姓名衍自先辈，其精神也承接于先辈"人生自古谁无死，留取丹心照汗青"之侠骨忠魂。

这些小说的篇名或书名、人物命名、地名等，虽然不少有直露、浅显之嫌，但总体看来，其命名多包含寓意，表达出晚清文人以海洋为依托，对国家和民族命运的关心、对现实的不满以及迫切希望国家富强、民族振兴的心理。海洋的浩渺令人们将其视为世外之境，"道不行，乘桴浮于海"。②自古以来，海洋常被当作远离尘嚣的心灵归宿，可使精神与身体得到庇佑，是理想和希望的寄托之处。晚清文人在其小说中建构海中理想国"自由村""民权村"，体现出海洋文化对小说的影响。

二 体现海洋文化和时代心理的时空设置

海洋与国家、民族的命运息息相关。晚清涉海小说在时空设置上，常借助与海洋密切相关的历史事件以古喻今，在对史实的描述中融入现实内涵。这类小说主要集中于三大历史事件：一是蒙古军队崖山灭宋，二是郑和下西洋，三是郑成功收复台湾。晚清小说家借助这些与海洋相关的事件表达其救亡图存的民族意识。在叙事过程中，不同小说文本的故事时间各有差异，话语时间则均为晚清。围绕历史事件撰写的涉海小说故事空间亦不尽相同，但有其共同点，即均与"海洋"相关。小说借助在海洋空间发生的历史事件来映射晚清社会现实，体现出鲜明的海洋文化色彩。

其一，小说家继承并发扬中国古代小说的写实精神，借助蒙古军队于崖山灭南宋之事，通过小说创作批判现实社会，针砭时弊，寄予

---

① （清）轩辕之胄：《侠情小说：海镜光（再续）》，《振华五日大事记》第10期，1907年。
② 杨伯峻译注《论语译注》，中华书局，2009，第42页。

个人的家国情怀。

在中国古代文学创作中,现实批判精神十分普遍,如清代传奇《桃花扇》即以侯方域、李香君的悲欢离合为主线,传达明遗民的亡国之痛,"借离合之情,写兴亡之感"。[①] 晚清涉海小说在情节设置上,也往往将历史史实与现实社会相结合。据笔者统计,与蒙古军队崖山灭宋题材相关的晚清涉海小说至少有3部,即:崖西六郎撰《崖门余痛》,光绪三十二年(1906)香港《珠江镜》连载;陈墨涛撰《海上魂》四卷十六回,约作于1906年,仅存抄本;轩辕之胄撰《海镜光》,光绪三十三年广州《振华五日大事记》第8至13期、第15期、第17至18期连载。

《崖门余痛》写南宋末水军后裔赵玉之事,"当时宋水军既灭,间有逃生者,冀复大仇,浮舟为家,取鱼为业,即今之蛋家是也"。[②] 小说写道,赵玉和家人、同乡以蒙古崖门灭宋事相互警示、激励,高举复国旗帜:

> 一日,(赵)安悉集乡人于宋祖祠中,乃请陈(生)登台演说,求讲宋亡以后之事。陈逐一备述,纤悉无遗。乡人闻之,无不感泣,均愿弃此乐土,以复国仇。陈曰:"吾请先返崖门,练就水军,及飞拟天下,俟四处响应,俟有机可乘,然后请诸君出而助力,可乎?"众赞成,因共出所藏约数百金,助为军需。陈与女即日辞行而归,传知乡人。女亦传知榜人,共约于七月五日,齐集于锁江石山上。陈乃捧镜之于锁江石上,指昔日陈白沙所题之字,备陈亡国之苦,及今欲复仇之意,慷慨泣下,悲不成声。(赵)玉继之而谈,听者数百人,皆愿效力。陈乃即日祭旗举事,

---

[①] (清)孔尚任:《桃花扇》第一出《先声》,人民文学出版社,1959,第1页。
[②] (清)崖西六郎:《崖门余痛》,载梁冬丽、刘晓宁整理《近代岭南报刊短篇小说初集》,凤凰出版社,2019,第261页。

拟檄布告同胞。①

崖门即厓山，亦称厓门山，地处广东新会县南大海，形势险要，南宋末张世杰曾奉帝昺扼守于此。兵败后陆秀夫身负幼帝蹈海而死，从此宋朝灭亡。《崖门余痛》将宋水军后裔赵玉与书生陈生的恋情置于晚清民族危难、国家危亡的空间下进行渲染，将厓山灭宋这一历史事件和晚清社会现实有机地融合，南宋皇室的慨然赴死与清廷的懦弱退让形成鲜明对比。男女主角以南宋灭国之恨勉励自身，心怀复国之志，二人情感的发生与发展过程均与此密切相关，有力地传达出作者的民族意识。《海镜光》模拟《崖门余痛》的痕迹较为明显，描写地点（崖门）、主要人物（女性）、民族意识等都与后者相似。小说将文天祥后裔文生祥与南宋末水军后裔赵玉的恋情故事放置于晚清民族矛盾的大背景下，昭示厓山海战所代表的民族精神后继有人，具有特殊的政治内涵。②

晚清涉海小说中，有些作品虽未以南宋灭亡为主要情节，但也涉及此事。如小说《闵玉叔》叙闵玉叔航海时至一岛，遇到南宋末年之人；③《消夏湾》写道，南昌人嵇仲仙海中遭遇风暴漂至一岛，见西山隐士向其言及"崖山之役"。④ 这些小说对南宋末年人和崖州之难的提及，均反映了作者的民族情怀。

其二，小说作家通过书写郑和下西洋这一事件，怀念明帝国之威，宣扬中华民族之强盛，感叹晚清时势。

晚清彭鹤龄所撰小说《三保太监下西洋》，由广州谢恩里觉群小说社于1910年发行。该书不同于明代小说《三宝太监西洋记通俗演义》充满神魔色彩，而是着重于向读者演说历史上这一重要航海事

---

① （清）崖西六郎：《崖门余痛》，载梁冬丽、刘晓宁整理《近代岭南报刊短篇小说初集》，凤凰出版社，2019，第266~267页。
② （清）轩辕之胄：《侠情小说：海镜光（续）》，《振华五日大事记》第9期，1907年。
③ （清）王韬：《淞隐漫录》卷三，人民文学出版社，1983，第114页。
④ （清）王韬：《淞隐漫录》卷十一，人民文学出版社，1983，第568页。

件，强调"郑和记忆"，怀古讽今，表达出强烈的时代心理和民族心理。小说第六回《溜山俨蓬莱弱水　勃泥是世外仙乡》结尾云："郑和复极道中朝威德，（渤泥国）王额手敬听。"① 第七回《泥金封榜葛　天兵讨锡兰》结尾云："先是，锡兰王亚烈若奈儿，锁里人也，恃其强悍，绝我使途……全国见了告示，知天朝讨罪，甘心服从。众大臣乃举耶巴乃那承统。郑和以大明皇帝命，册为锡兰国王，于是全国畏而爱之矣。"② 第十回《十万罗汉留灵骨　三保太监还帝京》云：

> （郑和）曰："……各国对于中朝，多慑服威灵，遣使相随入贡，现已在会同馆候命也。惟苏门答剌篡逆无道，锡兰绝我使命，奴婢已仗天威致讨，缚来献捷矣！"……是月望日，永乐亲御奉天门，接见各国使臣，并受俘献，爵有差；诏赦锡兰王回国，自后不得干预政事，其苏门答剌反王，戮之东市，以正反逆之罪，于是各国公使皆畏而服之矣。③

这些内容均极力渲染了明朝的大国风范及其对他国的威慑力，"诚足为我国生色"。可见，在小说的故事时空设置上，作者将明永乐年间与晚清时空相映照，借助郑和下西洋这一航海盛事，表达希望国家强盛、不再被列强侵略的时代心理。

其三，小说家借助郑成功成功驱逐荷兰殖民者、收复台湾的英勇事迹，宣扬民族精神，表达振兴国家的愿望与决心。

光绪三十二年，小说《海外扶余》作者陈墨峰在卷首自序中呼吁：

> 同胞，同胞！其亦知十七世纪之上半，东亚大陆之上有顶天

---

① （清）彭鹤龄：《三保太监下西洋》，星洲世界书局，1960，第25页。
② （清）彭鹤龄：《三保太监下西洋》，星洲世界书局，1960，第28~29页。
③ （清）彭鹤龄：《三保太监下西洋》，星洲世界书局，1960，第42~43页。

立地之英雄，于吾祖国上演龙争虎跳之活剧，为吾同胞出一代表人物、留一伟壮纪念之郑成功其人者乎？呜呼！成功而今何在？吾于百世下想其仰天长号、拔剑斫地、挥戈返日、投鞭绝流之气概，是诚最善于爱身爱家者矣。夫以言身家，则成功之身家降矣杀矣。然吾身既在，则吾亦国家之一小分子也；既有一分子在，安可弃其责任？以爱身家性命之精神，发为国家种族之思想，是诚无愧于爱身家性命者矣。吾思之，吾欲效之，吾愿吾同胞皆效之，以强我种族，以兴我祖国，以达我将来所希望之目的。①

晚清文人意识到，小说传达的精神可影响于广大读者，乃至在整个社会范围内"变因循之积习，振爱国之精神"。② 梁启超的《论小说与群治之关系》可看作这种"新小说"观念的总括，它全面肯定了小说对读者"熏""浸""刺""提"的强大影响力，有力提高了小说的地位，将新小说描述成改良群治、创造新民的起点。显然，《海外扶余》作者有感于晚清中国遭受列强欺凌蹂躏的现实，怀抱"强种"愿望创作小说。在序言中，作者将郑成功收复台湾的历史时刻和晚清民族危亡之际的时空相结合，希望出现如"顶天立地之英雄"郑成功这样的新人物，以拯救百姓于苦难之中。小说反映出晚清特有的民族矛盾与社会心理，同时，作者也呼吁民众树立以兴国为己任的决心，表现出强烈的社会责任感。

三 海岛（异域）奇遇式情节模式的晚清书写

如前所论，"海岛（异域）奇遇"式情节模式在中国古代涉海小

---

① （清）陈墨峰撰，孙菊园、孙逊校注《海外扶余》，湖南人民出版社，1985年初版，第1~2页。

② （清）陈啸庐：《中外三百年之大舞台》序，光绪三十三年（1907）上海鸿文书局铅印本。

说创作中并不罕见。出海"奇遇"有时是遇仙,更多是遭遇奇异经历,诸如历险、得宝等等。早在《山海经》《神异经》《海内十洲记》《博物志》等作品中即有关于海外世界的描述,但由于时人缺乏真正的出海体验,这些描述往往出于虚构与想象。直到唐代,涉及海外世界的小说中才普遍有了真实的人物,海岛(异域)奇遇式情节模式也应成型于这一时期。《酉阳杂俎·长须国》《纪闻·海中长人》等小说,使用的都是海岛(异域)奇遇式叙事情节。唐代以后的涉海小说创作中,这一情节模式被反复书写,出现不少相关作品。

随着晚清中国与海外诸国在政治、经济、贸易、文化等方面交流日益增多,人类的海洋活动更加频繁,无论是国人自撰小说,还是外国作家创作、由晚清文人翻译引进的小说,都有相当数量作品采用海岛(异域)奇遇式情节模式。《夜雨秋灯录》中的《北极毗耶岛》《树孔中小人》《小王子》诸篇,《遁窟谰言》中的《翠鸵岛》,《淞隐漫录》中的《仙人岛》《闵玉叔》《海外美人》《葛天民》,《淞滨琐话》中的《因循岛》,以及《片帆影》《痴人说梦记》《新石头记》《海外萍因》等众多小说均如此,可见晚清涉海小说作家钟爱这种情节模式。其中王韬的此类小说创作数量最多,例如《翠鸵岛》叙吴门钟生出海,因遇飓风,漂至海岛:"舟成,遂挈伴侣十余人,治装登程,任舟所之。一日,行至好望角,飓风大作,阅数昼夜,飘至一山,山左宫殿高耸云霄,颇似王者居。"[1] 即为典型的海岛(异域)奇遇情节。晚清翻译小说中,光绪二十九年,英国马斯他孟立特原著,徐念慈翻译,常熟海虞图书馆出版的《海外天》,光绪三十二年,英国哈葛德撰,林纾、魏易翻译,商务印书馆印行的《玉雪留痕》等,也都属于这一情节模式。海岛(异域)奇遇式情节的频繁出现,一方面表明晚清小说对传统海洋叙事的继承,另一方面与晚清时期海洋活动明

---

[1] (清)王韬:《遁窟谰言》卷四,河北人民出版社,1991,第82~83页。

显增加也有着直接关联。

与传统涉海小说相比,海岛(异域)奇遇式情节在晚清小说书写中有着显著变化,体现出鲜明的异域特色和时代精神。如果说传统小说对这一情节的运用主要是述奇状异,满足读者的好奇阅读心理,那么相较而言,晚清涉海小说对此类故事的摹写则在一定程度上寄托了文人的社会梦想和希望。例如《小王子》中,生活于异域的小王子行善报恩的行为体现出晚清时人期盼传统伦理道德回归的心理。更多的涉海小说书写海岛(异域)奇遇,则是晚清文人将"海岛"或域外意象作为个人婚恋或政治理想寄托,带有明显的时代印记。

其一,体现个人婚恋理想。

前引王韬《淞隐漫录》中的《海外美人》《媚梨小传》《海底奇境》等小说,均包含中国男子与西方女子结合的情节,且往往是西方女子主动追求中国男性。

除王韬外,其他晚清小说作家也借助海岛(异域)奇遇的情节模式传达这种婚恋理想。如钜鹿六郎《海外萍因》讲述,凤城陈生赴南洋,"英商某素往来店中,喜生温婉,辄与谈,稍稔,泥生过所居。商无子,有少女名加芝顿,绮龄玉貌,西方美人,丰韵弥胜。睨生若甚属意,流波送睐,谈笑欣合。无何商卒,女与生过从益密,微露自荐意。坐对丽质,人孰无情?此中不可究竟矣。女艳名夙著,视线咸集,羡且妒者,大不乏人"。[①]

这些小说关于西方女性形象的塑造以及中西合璧的婚恋情节,是对中国传统小说题材、艺术的突破与创新。如第六章第一节所论,此类小说至少体现了两方面的内涵,一是如同《聊斋志异》中书生常遇到美貌狐女一样,纯粹为晚清文人的白日梦,只不过国人同海外异质文化接触之后,梦中女主角不再是狐鬼女子,而转为西方美女。二是

---

① (清)钜鹿六郎:《海外萍因》,《赏奇画报》第5期,1906年。

依照梁启超所强调的"公理公例",融中西方文化之精华,必将得到更加优秀的"文化硕果"。这种观念折射到晚清涉海小说中,展现出一种独特的婚恋理想。

其二,寄托政治理想。

《痴人说梦记》等晚清涉海小说更多反映出小说作家的政治理想。小说主角贾希仙历经艰难,在出海航行时漂至仙人岛并被任命为顾问官,与众人一起拓荒、开办学校,施行教育、政治和科技等改造方案。故事所描绘的这种乌托邦场景在当时无疑具有创新意义。小说《黄金世界》更为直观地体现出这一点,作者虚构了一座海外孤岛——"螺岛",在美国饱受虐待与欺凌的华商移居于此,岛屿成为安居乐业的世外桃源。与之形成对比的是衰败颓落、人人自危的晚清社会景象。小说描绘出作者梦想中的海外岛国,表达了作者希望国家能够繁荣、富强的理想与心愿,这种美好理想无法在晚清这个即将崩塌的社会中得以实现,唯有将其寄托于缥缈遥远的海洋。显然,海岛(异域)奇遇式情节在此类小说中的运用,增加了小说的传奇性,同时也充分体现出冒险、奋争、不屈、探索等海洋文化精神。

四 由想象、虚幻到注重写实的叙事笔法

海洋文化影响下的中国古代小说体现出虚构、奇幻的色彩,这种特征在《山海经》等上古典籍中已经确立。《山海经》中的海外异域充满虚构与想象,其居民体貌和风俗与中华大不相同。汉魏六朝时的文学作品中也多见此类内容,《神异经·西荒经》云:"西海之外有鹄国焉,男女皆长七寸。"[1]《博物志》云:"厌光国民,光出口中,形尽

---

[1] (汉)东方朔撰,(晋)张华注,王根林校点《神异经》,上海古籍出版社,2012,第96页。

似猿猴，黑色。"① 此类作品想象力丰富而内容奇特。唐代以来，人们对海外世界的了解逐渐客观而深入。因此，涉及海外题材的小说在继承前代作品奇异风格的基础上，也越发有生活气息。

相较之前的小说，晚清涉海小说中依然有不少作品包含想象与虚构成分。例如，短篇小说《海岛》即是对传统海洋叙事的继承，小说讲述香港徐氏子与岛上猿猴相处"宛如夫妇"；② 又如，章回小说《三保太监下西洋》第四回将古代飞头国传说写入小说，第六回则谈及"弱水"的传说。③ 这些均体现出奇异叙事的基调。

与此同时，晚清涉海小说采用虚实相间的笔法展现海洋文化精神，由奇异叙事转入更多的现实书写。一些作品记载人类在浩瀚海洋中的各种活动，具有鲜明的海洋特色。例如《海鳅鱼》先写海鳅之大："渤海有鱼，厥名曰鳅。鳅之大，不知其几千丈也。逆而来，水击数十里；怒而去，潮吸数十丈。虽孟贲之勇，戴宗之捷，不能抵一尾之摇。况欲擒而剐其肉，以作螭膏之烛乎？然巧莫如人，犹有不知其海之阔，鱼之大，能使其力之疲，死之速者。"④ 乃模拟《庄子·逍遥游》，是对传统海洋叙事题材的继承，带有明显的夸饰性文学色彩。在极力夸饰海鳅体积后，又详述渔民捕杀海鳅的场景。⑤ 这一场景风格写实，扣人心弦，充分展示出人类在海洋活动中的智慧与协作，以及敢于面对挑战的拼搏精神。

整体而言，晚清涉海小说的叙事笔法由传统涉海小说的重视想象、虚幻过渡为注重写实。主要体现在以下几个方面。

首先，从叙事内容和地点来看，与传统海洋叙事多杂糅神怪（如

---

① （晋）张华撰，（宋）周日用等注，王根林校点《博物志》（外七种），上海古籍出版社，2012，第13页。
② （清）王韬：《遁窟谰言》卷十一，河北人民出版社，1991，第252页。
③ （清）彭鹤龄：《三保太监下西洋》，星洲世界书局，第17页、第23～24页。
④ （清）慵讷居士撰《咫闻录》卷八，重庆出版社，2005，第157页。
⑤ 《海鳅鱼》中众渔民入海捕杀海鳅的场景，第六章第一节已有论及，此处不再赘述。

《西游记》《西洋记》等）相比，晚清涉海小说包含更多写实成分。

以提倡向西方"借法以自强"的晚清著名政论家王韬的小说创作为例，1864年（光绪十年）6月27日，《点石斋画报》开始连载王韬所撰《淞隐漫录》，其《海外美人》《海底奇境》《海外壮游》诸篇小说的叙事空间，分别处于日本海、"欧洲十数国"、英国属地、苏格兰濒海之境"伊梨"等地，叙事空间不仅落到了实处，而且不断向世界范围扩大。这与王韬很早就开始接触西学并出国漫游的经历密切相关。

王韬出生于吴中甫里古镇，他在年少时已对传说中的海上三神山充满兴趣，其所撰《〈扶桑游记〉自序》称：

> 余少时即有海上三神山之想，以为秦汉方士所云蓬莱诸岛在虚无缥渺间，此臆说耳，安知非即徐福所至之地，彼欲去而迷其途乎？[1]

他自述从小即喜读域外书籍，有着航海远游的梦想：

> 余年未壮，即喜读域外诸书，而兴宗悫乘风破浪之想。每遇言山水清嘉、风俗奇异，辄为神往；惟以老母在堂，不敢作汗漫游。[2]

王韬对海外景致和事物充满好奇与向往。据《王韬日记》（增订本）咸丰三年（1853）七月初旬所记："是月中应雨耕来，自言曾至英国，览海外诸胜，余即书其所述，作《瀛海笔记》一册。"[3] 可知他对应雨耕赴英游历之事非常感兴趣，并据此创作《瀛海笔记》一书。

---

[1] （清）王韬：《扶桑游记》，商务印书馆，2016，卷首。
[2] （清）王韬：《漫游随录》，岳麓书社，1985，第64～65页。
[3] （清）王韬撰，汤志钧、陈正青校订《王韬日记》（增订本），中华书局，2015，第84页。

1848年王韬到达上海,参观了英国传教士麦都思(Walter Henry Medhurst)主持的墨海书馆,并于次年9月应麦都思之邀到墨海书馆工作,近距离接触到西方文明。1862年,王韬因逃避清廷通缉到达香港,协助传教士理雅各(James Legge)翻译《中国经典》。理雅各在1867年初回国时邀请王韬西行,王韬自小对域外的好奇、向往、"乘风破浪之想"终得以实现。1867年12月15日,他搭乘普鲁士轮船离开香港,途经新加坡、开罗、法国到达英国和苏格兰。在欧洲游历期间,西方文明令王韬大开眼界、感叹万分,《漫游随录》卷二《道经法境》记载了他在法国的经历。[①] 1879年春,应日本学者邀请,王韬出游日本128天,考察了日本在明治维新后政治、经济、文化上的变化。其《扶桑游记》记载:"光绪五年闰三月初七日。自吴门归,摒挡行李作东瀛之游。"[②] 王韬在欧洲和日本的游历,使他对海洋、航海和海外风土人情、政治、文化等都有着切身体会。因此,与传统海洋叙事在涉及海外异域时多为虚构之笔不同的是,在王韬等一些晚清小说家所撰写的涉海小说中,海洋叙事的空间落到了实处。

其次,对于涉海小说中倭寇的描写,清代前中期的小说多用虚构、想象等叙事笔法。例如,清初小说《水浒后传》第三十五、三十六回写道,残暴好战的倭人常劫掠海上客商,公孙胜设坛做法,祈雪祭风,大败倭兵于海上。这种御倭叙事的神魔化呈现,在之后的长篇小说《女仙外史》以及清代中叶的一些神魔小说中更为明显。

晚清抗倭题材小说的叙事笔法则展示出写实的特点。有些小说借助明代倭寇题材揭示晚清现实,如《蕉轩随录·瓦氏兵》《蜃楼外史》等作品。有些作品则集中描写了晚清时台湾人民对日军入侵的抗击,如《刘大将军平倭百战百胜图说》《台战演义》等,可以感受到,晚

---

① (清)王韬:《漫游随录》,岳麓书社,1985,第82页。
② (清)王韬:《扶桑游记》,商务印书馆,2016,第6页。

清抗倭小说中这种强烈的救亡图存心理和民族意识非常鲜明。

最后，晚清涉海小说对于未来世界的描摹虽出自虚构，但其目的在于启蒙，与现实社会有着密切关联。

前引小说《新石头记》第二十三回中小说人物的姓名，隐含了作者希望国家和民族能够强盛、远胜海外诸国的心理。在小说第二十二至第二十六回，作者将世界上的政体分为专制、立宪和共和，描绘了作者理想中的社会——文明境界，提倡"文明专制"，强调普及德育，认为"文明专制，有百利没有一害"。[①]

光绪二十七年，清廷成立督办政务处施行"新政"。九年后，由陆士谔创作、上海改良小说社出版的《新中国》（又名《立宪四十年后之中国》）问世。小说倡导推翻皇权独裁，建立民主立宪制度。第二回《冠全球大兴海军 演故事改良新剧》写道：

> 话说李友琴女士听了我问，微笑不言。我问："你笑什么？"女士道："我笑你还是四十年前的知识呢！国会开了，吾国已成了立宪国了。全国的人，上自君主，下至小民，无男无女、无老无小、无贵无贱，没一个不在宪法范围之内。外务部官员，独敢违背宪法，像从前般独断独行么？"我暗想："立了宪，有这样的好处！怪不得，从前人民都痴心梦想，巴望立宪。"[②]

在落后的晚清，作者向读者展示立宪四十年后的中国如何发达，怎样收回主权、傲视海外、领导世界，憧憬了立宪的成功。随着小说情节的发展，读者心神畅游未来，目之所及皆为新知识、新观念，反映出作者的启蒙意识。这些都表明，晚清文人在接触海外异质文化和

---

① （清）吴沃尧：《新石头记》，载黄霖校注《世博梦幻三部曲》，东方出版中心，2010，第196~219页。
② （清）陆士谔：《新中国》，载黄霖校注《世博梦幻三部曲》，东方出版中心，2010，第307页。

文明之后，对所处社会进行深刻审视，并进一步形成政治理想，期盼本国能够改进政体，体现出鲜明的时代心理。

可以看出，与传统涉海小说叙事多虚构、想象、夸张不同，晚清涉海小说立足于社会现实，将想象、虚构与写实相互结合，展现出独具一格的叙事笔法。

小　结

本章探讨了晚清涉海小说的思想和艺术表现。晚清小说数量虽多，但佳作较少，时人对此已有认识。光绪三十三年，《月月小说》刊载"新庵（周桂笙）"之小说短评《说小说·海底漫游记》："近年来，吾国小说之进步，亦可谓发达矣。虽然，亦徒有虚声而已……别出心裁，自著之书，市上殆难其选，除我佛山人与南亭先生数人外，欲求理想稍新，有博人一粲之价值者，几如凤毛麟角，不可多得。"[①] 客观而言，作为晚清小说的一部分，晚清涉海小说的艺术水平并未能明显超越同时代作品。一些小说存在模仿痕迹，如王韬所撰《淞滨琐话》等乃拟《聊斋志异》而作，其笔致"纯为《聊斋》者流……然所记载，则已狐鬼渐稀，而烟花粉黛之事盛矣"[②]。在创新方面，一些小说也受到质疑，王德威即认为《新纪元》中世界大战的图景"何新之有？"，不过抄袭挪用西方的历史而已。[③]

但不可否认的是，在晚清文学"现代化"进程中，涉海小说无疑具有不可忽视的意义。小说展示了特有的海洋文化元素与海洋思维，其情节常被当作社会史、思想史的史料进行评析，如颜健富将《狮子

---

① （清）周桂笙：《说小说·海底漫游记》，《月月小说》第 7 期，1907 年。
② 鲁迅：《中国小说史略》，上海古籍出版社，1998，第 154 页。
③ 〔美〕王德威：《想象中国的方法：历史·小说·叙事》，百花文艺出版社，2016，第 59 页。

血》《痴人说梦记》中的新地理学归于晚清小说的"新概念地图"中探讨。[①] 其叙事也在蕴含海洋文化和时代心理的叙事时空、由想象和虚幻到注重写实的笔法中呈现出独特的艺术风貌。总之,晚清涉海小说特色明显,对前代作品既有所继承,也有诸多创新与突破,小说创作蕴含着强烈的时代感和民族意识,体现出晚清特有的文化思潮与文学观念,值得我们给予足够的重视。

---

① 颜健富:《从"身体"到"世界":晚清小说的新概念地图》,台湾大学出版中心,2014。

结　语

　　海洋文化与文学的关系研究是学界新兴的研究领域，其原因与中国海洋文化长期以来未能得到足够重视有很大关系。直至 20 世纪 80 年代，中外交流日益密切，国家逐渐重视对海洋文化的研究。从 20 世纪 90 年代中期开始，学界陆续出版了一系列著作，对中国海洋文化从经济、政治、军事、艺术等方面加以探讨。与此同时，海洋文化对文学的影响研究渐兴。数十年来，研究者在此领域取得一系列可贵的成就，但在海洋文化对中国古代小说的影响方面的探索还比较有限，目前仍有较大空间可以深入与拓展。有鉴于此，本书选择海洋文化对明清小说的影响为探讨对象，以期弥补相关研究之不足。

　　如前所论，海洋文化对明清小说产生了广泛而多元的影响，既影响其题材选择，又影响其叙事模式、风格、艺术表现等等，这是一个客观事实。本书重在揭示、梳理和阐述这一事实。对该论题进行关注，一方面，有助于我们更加准确、全面地理解和研究明清小说；另一方面，也可为中国海洋文化体系的构建提供新的支持和视角。

　　"溰溰濈濈，浮天无岸。沖瀜沆瀁，渺汛漭漫。波如连山，乍合乍散"，[1] 海洋的广袤无垠与风波莫测，自古以来并无本质的不同，但缘于海洋而形成的文化，以及海洋文化对小说的影响，在各个时期有

---

[1] （晋）木华：《海赋》，载（南朝梁）萧统编《昭明文选》，中国戏剧出版社，2002，第 97 页。

着历时性特征。本书尽可能围绕"海洋文化如何影响明清小说的题材、叙事与艺术"的思路，开展以下四个方面的探索和分析。

第一，对海洋文化影响下的明清小说作品在各个时期的分布情况与特征的整理和探讨。主要将文献整理与理论研究相结合，整理并探讨明代涉海小说作品的分布情况及其特征；整理清代涉海小说作品的分布情况，并按照清代初期（顺治、康熙两朝）和清代中期（乾隆朝至道光二十年鸦片战争之前）两个时期，探讨其特征和演变过程。

第二，有关传统海洋文化和海洋叙事对明清小说题材与叙事模式、艺术风格的影响情况的探讨。所谓"传统海洋文化"，结合书中论述，指沿海地区自古以来所特有的海洋环境和生产生活方式、人们对海洋的认知与感受，以及明代之前在此基础上产生的相关叙事题材。所谓"传统的海洋叙事"，结合书中论述，包含两个因素，一是自有文字记录起即有的奇异叙事特征，二是海岛（异域）奇遇式情节模式。忽略小说文体自身的发展因素以及各个朝代所赋予文学作品的时代印记，可以看出它们有着相似的题材和艺术表现。在海洋文化的影响下，短篇小说常呈现出奇幻与现实交织的特质，长篇小说中的海外世界更是具有丰富的艺术内涵。本书第三章、第四章对此问题进行了关注。

第三，关于海洋政策对明清小说影响情况的考察。海洋文化对小说的影响，既有其共性特征，也有与其所处时代相对应的历时性特征。除传统海洋文化与海洋叙事的影响之外，当时的海洋政策，包括明清时期与海洋环境、临海生产生活方式密切相关的外交、贸易、海关和海禁、迁海（界）、展界等政策，以及由此衍生的倭乱、海盗、海关官员腐败等社会现象也对明清小说产生广泛影响。这一问题已在本书第五章做出探讨。

第四，关于海洋文化对晚清小说题材与思想、艺术的影响情况的研究。晚清时期（1840～1911年）海洋文化对小说的影响问题尚未引起学界足够关注，研究成果极少。笔者经检索发现只有数篇期刊论文与之相关，而无专著或博士学位论文涉及此问题，从研究现状来看具有很大的拓展空间。与之前相比，海洋文化对晚清小说的影响不仅体现于涉海小说作品数量的急剧增加，而且在小说题材、思想性、艺术性等多方面，均产生显著变化。这正是晚清中国被列强用坚船利炮打开海门后，社会现实、政治环境、思想文化、生活环境等发生的巨大变化在小说中直接或间接的反映，也是海洋文化对晚清小说广泛影响的重要表现。第六章、第七章对此问题进行了阐述。

另外，书中也关注了海洋文化对明清小说作者的影响。这一问题笔者在整理资料时已经注意到，所涉小说作者的籍贯绝大多为吴地、闽粤或齐鲁滨海地区（见附录二、附录三），显然，海洋文化对小说家有着直接影响，生活于滨海环境的文人更易创作出与海洋相关的小说。对此，第三章的论述中提及福建长乐人谢肇淛、福山（今属山东烟台）人王棪等临海地区作家，第四章的论述中提及曾在海州（今连云港）生活30多年、有着亲历海洋经验的李汝珍，第七章重点考察了晚清时期曾远渡重洋、出行海外的著名改良主义者王韬的生平经历及其与小说创作的关系。

本书在文献资料的搜集与整理方面也有所收获。第一，为了更准确与客观地研究海洋文化对明清小说的影响，笔者首先关注海洋文化对明代之前小说的影响情况，尽可能地查阅了历代相关小说作品。例如在论及海洋文化对宋元小说的影响时，笔者翻阅《夷坚志》诸篇小说，从全书近3000篇作品中辑录出其中包含海洋文化因素的作品56篇（见附录一），在此基础上开展理论研究。第二，针对本书的研究对象明清小说，笔者参照孙楷第著《中国通俗小说书目》（中华书局，2012）、刘世德主编《中国古代小说百科全书》（修订本，中国大百科全书出版社，2006）等书目和著作，通过阅读大量小说作品，搜集相关篇目与资料，整理出明清时期（1368～1840年）受海洋文化影响的短篇小说和长篇章回小说近400篇作品，并逐一细读文本，扼要归纳其中包含的海洋文化因素（见附录二、附录三）。第三，对于学界极少关注的晚清时期（1840～1911年）受到海洋文化影响的小说作品，笔者整理出晚清文人自撰涉海小说81篇（见附录四），在此基础上阅读文本、进行理论研究。这些篇目、资料的搜集虽不免挂一漏万，但也为本书的论述提供了丰富的材料支持，并可为以后的相关研究提供参考。

本书的写作也存在诸多不足，一些问题尚未论及，例如对海洋文化的区域性研究及其与小说的关系等问题需进行更细致的探索。期待以后能对这些未尽问题再进行补充和拓展。

"海洋文化对明清小说的影响研究"是一个很好的论题，但由于笔者水平所限，在许多表述和论证上或许存在不足，敬请方家批评指正。

附录一　《夷坚志》中的涉海小说作品

序号	篇名	出处	序号	篇名	出处
1	《蒋员外》	《夷坚甲志》卷七	29	《海口镇鳜鱼》	《夷坚支丁》卷五
2	《海大鱼》	《夷坚甲志》卷七	30	《张元善水厄》	《夷坚支丁》卷七
3	《岛上夫人》	《夷坚甲志》卷七	31	《戚彦广女》	《夷坚支丁》卷九
4	《搜山大王》	《夷坚甲志》卷七	32	《浮曦妃祠》	《夷坚支戊》卷一
5	《海马》	《夷坚甲志》卷八	33	《陈公任》	《夷坚支戊》卷一
6	《昌国商人》	《夷坚甲志》卷十	34	《海船猴》	《夷坚支戊》卷二
7	《张端悫亡友》	《夷坚甲志》卷十一	35	《淡水渔人》	《夷坚支戊》卷二
8	《妙靖炼师》	《夷坚甲志》卷十四	36	《蔡京孙妇》	《夷坚支戊》卷九
9	《侠夫人》	《夷坚乙志》卷一	37	《海盐巨鳅》	《夷坚支戊》卷九
10	《赵士藻》	《夷坚乙志》卷四	38	《兴化官人》	《夷坚支庚》卷三
11	《长人国》	《夷坚乙志》卷八	39	《莆田人海船》	《夷坚支庚》卷三
12	《海岛大竹》	《夷坚乙志》卷十三	40	《林宝慈》	《夷坚支庚》卷三
13	《无缝船》	《夷坚乙志》卷十五	41	《陈瑀不杀》	《夷坚支庚》卷五
14	《海中红旗》	《夷坚乙志》卷十六	42	《明州学堂小龟》	《夷坚支庚》卷七
15	《三山尾闾》	《夷坚乙志》卷十六	43	《鬼国续记》	《夷坚支癸》卷三
16	《长人岛》	《夷坚丙志》卷六	44	《古田民得遗宝》	《夷坚支癸》卷七
17	《长溪民》	《夷坚丙志》卷十三	45	《吴女盈盈》	《夷坚三志己》卷一
18	《林翁要》	《夷坚丙志》卷十三	46	《余观音》	《夷坚三志己》卷二
19	《长乐海寇》	《夷坚丙志》卷十三	47	《王元懋巨恶》	《夷坚三志己》卷六
20	《海门盐场》	《夷坚丁志》卷三	48	《婆律山美女》	《夷坚三志己》卷九
21	《海门主簿》	《夷坚丁志》卷三	49	《普照明颠》	《夷坚三志辛》卷三
22	《泉州杨客》	《夷坚丁志》卷六	50	《何同叔游罗浮》	《夷坚三志辛》卷三
23	《海王三》	《夷坚支甲》卷十	51	《楚将亡金》	《夷坚志补》卷五
24	《王彦太家》	《夷坚支乙》卷一	52	《新城县贼》	《夷坚志补》卷十三
25	《海中真武》	《夷坚支景》卷三	53	《鬼国母》	《夷坚志补》卷二十一
26	《林夫人庙》	《夷坚支景》卷九	54	《猩猩八郎》	《夷坚志补》卷二十一
27	《海山异竹》	《夷坚支丁》卷三	55	《海外怪洋》	《夷坚志补》卷二十一
28	《虞七杀螺》	《夷坚支丁》卷三	56	《侯将军》	《夷坚志补》卷二十二

附录二 明代涉海小说作品（1368～1644年）

1. 短篇小说

序号	作品题目	出处	包含的海洋文化因素	作者/编者	籍贯	成书或初刊时间
1	《水宫庆会录》	《剪灯新话》卷一	四海神仙居宫阙	瞿佑	钱塘（今浙江杭州）	洪武十一年（1378）
2	《武平灵怪录》	《剪灯余话》卷三	倭患	李昌祺	庐陵（今江西吉安）	永乐十七年（1419）
3	《火鸡食火》	《菽园杂记》卷五	海外异禽	陆容	太仓（今属江苏苏州）	成化年间
4	《海鲨变虎》	《菽园杂记》卷五	海中奇鱼			
5	《蜃气楼台》	《菽园杂记》卷九	海市蜃楼			
6	《海鳅》	《菽园杂记》卷十二	海中大鱼			
7	《乐清大鱼》	《菽园杂记》卷十二	海中大鱼			
8	《东海二仙》	《双槐岁钞》卷九	海中神仙	黄瑜	香山（今广东中山）	弘治八年（1495）
9	《三足鳖》	《庚巳编》卷一	海中奇兽	陆粲	南直隶苏州府长洲（今江苏苏州）	正德五年至十四年间（1510～1519）
10	《海岛马人》	《庚巳编》卷七	海外异域海中奇兽			

续表

序号	作品题目	出处	包含的海洋文化因素	作者/编者	籍贯	成书或初刊时间
11	《鬼兵》	《庚巳编》卷一	海寇	陆粲	南直隶苏州府长洲（今江苏苏州）	正德五年至十四年间（1510~1519）
12	《九尾龟》	《庚巳编》卷十	海洋异兽			
13	《定盘珠》	《都公谈纂》卷上	海商、海洋奇宝 郑和下西洋	都穆	南直隶苏州府吴县（今江苏苏州）	嘉靖初
14	《宁波毛女》	《都公谈纂》卷上	海外异域			
15	《暹罗国》	《海语》卷上	朝贡 异国物产 风土人情			
16	《满剌加》	《海语》卷上	朝贡 异国物产 风土人情			
17~45	《物产》（《海马》《伽南香》等，共29则）	《海语》卷中	海洋生物 异域奇珍			
46	《海和尚》	《海语》卷下	海妖	黄衷	广东南海（今属广州）	嘉靖十五年（1536）
47	《海神》	《海语》卷下	海神显灵			
48	《鬼舶》	《海语》卷下	海舶相遇风俗			
49	《飞头蛮》	《海语》卷下	海鬼			
50	《人鱼》	《海语》卷下	人鱼			
51	《蛇异》	《海语》卷下	海中巨物			

续表

序号	作品题目	出处	包含的海洋文化因素	作者/编者	籍贯	成书或初刊时间
52	《龙变》	《海语》卷下	海中巨物	黄衷	广东南海（今属广州）	嘉靖十五年（1536）
53	《石妖》	《海语》卷下	海外异域			
54	《辽阳海神传》	（王世贞编）《艳异编》卷二	人神相恋	蔡羽	南直隶苏州府吴县（今江苏苏州）	嘉靖十五年（1536）
55	《张无颇传》	（王世贞编）《艳异编》卷二	海神	佚名	不详	嘉靖十五年（1536）
56	《驭夷》	《今言类编》卷四	御倭	郑晓	嘉兴海盐	嘉靖年间
57	《东南倭寇》	《今言类编》卷四	御倭			
58	《海啸》	《七修类稿》卷二	海洋现象 海寇	郎瑛	仁和（今属浙江杭州）	嘉靖二十六年（1547）
59	《海水咸苦》	《七修类稿》卷二	海洋现象			
60	《高丽朝鲜本末略》	《七修类稿》卷四	外交 贡使往来			
61	《安南建废考》	《七修类稿》卷四	外交 贡使往来			
62	《日本略》	《七修类稿》卷五	倭人来历			
63	《三宝太监》	《七修类稿》卷十二	郑和下西洋			
64	《龙晴》	《七修类稿》卷四十	海龙			
65	《海市》	《七修类稿》卷四十一	海市蜃楼			

续表

序号	作品题目	出处	包含的海洋文化因素	作者/编者	籍贯	成书或初刊时间
66	《奇蓝香》	《七修类稿》卷四十一	出使海外	郎瑛	仁和（今属浙江杭州）	嘉靖二十六年（1547）
67	《真腊二事》	《七修类稿》卷四十五	出使海外 异国风俗			
68	《崇明贼》	《七修类稿》卷四十六	海寇			
69	《天妃显应》	《七修类稿》卷五十	天妃显灵 出使海外			
70	《风月相思》	《清平山堂话本》卷二	御倭	洪楩	钱塘西溪（今属杭州市余杭区五常）	嘉靖二十至三十（1541~1551）
71	《史七》	《四友斋丛说》卷十一	倭寇	何良俊	松江华亭（今属上海）	隆庆三年（1569）
72	《东倭记》	《松窗梦语》卷三	倭寇	张瀚	仁和（今属浙江杭州）	万历二十一年（1593）
73	《宦游记》	《松窗梦语》卷四	海市之利			
74	《浮提纪闻》	《石林蒉草》	海外异域	沈懋孝	平湖（今属浙江嘉兴）	万历二十八年（1600）
75	《桐乡令金公御寇》	《耳谈类增》卷二丛德篇	御倭	王同轨	黄州黄冈（今属湖北）	万历三十一年（1603）
76	《八里冈人》	《耳谈类增》卷十一冥定篇	倭寇			
77	《兴化城破先兆》	《耳谈类增》卷十一冥定篇	倭寇			
78	《大言》	《耳谈类增》卷三十九长语篇	海大鱼 出使琉球 海外长人			
79	《兴化城隍神》	《耳谈类增》卷二十八神篇（上）	倭寇			

续表

序号	作品题目	出处	包含的海洋文化因素	作者/编者	籍贯	成书或初刊时间
80	《西洋异人》	《续耳谭》卷一	利玛窦、郭天佑来华,泛海八年,始抵东粤	刘怦 沈遴奇 沈儆垣	乌程(今浙江湖州)	约刊行于万历三十一年(1603)至万历三十六年(1608)之间
81	《僧救公子》	《续耳谭》卷三	海盗			
82	《厕生》	《续耳谭》卷五	倭寇			
83	《三足鳖》	《续耳谭》卷五(出自《庚巳编》卷一)	海中奇兽			
84	《赐外国诗》	《万历野获编》卷一	外交永乐帝向海外使节赐海船等物	沈德符	秀水(今浙江嘉兴)	万历三十四年(1606)
85	《海上市舶司》	《万历野获编》卷十二	市舶司 御倭			
86	《海运》	《万历野获编》卷十二	海运漕粮			
87	《女神名号》	《万历野获编》卷十四	妈祖封天妃			
88	《日本》	《万历野获编》卷十七	倭患			
89	《程鹏起》	《万历野获编》卷十七	御倭			
90	《暹罗》	《万历野获编》卷十七	御倭			
91	《斩蛟记》	《万历野获编》卷十七	文人作书云倭寇首领乃海蛟所化			

续表

序号	作品题目	出处	包含的海洋文化因素	作者/编者	籍贯	成书或初刊时间
92	《杀降》	《万历野获编》卷十七	御倭（胡宗宪杀汪直）	沈德符	秀水（今浙江嘉兴）	万历三十四年（1606）
93	《奇兵不可再》	《万历野获编》卷十七	御倭（戚继光征倭）			
94	《兵事骤迁》	《万历野获编》卷十七	御倭			
95	《阮中丞被围》	《万历野获编》卷二十二	御倭			
96	《李尚书中丞父子》	《万历野获编》卷二十二	御倭			
97	《王大参餪倭》	《万历野获编》卷二十二	御倭			
98	《册封琉球》	《万历野获编》卷三十	朝贡			
99	《出使琉球得罪》	《万历野获编》卷三十	外交 出使海外			
100	《红毛夷》	《万历野获编》卷三十	外交			
101	《大西洋》	《万历野获编》卷三十	朝贡			
102	《香山囗》	《万历野获编》卷三十	御倭			
103	《朝鲜国诗文》	《万历野获编》卷三十	外交			
104	《陪臣飞鱼服》	《万历野获编补遗》内监	倭患			
105	《倭患》	《万历野获编补遗》兵部	御倭			
106	《兵法用烟》	《万历野获编补遗》谐谑	御倭			

续表

序号	作品题目	出处	包含的海洋文化因素	作者/编者	籍贯	成书或初刊时间
107	《夷兵》	《万历野获编补遗》"土司"	御倭	沈德符	秀水（今浙江嘉兴）	万历三十四年（1606）
108	《华人夷官》	《万历野获编补遗》"外国"	倭患			
109	《奉使不行》	《万历野获编补遗》"外国"	外交			
110	《海潮应月》	《泾林续记》	海洋现象	周元暐	江苏昆山	万历三十八年（1610）
111	《指民为寇》	《泾林续记》	倭寇			
112	《苏和》	《泾林续记》	海商			
113	《张榜救民有报》	《泾林续记》	御倭			
114	《天下海潮》	《五杂组》卷四地部二	海潮	谢肇淛	福建福州（出生于杭州）	万历四十四年（1616）
115	《倭寇与御倭》	《五杂组》卷四地部二	倭寇成因御倭			
116	《西南海外诸蕃》	《五杂组》卷四地部二	海外诸国利玛窦泛海来华			
117	《封琉球之役》	《五杂组》卷四地部二	出使琉球、外交、海龙			
118	《海上天妃神》	《五杂组》卷四地部二	天妃显灵			
119	《鲨鱼》	《五杂组》卷九物部一	捕杀鲨鱼			
120	《巨鱼如山》	《五杂组》卷九物部一	海中巨鱼			
121	《龙虾大者》	《五杂组》卷九物部一	海中大虾			
122	《王翘儿传》	（王世贞编）《续艳异编》	御倭	徐学谟	南直隶苏州府嘉定（今属上海）	万历四十六年（1618）

续表

序号	作品题目	出处	包含的海洋文化因素	作者/编者	籍贯	成书或初刊时间
123	《花木》	《客座赘语》卷一	海外异植	顾起元	应天府江宁（今南京）	万历四十六年（1618）
124	《禽鱼》	《客座赘语》卷一	海外异兽			
125	《浙兵》	《客座赘语》卷一	倭寇			
126	《宝船厂》	《客座赘语》卷一	御倭			
127	《樱桃园》	《客座赘语》卷二	御倭			
128	《水利》	《客座赘语》卷二	海运之利			
129	《利玛窦》	《客座赘语》卷六	海外物产朝贡			
130	《酒》	《客座赘语》卷九	海外风俗			
131	《古铜镜》	《涌幢小品》卷四	海洋珍宝	朱国祯	乌程（今浙江湖州）	万历四十七年（1619）
132	《浸》	《涌幢小品》卷二十六	海洋现象			
133	《祭海香云》	《涌幢小品》卷二十六	海神祭祀			
134~135	《风报》（2则）	《涌幢小品》卷二十六	海洋现象			
136~139	《海舟》（4则）	《涌幢小品》卷二十六	海船海外异国			
140	《海沙》	《涌幢小品》卷二十六	海洋现象			
141	《海井》	《涌幢小品》卷二十六	海洋珍宝			

续表

序号	作品题目	出处	包含的海洋文化因素	作者/编者	籍贯	成书或初刊时间
142	《海钱》	《涌幢小品》卷二十六	海洋传说	朱国祯	乌程（今浙江湖州）	万历四十七年（1619）
143	《浮提异人》	《涌幢小品》卷二十六	海外异域			
144	《琼海》	《涌幢小品》卷二十六	海潮应月 海神			
145	《珠池》	《涌幢小品》卷二十六	渔民 海中物产			
146	《渡海》	《涌幢小品》卷二十六	海战			
147～162	《普陀》（16则）	《涌幢小品》卷二十六	海岛 海洋现象 倭寇			
163	《仙椿》	《涌幢小品》卷二十九	海中仙域			
164	《路河》	《涌幢小品》卷三十	海路 海寇			
165	《寨镇》	《涌幢小品》卷三十	海防			
166	《属国》	《涌幢小品》卷三十	外交			
167	《差往海外》	《涌幢小品》卷三十	出使海外			
168	《日本》	《涌幢小品》卷三十	倭寇			
169	《王长年》	《涌幢小品》卷三十	御寇			
170	《马勇士》	《涌幢小品》卷三十	御寇			
171	《倭官倭岛》	《涌幢小品》卷三十	御寇			

续表

序号	作品题目	出处	包含的海洋文化因素	作者/编者	籍贯	成书或初刊时间
172	《东涌侦倭》	《涌幢小品》卷三十	御寇	朱国祯	乌程（今浙江湖州）	万历四十七年（1619）
173	《筹倭》	《涌幢小品》卷三十	御寇之策			
174	《平倭》	《涌幢小品》卷三十	御寇			
175	《县令讨贼》	《涌幢小品》卷三十二	御寇			
176	《盗儆讹传》	《涌幢小品》卷三十二	嘉靖倭患			
177	《海雕》	《古今谭概》第三十五非族部	巨大海洋生物	冯梦龙	南直隶苏州府吴县长洲（今苏州）	万历四十八年（1620）
178	《海枭》	《古今谭概》第三十五非族部	巨大海洋生物			
179～183	《海大鱼》（5则）	《古今谭概》第三十五非族部（录自《耳谈类增》之《大言》和《续太平广记》之《海大鱼》）	巨大海洋生物			
184	《鹄国》	《古今谭概》第三十五非族部	海外异域			
185	《人鱼》	《古今谭概》第三十五非族部	海中人鱼			
186	《鼍市》	《古今谭概》第三十五非族部	巨大海洋生物			
187	《一日得二贵子》	《古今谭概》第三十六杂志部	倭寇			

续表

序号	作品题目	出处	包含的海洋文化因素	作者/编者	籍贯	成书或初刊时间
188	《杨八老越国奇逢》	《喻世明言》第十八卷	海商、倭寇	冯梦龙	南直隶苏州府吴县长洲（今苏州）	天启元年（1621）
189	《鬼国母》	《情史》情幻类	海外异域（出《夷坚志》）	冯梦龙	南直隶苏州府吴县长洲（今苏州）	天启年间
190	《蓬莱宫娥》	《情史》情疑类	海中仙域			
191	《辽阳海神》	《情史》情疑类	海神			
192	《广利王女》	《情史》情疑类	东海神之女（出《传奇》）			
193	《焦土夫人》	《情史》情妖类	海外异域（出《夷坚志》）			
194	《海王三》	《情史》情妖类	海外异域（出《夷坚志》）			
195	《猩猩》	《情史》情妖类	海外异域（出《夷坚志》）			
196	《虾怪》	《情史》情妖类	海外异域（出《酉阳杂俎》）			
197	《鱼》	《情史》情通类	海中巨鱼			
198	《宋小官团圆破毡笠》	《警世通言》第二十一卷	海外发迹	冯梦龙	南直隶苏州府吴县长洲（今苏州）	天启四年（1624）
199	《旌阳宫铁树镇妖》	《警世通言》第四十卷	南海龙神普陀观音			
200	《唐顺之除倭》	《智囊》术智部	御倭	冯梦龙	南直隶苏州府吴县长洲（今苏州）	天启六年（1625）
201	《王翠翘以国事杀夫》	《智囊》闺智部	御倭			

续表

序号	作品题目	出处	包含的海洋文化因素	作者/编者	籍贯	成书或初刊时间
202	《转运汉遇巧洞庭红　波斯胡指破鼍龙壳》	《拍案惊奇》卷一	海外发迹	凌濛初	乌程（今浙江湖州）	崇祯元年（1628）
203	《乌将军一饭必酬　陈大郎三人重会》	《拍案惊奇》卷八	海外发迹			
204	《叠居奇程客得助　三救厄海神显灵》	《二刻拍案惊奇》卷三十七	海外发迹	凌濛初	乌程（今浙江湖州）	崇祯五年（1632）
205	《胡总制巧用华棣卿　王翠翘死报徐明山》	《型世言》第七回	御倭	陆人龙	钱塘（今杭州）	崇祯五年（1632）
206	《童华》	《见只编》上卷	海商 海外贸易	姚士麟	嘉兴海盐	崇祯八年（1635）
207	《夷来定》	《见只编》上卷	倭寇			
208	《刘伯温荐贤平浙中》	《西湖二集》第十七卷	御倭	周清原	钱塘（今杭州）	崇祯年间
209	《救金鲤海龙王报德》	《西湖二集》第二十三卷	东海龙王龙女			
210	《胡少保平倭战功》	《西湖二集》第三十四卷	御倭			
211	《巨鱼》	《枣林杂俎》	海洋大物	谈迁	海宁（今浙江海宁）	明清之际
212	《浮提国》	《枣林杂俎》	海外异域			

2. 长篇小说

序号	作品题目	包含的海洋文化因素	作者	作者籍贯	成书或初刊时间
1	《西游记》	第1、3、9、42、43、92回：龙王、观音、海外仙域	吴承恩	淮安山阳（今江苏淮安）	万历二十年（1592）

续表

序号	作品题目	包含的海洋文化因素	作者	作者籍贯	成书或初刊时间
2	《三宝太监西洋记通俗演义》	观音、龙王、天妃郑和下西洋	罗懋登	署名"二南里人"	万历二十五年（1597）
3	《北游记》（《北方真武玄天上帝出身志传》）	第5回：蓬莱仙山	余象斗	福建建阳书林（今南平市建阳区）	万历三十年（1602）
4	《南游记》（《五显灵官大帝华光天王传》）	第1、3、5回：龙王	余象斗	福建建阳书林（今南平市建阳区）	万历三十年（1602）
5	《八仙出处东游记》（《上洞八仙传》）	第48～56回：修仙、龙王、观音	吴元泰	不详	约万历三十年（1602）
6	《天妃济世出身传》（《天妃娘妈传》）	海神出身传	吴还初	江西南昌	万历三十三年（1605）
7	《封神演义》	海神、海外仙士	许仲琳	应天府（今江苏南京）	万历年间
8	《南海观世音菩萨出身修行传》（《南海观音全传》）	海神出身传	朱鼎臣	广州	万历年间
9	《戚南塘剿平倭寇志传》	御倭	佚名	不详	万历年间
10	《韩湘子全传》（《韩湘子十二度韩昌黎全传》）	第12、24回：龙王、南海观音	杨尔曾	钱塘（今杭州）	天启三年（1623）
11	《辽海丹忠录》	第10、11、28回：明军与后金海战	平原孤愤生（或为陆人龙）	或为钱塘（今杭州）	崇祯三年（1630）
12	《镇海春秋》（存第10～20回）	内容似《丹忠录》	佚名	不详	崇祯年间

附录三 清代涉海小说作品（1644～1840年）

1. 短篇小说

序号	作品题目	出处	包含的海洋文化因素	作者/编者	籍贯	成书或初刊时间
1	《矢热血世勋报国 全孤祀烈妇捐躯》	《醉醒石》第五回	御倭	东鲁古狂生	不详	清初
2	《海产》	《续太平广记》昆虫部	海洋物产	陆寿名	苏州府长洲县（今属苏州市）	顺治年间
3	《石首鱼》	《续太平广记》昆虫部	海洋物产			
4	《巨鱼》	《续太平广记》昆虫部	海中巨鱼			
5	《海蛮师》	《续太平广记》昆虫部	海洋物产			
6	《三足鳖》	《续太平广记》昆虫部（出自《庚巳编》卷一）	海中奇兽			
7	《海大鱼》	《续太平广记》昆虫部	海中巨鱼			
8	《人鱼》	《续太平广记》昆虫部（与《古今谭概》非族部中的《人鱼》内容同）	海中人鱼			

附录三　清代涉海小说作品（1644~1840年）

续表

序号	作品题目	出处	包含的海洋文化因素	作者/编者	籍贯	成书或初刊时间
9	《王曾》	《续太平广记》智术部	御倭	陆寿名	苏州府长洲县（今属苏州市）	顺治年间
10	《周忱》	《续太平广记》智术部	御倭			
11	《吴侍御》	《续太平广记》剩史部	倭寇掳人			
12	《一日得二贵子》	《续太平广记》剩史部	倭患			
13	《遭风遇盗致奇赢 让本还财成巨富》	《连城璧》巳集	海商、海盗、海外发迹	李渔	生于南直隶雉皋（今江苏如皋市）	顺治年间
14	《孙大圣》	《耳书》神部	御倭	佟世思	辽东	约康熙二十年（1681）
15	《王翠翘传》	《虞初新志》卷八	御倭	张潮	安徽歙县	康熙二十二年（1683）成书
16	《平湖志》	《寄园寄所记》	倭寇	赵吉士	安徽休宁人，入籍钱塘（今杭州）	约康熙三十五年（1696）
17	《快心录》	《寄园寄所记》	倭寇			
18	《贞胜篇》	《寄园寄所记》	倭寇			
19	《南海神庙》	《觚賸》卷七	海神信仰	钮琇	江苏省吴江县南麻（今属苏州）	康熙三十九年（1700）
20	《两海贼》	《觚賸》卷七	海禁政策、海盗			
21	《徙民》	《觚賸》卷七	迁海令			
22	《木中女子》	《觚賸》卷七	出使琉球			
23	《琉球使》	《觚賸》卷八	出使海外、海中巨鱼和巨龙			

续表

序号	作品题目	出处	包含的海洋文化因素	作者/编者	籍贯	成书或初刊时间
24	《海天行》	《觚賸续编》卷三	海船、海商、海龙王、与海相通的天界	钮琇	江苏省吴江县南麻（今属苏州）	康熙四十一年（1702）
25	《朱张二海运》	《坚瓠集》巳集卷二	海洋漕运	褚人获	江苏长洲（今江苏苏州）	康熙四十二年（1703）全书成
26	《天妃签》	《坚瓠集》庚集卷一	天妃 出使琉球			
27	《倭患》	《坚瓠集》广集卷三	御倭			
28	《海人》	《坚瓠集》广集卷三	海洋生物			
29	《海女》	《坚瓠集》广集卷三	海洋生物			
30	《海龙王宅》	《坚瓠集》广集卷四	海龙王			
31	《日出海门》	《坚瓠集》广集卷四	海洋现象			
32	《玳瑁报恩》	《坚瓠集》广集卷四	海中巨鱼 御倭			
33	《九尾龟》	《坚瓠集》余集卷一（出《庚巳编》）	海洋生物			
34	《海马》	《坚瓠集》余集卷一	海中奇兽			
35	《海滨元宝》	《坚瓠集》余集卷二	海外贸易 滨海奇遇			
36	《过海封王》	《坚瓠集》余集卷三	出使海外			

续表

序号	作品题目	出处	包含的海洋文化因素	作者/编者	籍贯	成书或初刊时间
37	《海公子》	《聊斋志异》卷二	海中古岛海蛇精	蒲松龄	济南府淄川（今山东淄博淄川区）	约康熙四十五年（1706）全书成
38	《海大鱼》	《聊斋志异》卷二	海中巨鱼			
39	《夜叉国》	《聊斋志异》卷三	海外异域			
40	《罗刹海市》	《聊斋志异》卷四	海外异域，龙宫龙王和龙女			
41	《仙人岛》	《聊斋志异》卷七	海中仙域			
42	《红毛毡》	《聊斋志异》卷九	外国入侵			
43	《安期岛》	《聊斋志异》卷九	海中仙域出使海外			
44	《蛤》	《聊斋志异》卷九	海洋生物			
45	《疲龙》	《聊斋志异》卷十	出使琉球海龙			
46	《于子游》	《聊斋志异》卷十一	海中巨鱼鱼妖			
47	《老龙舡户》	《聊斋志异》卷十二	海盗			
48	《粉蝶》	《聊斋志异》卷十二	泛海奇遇海中仙域			
49	《夜叉岛》	《三冈识略》卷二	海外异域	董含	松江华亭（今属上海）	康熙年间
50	《海贼劫粮》	《三冈识略》卷八	倭患			

续表

序号	作品题目	出处	包含的海洋文化因素	作者/编者	籍贯	成书或初刊时间
51	《书谭半城事》	《虞初续志》	御倭	郑澎若	松江华亭（今属上海）	康熙年间
52	《海马》	《秋灯丛话》卷三	海中奇兽	王椷	福山（今属山东烟台）	乾隆四十三年（1778）刊
53	《海族异类》	《秋灯丛话》卷五	海中巨鱼、巨虾、蟹			
54	《登州海市》	《秋灯丛话》卷十	海市蜃楼			
55	《梦于鱼交》	《秋灯丛话》卷十八	海洋奇谈人鱼			
56	《落漈》	《夜谭随录》	海洋现象	和邦额	满洲镶黄旗	乾隆四十四年（1779）
57	《奉行初次盘古成案》	《子不语》卷五	泛海漂流远古神灵	袁枚	钱塘（今浙江杭州）	乾隆五十三年（1788）
58	《天妃神》	《子不语》卷二十四	海神妈祖			
59	《土窟异兽》	《子不语》卷十八	海商海外异兽			
60	《鸡脚人》	《子不语》卷十八	海商海港怪人			
61	《落漈》	《子不语》卷二十三	海洋现象溺海亡魂			
62	《人熊》	《子不语》卷十二	海商海岛巨熊			
63	《海中毛人张口生风》	《子不语》卷十六	海商海神			
64	《海和尚》	《子不语》卷十八	海中异兽			
65	《无门国》	《子不语》卷十五	海外异域			

续表

序号	作品题目	出处	包含的海洋文化因素	作者/编者	籍贯	成书或初刊时间
66	《方蚌》	《子不语》卷十八	海中异物	袁枚	钱塘（今浙江杭州）	乾隆五十三年（1788）
67	《美人鱼人面猪》	《子不语》卷二十四	人鱼 海中奇兽			
68	《乍浦海怪》	《子不语》卷二十四	海中怪兽			
69	《邬友仁》	《听雨轩笔记》卷四	倭寇	清凉道人	不详	乾隆年间
70	《石柱僧迹》	《听雨轩笔记》卷四	倭寇			
71	《浮海》	《续子不语》卷一	漂流海外	袁枚	钱塘（今浙江杭州）	乾隆年间
72	《刑天国》	《续子不语》卷一	海外异域			
73	《浮提国》	《续子不语》卷三	海外异域			
74	《吞舟鱼》	《续子不语》卷八	海商 海中巨鱼			
75	《照海镜》	《续子不语》卷九	海贾 海上奇谈			
76	《桃夭村》	《谐铎》卷四	泛海奇遇 海外异域	沈起凤	江苏苏州	乾隆五十六年（1791）
77	《鲛奴》	《谐铎》卷七	鲛人 海市蜃楼			
78	《蜻蜓城》	《谐铎》卷十	海岛奇遇			
79	《大士慈航》	《谐铎》卷十二	鱼篮观音 龙女			

续表

序号	作品题目	出处	包含的海洋文化因素	作者/编者	籍贯	成书或初刊时间
80	《张将军》	《耳食录》卷一	海盗	乐钧	抚州府临川（今属江西临川）	乾隆五十七年（1792）
81	《揽风岛》	《耳食录》卷九	海贾 海外遇仙			
82	《沈璧》	《耳食录》二编卷七	海外遇仙			
83	《洪四大王》	《耳食录》二编卷七	海神传说			
84	《江善人》	《小豆棚》卷三报应部	海商 泛海奇遇 海外仙人	曾衍东	山东嘉祥（今属山东济宁）	乾隆六十年（1795）
85	《石帆》	《小豆棚》卷九仙狐部	泛海奇遇 人仙相恋			
86	《翠衣国》	《萤窗异草》卷一	海岛奇遇	长白浩歌子	不详	乾隆年间
87	《珊珊》	《萤窗异草》卷二	海商 出使海外 泛海遇仙			
88	《落花岛》	《萤窗异草》卷三	海商 海外遇仙			
89	《海中产珠》	《亦复如是》卷二	海洋物产	青城子	或为广东人	嘉庆十六年（1811）刊
90	《蓬莱三岛》	《亦复如是》卷二	海中仙山			
91	《一洋盗在狱中》	《亦复如是》卷三	海岛巨蛇 海盗			
92	《郭姓者》	《亦复如是》卷三	海商 海难遇救			
93	《雉入大水为蜃》	《亦复如是》卷三	海洋物产			
94	《海镜》	《亦复如是》卷四	海洋物产			

续表

序号	作品题目	出处	包含的海洋文化因素	作者/编者	籍贯	成书或初刊时间
95	《鱼之大者》	《亦复如是》卷四	海中巨鱼	青城子	或为广东人	嘉庆十六年（1811）刊
96	《福建台湾》	《亦复如是》卷四	海盗			
97	《某妇》	《亦复如是》卷四	海盗			
98	《海潮应月》	《亦复如是》卷四	海洋现象			
99	《天后娘娘》	《亦复如是》卷七	海神救厄			
100	《黄镇台》	《亦复如是》卷八	水师营、海防、海盗			
101	《海中蟹》	《亦复如是》卷八	海洋物产			
102	《海中鱼》	《亦复如是》卷八	海洋物产			
103	《海中虾》	《亦复如是》卷八	海洋物产			
104	《海熊》	《挑灯新录》	海外异域	荆园居士（姓吴）	连城（今属福建龙岩）	约嘉庆十六年（1811）
105	《浮海图》	《蕉轩摭录》	海上风暴海神护佑	俞梦蕉	浙江绍兴	嘉庆二十年（1815）
106	《海中巨鱼》	《咫闻录》卷四	海洋物产	慵讷居士	不详	道光十一年（1831）
107	《海鳅鱼》	《咫闻录》卷八	海洋物产			
108	《海马》	《咫闻录》卷九	海洋物产			
109	《天妃庙》	《咫闻录》卷十一	海神信仰			
110	《杀倭》	《张氏卮言》	御倭	张元赓	昆山（今江苏昆山）	道光十三年（1833）
111	《陈友石》		出使海外外交			

续表

序号	作品题目	出处	包含的海洋文化因素	作者/编者	籍贯	成书或初刊时间
112	《海市蜃楼》	《履园丛话》卷三	海市蜃楼	钱泳	金匮（今江苏无锡）	道光十八年（1838）刻
113	《鲲鹏》	《履园丛话》卷三	海中巨鱼	钱泳	金匮（今江苏无锡）	道光十八年（1838）刻
114	《鸡作人言》	《履园丛话》卷十四	倭寇			
115	《查氏女》	《客窗闲话》	御倭	吴炽昌	浙江盐官（今属海宁）	道光十九年（1839）刻

2. 长篇小说

序号	作品题目	包含的海洋文化因素	作者	籍贯	成书或初刊时间
1	《笔梨园》	第1、4、6回：倭寇之乱（徐海）	潇湘迷津渡者	不详	明末清初
2	《金云翘传》	第17、18、19回：倭寇（徐海）、御倭	青心才人	不详	顺治年间
3	《水浒后传》	第11~34回：海外立国 第30、35、36回：御倭 第37回：海上救助宋高宗	陈忱	乌程（今浙江湖州）	顺治年间
4	《女仙外史》	第44回：御倭	吕熊	昆山（今江苏昆山）	康熙四十三年（1704）成书
5	《绿野仙踪》	第59、74~78回：御倭	李百川	或江南人氏	乾隆十八年至二十七年间（1753~1762）
6	《野叟曝言》	文素臣御倭情节	夏敬渠	江阴（今属江苏）	乾隆年间
7	《蟫史》	御倭情节	屠绅	江阴（今属江苏）	乾隆年间

续表

序号	作品题目	包含的海洋文化因素	作者	籍贯	成书或初刊时间
8	《雪月梅传》	御倭情节	陈朗	不详	乾隆四十年（1775）
9	《歧路灯》	御倭情节	李绿园	洛阳市新安县（今属河南洛阳）	乾隆四十二年（1777）
10	《希夷梦》（《海国春秋》）	海岛立国 第6、7、8、27、28、40回：航海、海中巨鱼、海岛风俗、海外奇珍	汪寄	徽州（今安徽黄山歙县）	乾隆年间
11	《闽都别记》	福州民俗、海外贸易、海神信仰	里人何求	不详	乾嘉年间
12	《绮楼重梦》	御倭情节	兰皋居士	不详	嘉庆年间
13	《蜃楼志》	海关、对外贸易、十三行	庚岭劳人	不详	嘉庆九年（1804）刊
14	《海游记》	梦中海国	无名氏	不详	嘉庆年间
15	《常言道》	海外异域 小人国、大人国	落魄道人	不详	嘉庆十九年（1814）刊
16	《镜花缘》	小说上半部分：泛海游历、海外异国	李汝珍	直隶大兴（今属北京市）	嘉庆二十二年（1817）
17	《玉蟾记》	倭患、御倭	通元子 黄石	不详	道光七年（1827）刊
18	《升仙传演义》	御倭情节	倚云氏	不详	道光年间

附录四　晚清文人自撰涉海小说作品
（1840～1911 年）

序号	题目	作者	刊载或出版时间
1	《绣球缘》二十九回	佚名	咸丰元年（1851）广东富桂堂本
2	《蕉轩随录》卷四《瓦氏兵》	方浚师	同治十一年（1872）退一步斋刊本
3～7	《埋忧集》卷二《海鳅》、卷三《龟王》、卷六《海大鱼》、卷十《乍蒲之变》、《夷船》	朱翊清	同治十三年（1874）农历七月出版
8～10	《遁窟谰言》卷四《翠鸵岛》、卷十一《海岛》、卷十二《岛俗》	王韬	光绪元年（1875）申报馆出版。有香港中华印务总局本（1880）、申报馆丛书本（1880）、江南书局本（1900）等多种版本
11～13	《夜雨秋灯录》卷四《北极毗耶岛》、卷七《树孔中小人》、三集卷一《小王子》	宣鼎	光绪三年（1877）上海申报馆以仿聚珍版印行问世
14	《浇愁集·集美山》	邹弢	光绪四年（1878）申报馆排印本、申报馆仿聚版珍重印本
15～24	《淞隐漫录》卷一《仙人岛》《徐麟士》、卷三《闵玉叔》、卷四《海外美人》、卷五《葛天民》、卷七《媚梨小传》、卷八《海底奇境》《海外壮游》、卷十一《东瀛才女》、卷十二《消夏湾》	王韬	1884 年（光绪十年）6 月 27 日《点石斋画报》第六号开始连载。1887 年（光绪十三年）9 月 2 日，上海味闲庐出版《后聊斋志异图说初集》，即王韬所撰《淞隐漫录》

附录四　晚清文人自撰涉海小说作品（1840～1911年）

续表

序号	题目	作者	刊载或出版时间
25～27	《淞滨琐话》卷五《乐国纪游》、卷七《粉城公主》、卷十《因循岛》	王韬	成书于光绪十三年（1887），淞隐庐1893年排印
28	《花月痕》（又名《花月姻缘》）十六卷五十二回	魏秀仁	光绪十四年（1888）闽双笏庐原刻本
29	《梦平倭奴记》	高太痴	光绪二十一年（1895）《新闻报》刊载，后录入《时事新编》第六卷和《谏止中东和议奏疏》第三卷
30	《台战演义》（即《台战实纪》）初集、续集共十二卷	佚名	光绪二十一年（1895）闰五月至六月初刻本
31	《刘大将军平倭百战百胜图说》三十二回	藜床旧主	光绪二十一年（1895）上海书局石印
32	《台湾巾帼英雄传（初集）》十二回	古盐官伴佳逸史	光绪二十一年（1895）上海书局出版
33	《蜃楼外史》三十回	八咏楼主	1895年（光绪二十一年）11月12日上海《申报》刊载，同年，上海文海书局出版石印本《绣像蜃楼外史》
34	《说倭传》（一名《中东大战演义》）三十三回	洪兴全	光绪二十三年（1897）香港中华印务总局铅印
35	《林文忠公中西战记》十五回	佚名	光绪二十五年（1899）香港书局出版。光绪三十三年（1907）东方活版部刊行《罂粟花》
36	《檀香山华人受虐记》	宣樊子	1901年（光绪二十七年）12月25日至1902年1月24日《杭州白话报》连载
37	《万国演义》	沈惟贤辑著，高尚缙鉴定，张茂炯述章	1903年（光绪二十九年）4月30日杭州上贤斋出版
38	《孽海花》	金松岑（天放楼主人）、曾朴	光绪二十九年（1903）金松岑撰写第一、二回，首载于东京出版的《江苏》杂志第1期。光绪三十一年（1905），曾朴改写的二十回本由小说林社出版

续表

序号	题目	作者	刊载或出版时间
39	《文明小史》六十回	李伯元	1903年（光绪二十九年）5月至光绪三十一年7月《绣像小说》第1156号连载。1906年商务印书馆出版单行本，分上下两册
40	《痴人说梦记》	旅生	光绪三十年（1904）一月至光绪三十一年六月《绣像小说》第十九至五十四号刊载
41	《官场现形记》六十回	李伯元	1903年（光绪二十九年）4月至1905年6月上海《世界繁华报》连载。连载期间，又由世界繁华报馆分册刊印成书，光绪三十二年正月《世界繁华报》报馆出版
42	《二十年目睹之怪现状》一〇八回	吴趼人	光绪二十九年（1903）八月至光绪三十一年十二月《新小说》第8号至第24号连载。后来上海广智书局出版单行本。
43	《分割后之吾人》五回	卓呆（徐筑岩）	光绪二十九年（1903）《江苏》月刊第8、9、10期刊载。未完
44	《时谐新集·水族世界》	郑贯公编	光绪三十年（1904）中华印务有限公司出版
45	《苦社会》四十八回	佚名	光绪三十一年（1905）七月上海图书集成局刊印，申报馆发行
46	《新石头记》四十回	吴沃尧	光绪三十一年（1905）八月至十一月上海《南方报》刊载。光绪三十四年（1908）十月上海改良社出版单行本
47	《廿载繁华梦》（一名《粤东繁华梦》）四十回	黄小配	1905年（光绪三十一年）9月配图连载于广州《时事画报》，约于1907年秋时事画报社出版单行本，同年，汉口东亚印刷局出版有巾箱本。次年，上海书局出版有石印本
48	《狮子吼》	过庭（陈天华）	1905年（光绪三十一年）12月《民报》第2期发表，在第3、4、5、7、9号续载

续表

序号	题目	作者	刊载或出版时间
49	《支那哥伦波》（原名《狮子血》）十回	何迥	光绪三十一年（1905）农历十一月上海雅大书社出版
50	《苦学生》十回	杞忧子	光绪三十一年（1905）十一月至光绪三十二年一月《绣像小说》第六十三至六十七号刊载
51	《日本海之幽舟》	胡庵	1906年（光绪三十二年）5月27日台北《台湾日日新报》刊载
52	《崖门余痛》	崖西六郎	1906年（光绪三十二年）6月20日香港《珠江镜》连载
53	《冰山雪海》	署李伯元	光绪三十二年（1906）科学会社印行
54	《海外扶余》四卷十六回	陈墨峰	光绪三十二年（1906）出版。叙郑成功事
55	《海外萍因》	钜鹿六郎	光绪三十二年（1906）《赏奇画报》第5期
56	《海上魂》四卷十六回	陈墨涛	约作于1906年前后。仅存抄本，1985年湖南人民出版社据以排印
57	《海镜光》	轩辕之胄	光绪三十三年（1907）广州《振华五日大事记》第8至13期、第15期、第17期、第18期连载
58	《信义商家朱紫弃传》	文屏	光绪三十三年（1907）《农工商报》第13期刊载
59	《中外三百年之大舞台》十编八十二回（现仅存八回本）	陈啸庐	光绪三十三年（1907）上海鸿文书局铅印本
60	《探险小说》十回	沈伯新编述，杨墨林校阅	光绪三十三年（1907）农历八月上海科学书局出版
61	《海外奇缘》（又题《言情小说海外奇缘》）十八回	题"小隐主人著，古盐补留生编辑"	存光绪三十三年（1907）泽新书社刊本

续表

序号	题目	作者	刊载或出版时间
62	《新镜花缘》	萧然郁生	光绪三十三年（1907）9号至23号《月月小说》刊载十二回
63	《黄金世界》二十回	碧荷馆主人	光绪三十三年（1907）小说林社刊行
64	《侠报》	轩青	《振华五日大事记》光绪三十三年（1907）第7期刊载
65	《劫余灰》十六回	吴沃尧	光绪三十三年（1907）十月至光绪三十四年十二月发表于《月月小说》第10、11、13、15至21、23、24号。宣统元年（1909）上海广智书局出版单行本
66	《女学生》十章	末夏	光绪三十四年（1908）上海改良小说社出版
67	《侠女奇男》	伯耀	光绪三十三年（1907）《中外小说林》第9期刊载
68	《片帆影》	伯	光绪三十四年（1908）《中外小说林》第8期刊载
69	《新纪元》二十回	碧荷馆主人	光绪三十四年（1908）小说社刊行
70	《毒洲探险记》五回（未完）	佚名	1908年（光绪三十四年）11月6日至11月17日奉天《盛京时报》连载
71	《宦海潮》二卷三十二回	黄小配	香港《世界公益报》1908年刊载
72	《侨恨》	佚名	1909年（宣统元年）上海《华商联合报》3月6日、21日连载
73	《水晶宫》（原名《茫茫大海》）	留心观潮客	宣统元年（1909）三月初三日成都《通俗日报》开始连载
74	《航海奇谭》（未完）	范腾霄	1909年（宣统元年）6月1日至12月1日《海军》第一期至第二期刊载
75	《海怪幽船》	史公	1909年（宣统元年）8月25日至10月17日奉天《盛京时报》连载
76	《新中国》十二回	陆士谔	宣统二年（1910）上海改良小说社出版

续表

序号	题目	作者	刊载或出版时间
77	《海底奇谈》	刘	1910年（宣统二年）10月13至1911年1月28日奉天《盛京时报》连载
78	《浮海奇谈》	百钢少年	1910年（宣统二年）10月14日、15日、16日广州《南越报》附张连载
79	《三保太监下西洋》十回	彭鹤龄	广州谢恩里觉群小说社1910年发行
80	《华侨泪》	佚名	1911年（宣统三年）5月6日至7月19日上海《申报》连载
81	《粤中之海盗》	佚名	1911年（宣统三年）10月13日哈尔滨《远东报》刊载

附录五 "郑和下西洋"与明代小说《三宝太监西洋记通俗演义》[*]

——文学与史学的相关研究成果综述

摘　要：明永乐至宣德年间，"郑和下西洋"拓宽了中国与印度洋地区诸国政治、经济与文化交流的大门，也丰富了中国海洋文化的内涵。明代小说《三宝太监西洋记通俗演义》是郑和下西洋在文学作品中的反映，也是这一历史事件所代表的海洋文化对古代小说渗透的结果之一。20世纪80年代以来，在郑和研究热潮的影响下，这部小说受到历史学家和文学研究者越来越多的重视。本文目的在于回顾文学和史学领域的相关研究，从小说类型及其文史内涵、小说材料和史料价值、小说作者与版本研究、小说人物虚实的研究、语言学视角下的研究、海洋文化与文史研究等六个方面，对这部小说的研究成果进行述评。

关键词：郑和下西洋；《三宝太监西洋记通俗演义》；明代小说

明永乐三年（1405）至宣德八年（1433），郑和七次奉旨出使西洋，"所历凡三十余国，所取无名宝物不可胜计，而中国耗费亦不赀。

---

[*] 笔者此文原载〔加拿大〕陈忠平主编《走向多元文化的全球史：郑和下西洋（1405—1433）及中国与印度洋世界的关系》，生活·读书·新知三联书店，2017，第330～355页。此处略有修改、补充。

……故俗传'三宝太监下西洋'为明初盛事云"。① "郑和下西洋"是中国和世界航海史上的重要事件，它拓宽了中国与印度洋诸国之间政治、经济和文化交流的大门，也丰富了中国海洋文化的内涵。海洋文化对中国古代小说有着各种渗透和深刻影响，海洋神话传奇、远洋探险交通和民间海神信仰等都在小说中有所反映。郑和出使西洋一百六十余年后，明代出现了一部以"下西洋"为主题的长篇小说：

> 书叙永乐中太监郑和、王景宏服外夷三十九国，咸使朝贡事。……其第一至七回为碧峰长老下生，出家及降魔之事；第八至十四回为碧峰与张天师斗法之事；第十五回以下则郑和挂印，招兵西征，天师及碧峰助之，斩除妖孽，诸国入贡，郑和建祠之事也。②

该小说现存最早版本为万历二十五年（1597）刊本，题《新刻全像三宝太监西洋记通俗演义》（下文简称《西洋记》），二十卷一百回。作者罗懋登。"20世纪80年代以来，随着郑和研究热潮的掀起，以郑和下西洋为题材的小说《西洋记》也愈来愈受到重视。"③ 因此，本文将回顾文学与史学等领域的相关研究，对这部小说的研究成果进行述评。

一 小说类型及其文史内涵

近代学者于19世纪已关注《西洋记》在文学史方面的意义，历史学家也逐渐注意到这部小说对于郑和研究的价值，并在20世纪80年代开始将这一研究推向高潮。

---

① （清）张廷玉等：《明史》卷三〇四《宦官一·郑和传》，中华书局，1974，第7768页。
② 鲁迅：《中国小说史略》，上海古籍出版社，1998，第119~120页。
③ 朱鉴秋：《〈西洋记〉研究综述》，载时平主编《中国航海文化论坛》第一辑，海洋出版社，2011，第234页。

清末俞樾较早关注这部小说并为称赞道:"其书视太公封神、玄奘取经尤为荒诞,而笔意恣肆,则似过之……读其序云'今者东事倥偬,何如西戎,即叙当事者,尚兴抚髀之思乎?'然则此书之作,盖以嘉靖以后,倭患方殷,故作此书,寓思古伤今之意,抒忧时感事之忱。三复其文,可为长太息矣。"①

俞樾所论包含两层含义:其一,该书内容玄幻,与《封神演义》《西游记》等神魔小说类似,且其文笔纵肆,似尤胜之;其二,小说是作者感伤时事之作,内涵深刻,易引发读者共鸣。对于第一层含义,鲁迅指出这部小说的艺术水平距《西游记》《封神演义》远甚:"所述战事,杂窃《西游记》《封神传》,而文词不工,更增枝蔓。"② 阅读文本可知,此为确论。而第二层含义,俞樾关于小说作者因时事触发而在书中有所寄托的观点,则为鲁迅、赵景深等学者一致认同。③ 例如鲁迅曾指出作者的创作动机是"嘉靖以后,东南方面,倭患猖獗,民间伤今之弱,于是便感昔之盛,做了这一部书"。④

鲁迅在《中国小说史略》中将《西洋记》与《西游记》《封神演义》同列于"明之神魔小说",并于《中国小说的历史的变迁》中重述:"在这书中,虽然所说的是国与国之战,但中国近于神,而外夷却居于魔的地位,所以仍然是神魔小说之流。"⑤ 之后学术界多依从这一观点,称其为"神魔小说"。

由于《西洋记》内容驳杂,且在情节布局、语言水平等方面比较

---

① (清)俞樾:《春在堂随笔》卷七,江苏古籍出版社,2000,第100~101页。
② 鲁迅:《中国小说史略》,上海古籍出版社,1998,第120页。
③ 见鲁迅《中国小说的历史的变迁》,载《鲁迅著作全编》第三卷,中国社会科学出版社,1999,第1044~1047页;赵景深《三宝太监西洋记》,载陆树仑、竺少华校注《三宝太监西洋记通俗演义》附录三,上海古籍出版社,1985,第1298~1328页。
④ 鲁迅:《中国小说的历史的变迁》,载《鲁迅著作全编》第三卷,中国社会科学出版社,1999,第1045页。
⑤ 鲁迅:《中国小说的历史的变迁》,载《鲁迅著作全编》第三卷,中国社会科学出版社,1999,第1045页。

平庸，鲁迅、赵景深、郑振铎等都曾对这部小说的艺术技巧有所批评，因而它在文学史上被看作二三流小说。就艺术价值而言，直到近年的研究仍认为其"即便在神魔小说的领域里，也远不如《三遂平妖传》与《封神演义》那样引人注目，更不用说《西游记》了"。①

向达对《西洋记》文学价值的判断同鲁迅等人的观点基本一致，认为它的艺术水平远不及《西游记》。但他又是最先发现这部小说具有郑和研究的价值的史学家之一。早在1929年向达就发表专论，提及中国士大夫鄙薄小说的传统，并指出《西洋记》之存世对于郑和下西洋研究的意义。向达强调，这部小说在创作中依据了明代的《瀛涯胜览》等原始资料，因而可用其校正今本相关史料之失。②

向达的专文发表后，只有少数学者如包遵彭曾在20世纪中期对《西洋记》的历史价值做过断断续续的有限研究。20世纪80年代以来，在郑和研究的热潮之中，庄为玑等史学家才开始对该小说给予更多重视。③ 德国汉学家普塔克与中国学者时平联合编了论文集《〈三宝太监西洋记通俗演义〉之研究》（第一辑、第二辑）。④ 史学界对《西洋记》的重新关注与重视，不仅带动了文学研究领域对这一小说更为集中和深入的探讨，而且促使有关研究逐渐反思其"神魔小说"的内涵及其文史价值。

不同于其他神魔小说，《西洋记》以不太久远的明初历史事件为创作主题，其神魔化比较困难。作者为何将历史神魔化，以及如何处

---

① 李平：《平凡中见光彩——重读〈三宝太监西洋记通俗演义〉》，《上海大学学报》（社会科学版）1985年第2期。
② 向达：《关于三宝太监下西洋的几种资料》之三《论罗懋登著〈三宝太监西洋记通俗演义〉》，载陆树仑、竺少华校注《三宝太监西洋记通俗演义》附录二，上海古籍出版社，1985，第1292~1296页。
③ 见朱鉴秋主编《百年郑和研究资料索引：1904—2003》，上海书店出版社，2005，第196页。
④ 时平、〔德〕普塔克编《〈三宝太监西洋记通俗演义〉之研究》第一辑，Wiesbaden：Harrassowitz Verlag，2011。时平、〔德〕普塔克编《〈三宝太监西洋记通俗演义〉之研究》第二辑，Wiesbaden：Harrassowitz Verlag，2013。

理现实和虚幻之间的关系成为研究者所关注的焦点之一。李平于 20 世纪 80 年代发表的关于《西洋记》的文学研究论文与史学家的有关研究相呼应,论文指出小说中的主要人物及部分事件可与历史文献相互印证,就其尊重现实程度而言远胜一般神魔小说。[①] 黄慧珍发表的两篇系列论文,探讨了《西洋记》与明代宗教及文化历史之间的关系,指出该小说是在当时儒、释、道"三教合一"的宗教文化历史背景的影响下,借助幻想传奇创作出的神魔小说。[②] 刘红林也在其两篇论文中特别关注了《西洋记》处理现实和神魔的关系问题。他认为,在罗懋登所处的明末衰世,将历史神魔化"是一种解释,也是一种安慰"。其神魔化的手法与小说作者在明朝国势日衰、外患频仍的情况下的"天朝心态"及其所掌握史料的不足也有关系。与《三国演义》《封神演义》《西游记》相较,《西洋记》是"一部跨历史和神话两个类别的小说",因而应名之为"神魔化的历史演义"。[③] 可以看出,自鲁迅将其列为"神魔小说"之后,近年来的文、史学界对《西洋记》的文学意义与历史内涵给予了更多重视。

二 小说材料和史料价值

《西洋记》虽以郑和下西洋这一史实敷衍而成,但小说成书时距郑和时期已有一百六十余年,关于此事可查的资料并不丰富。而《西洋记》洋洋洒洒一百回,它的材料内容和来源值得探究,对于目前资

[①] 李平:《平凡中见光彩——重读〈三宝太监西洋记通俗演义〉》,《上海大学学报》(社会科学版)1985 年第 2 期。

[②] 黄慧珍:《明代宗教文化与〈三宝太监西洋记通俗演义〉神魔化关系初探》,载时平、〔德〕普塔克编《〈三宝太监西洋记通俗演义〉之研究》第一辑,Wiesbaden: Harrassowitz Verlag, 2011, 第 105~118 页。黄慧珍:《明代宗教文化与〈西洋记〉神魔化关系再揆》,载时平、〔德〕普塔克编《〈三宝太监西洋记通俗演义〉之研究》第二辑,Wiesbaden: Harrassowitz Verlag, 2013, 第 91~106 页。

[③] 刘红林:《〈三宝太监西洋记通俗演义〉神魔化浅谈》,《明清小说研究》2005 年第 3 期,第 209~213 页。刘红林:《神魔化的历史演义》,《明清小说研究》2007 年第 3 期。

料严重匮乏的郑和下西洋研究而言，其史料价值更需引起重视。

民国时期对《西洋记》小说材料来源进行关注的先驱性成果是向达和赵景深的相关论文。

向达将《西洋记》小说与郑和下西洋参与者马欢所作的《瀛涯胜览》进行比较，认为"《西洋记》一书大半根据《瀛涯胜览》演述而成"，因而具有一定史料价值，甚至小说中相关内容"可用来校正今本《瀛涯》之失"。向达也谈到《西洋记》的情节和滑稽描述对《西游记》的承袭。① 陈晓的论文引申这一说法，指出《西游记》对《西洋记》的创作具有深远影响，"在小说语言文本上，表现为两者故事源起架构、小说文本结构、人物塑造、故事情节和叙事方式上的互文"。② 关于小说的材料来源，赵景深的相关研究在向达结论的基础上提出新的观点。他强调，《西洋记》所据资料除《瀛涯胜览》外，还有另一位郑和随员费信所著的《星槎胜览》。为证明这一观点，他不惮其烦地选取近三十处小说中的段落与两书比勘。针对《西洋记》对《西游记》情节的承袭，赵景深虽举出更多例证，补充了向达之论，但强调其"引用《西游记》之处虽是不少，提到《三国演义》之处却更多"。他的论文也指出《西洋记》中的材料还包括"里巷传说"，并梳理其源流。③ 在另一篇文章中，赵景深将《西洋记》与明代学者黄省曾所著《西洋朝贡典录》两相对照，得出小说未曾引用此书的结论。④ 此外，冯汉镛曾发表论文援引向达的观点，并指出《西洋记》的材料来源有

---

① 向达：《论罗懋登著〈三宝太监西洋记通俗演义〉》，载陆树仑、竺少华校注《三宝太监西洋记通俗演义》附录二，上海古籍出版社，1985，第1294~1297页。
② 陈晓：《世德堂本〈西游记〉与〈西洋记〉"语——图"互文研究》，《明清小说研究》2013年第3期。
③ 赵景深：《三宝太监西洋记》，载陆树仑、竺少华校注《三宝太监西洋记通俗演义》附录三，上海古籍出版社，1985，第1299~1324页。
④ 赵景深：《〈西洋记〉和〈西洋朝贡〉》，载陆树仑、竺少华校注《三宝太监西洋记通俗演义》附录四，上海古籍出版社，1985，第1329~1333页。

轶事、传说、杂剧、史料等,其取材"比起当时其他说部,涉猎就要广泛得多"。① 这些研究梳理了《西洋记》与明代史料、神话、民间传说之间的联系,令文学研究专家注意到它在"文词不工"之外的意义。

向达之后的史学家中,郑一钧是对《西洋记》的史料价值给予最多关注的学者之一。1982 年,他在北京图书馆柏林寺分馆点校此书时,从馆藏万历刻本《西洋记》后附录的文献中,发现了《非幻庵香火圣像记》这篇重要的历史文献,由此证明郑和在第七次下西洋归国途中,于宣德八年(1433)逝世于今印度南部的古里,从而解决了相关研究中一个悬而未决的关键问题。② 郑鹤声和郑一钧父子合作编纂的《郑和下西洋资料汇编》(增编本),也于多处收录了《西洋记》中的资料。此外,郑一钧在就郑和下西洋研究发表的相关专著中,还引用了《西洋记》中关于郑和船队的描写,以补充历史资料在这方面之不足。③

特别值得注意的是,大陆学者唐志拔与台湾学者苏阳明曾先后撰文,认为史学界长期激烈争论的关于郑和巨型宝船尺度的记载,很可能是后人在辑录《瀛涯胜览》时所加的,苏阳明并认为这一记载是据《西洋记》的描述加入的。④ 这种观点虽为大部分学者所否定,但迄今尚未受到严格彻底的检验。此外苏阳明进而提出,史学家从马欢《瀛涯胜览》中广泛引用的《纪行诗》也可能来自于《西洋记》,这种推测似乎至今还未引起史学界主流学派的任何注意和反驳。⑤ 无论上述说法是否能够被证实或证伪,它们都表明《西洋记》中的资料已受到

---

① 冯汉镛:《〈西洋记〉发微》,《明清小说研究》1998 年第 1 期。
② 郑一钧:《论郑和下西洋》,海洋出版社,1985,第 335~341 页。
③ 郑一钧:《论郑和下西洋》,海洋出版社,1985,第 92、175、181、214 页。
④ 唐志拔:《关于郑和宝船尺度出自〈瀛涯胜览〉的论点质疑》,《船史研究》1997 年第 11~12 期,载万明《明代中外关系史论稿》,中国社会科学出版社,2011,第 398 页。苏阳明:《历史与小说的错综交织——解开"郑和宝船之谜"》,《船史研究》2002 年第 17 期。
⑤ 苏阳明:《谁是"记行诗"的作者——马欢或罗懋登?》,台湾《暨大学报》2002 年第 1 期。

史学界的高度重视，其价值也远远超过了文学研究范围。

三 小说作者与版本研究

关于《西洋记》作者与版本的研究工作开展得较迟，但其在近来的文、史学界都受到了重视，并取得丰硕成果，其中史学家所做的贡献尤其重大。

清末俞樾谈到《西洋记》的作者为罗懋登，[①] 学界对此并无争议。关于罗懋登的籍贯，清代学者黄文旸以罗懋登在明传奇《香山记》序中署"二南里人"，断定其为陕西人。[②] 这仅是一种猜测，今查陕西地方志，不见有名为"二南里"的地方。1929年，向达在《论罗懋登著〈三宝太监西洋记通俗演义〉》一文中将《西洋记》引入郑和下西洋的历史研究，但他承认并不清楚罗懋登的籍贯与生平，"二南里不知道究竟是什么地方"。从该小说"所用的俗语如'不作兴'、'小娃娃'之类，都是现今南京一带流行的言语"，向达推测小说作者大概是明朝时南京人，或长期流寓于该地。[③] 赵景深就此提出质疑，指出《西洋记》中不仅包含南京一带方言，还出现了太湖系语言"终生"（意为"畜生"）等词语。[④]

值得注意的是，郑闿据《罗氏重修族谱》和《豫章堂罗氏大成宗谱》等文献推断，罗懋登祖籍应为江西南城县南源村，他自署"二南里人"，乃以其故里"二南"为号。[⑤] 此文以作者发现于南源村的罗氏

---

① （清）俞樾：《春在堂随笔》卷七，江苏古籍出版社，2000，第100页。
② （清）黄文旸：《曲海总目提要》卷十八，人民文学出版社，1959，第856页。
③ 向达：《论罗懋登著〈三宝太监西洋记通俗演义〉》，载陆树仑、竺少华校注《三宝太监西洋记通俗演义》附录二，上海古籍出版社，1985，第1293页。
④ 赵景深：《三宝太监西洋记》，载陆树仑、竺少华校注《三宝太监西洋记通俗演义》附录三，上海古籍出版社，1985，第1298页。
⑤ 郑闿：《〈西洋记〉作者罗懋登考略》，载时平、〔德〕普塔克编《〈三宝太监西洋记通俗演义〉之研究》第一辑，Wiesbaden：Harrassowitz Verlag，2011，第18~21页。

相关谱牒资料、方志等为主要依据进行论证，结论比较合理，是有关研究的重要突破。而周运中就此指出，罗懋登在《罗氏宗谱》中没有任何突出事迹可循，因此他的具体行迹仍需进一步查考。周运中对《西洋记》与南京的关系进行阐发，认为这一研究视角是考察罗懋登生平的重要突破口。他引述《西洋记》中对明代南京城卫所、建筑、地理情况等的细致描写，论证罗懋登与当地的密切关系。①

关于《西洋记》的版本，鲁迅在《中国小说史略》中云其"一百回"，题"二南里人编次"，"前有万历丁酉（1597）菊秋之吉罗懋登叙，罗即撰人"。②向达在其文中谈到《西洋记》万历刊本中的插图"颇为古雅，不是俗手所绘"，而清末的三种翻刻本"以申报馆本为最老，次为商务本，又次为中原本"，其中后两种"附有绣像，粗俗不堪"。③鲁迅和向达均未提及清咸丰年间的文德堂刊本。

孙楷第《中国通俗小说书目》著录《西洋记》如下：

三宝太监西洋记通俗演义二十卷一百回

存 明万历间精刊本。大型，插图。

步月楼本别题"映旭斋藏板"，系覆万历本。

咸丰己未（九年）厦门文德堂覆明本。中型。书二十卷，一百二十回。题《三宝开港西洋记》。半叶十三行，行二十六字。写刻。【北京大学图书馆】

申报馆排印本，不精。

---

① 周运中：《罗懋登〈西洋记〉与南京》，载时平、〔德〕普塔克编《〈三宝太监西洋记通俗演义〉之研究》第二辑，Wiesbaden: Harrassowitz Verlag, 2013，第 16~19 页。
② 鲁迅：《中国小说史略》，上海古籍出版社，1998，第 119 页。
③ 向达：《论罗懋登著〈三宝太监西洋记通俗演义〉》，载陆树仑、竺少华校注《三宝太监西洋记通俗演义》附录二，上海古籍出版社，1985，第 1293 页。

商务印书馆排印本。

明罗懋登撰。题"二南里人著","闲闲道人编辑"。①

李春香的研究指出,此处著录有误,只有清咸丰年间文德堂一百二十回本《三宝开港西洋记》才题有"闲闲道人编辑"字样。这个版本与万历年间原刻本及清步月楼覆刻本相差甚远。并且称《明清小说资料选编》、上海古籍出版社1985年版《西洋记》校点本"前言"、《中国通俗小说总目提要》等书的相关著录均有错误:其一,将《三宝开港西洋记》误作《三宝太监西洋记通俗演义》的别名,实际上前者为一百二十回本,后者为一百回本,它们的内容有明显不同;其二,编者署名错误,只有一百二十回本中才署有"闲闲道人编辑";其三,对相关版本之行款题署的著录有误。她将文德堂一百二十回本与万历年间一百回本进行比较,在其文中强调:"《三宝开港西洋记》的编辑者闲闲道人,按照原书的故事框架,调整回目,删减部分内容,使之更适合读者的口味。这个删改本与一百回本,从回次的编排到文字的使用,从内容的繁简到刻工的精劣,均有很大的差异。"② 此文基本厘清了以往权威书目对一百回本和一百二十回本的混淆。

庄为玑也曾撰文对《西洋记》明刻本、清刻本、申报馆的清铅印本、清末民初版本以及民国时代版本进行过研究,他并将《西洋记》肯定为"所有有关郑和的书中资料价值最强的古籍"。③ 日本学者山根幸夫则对日本各图书馆收藏的《西洋记》版本进行考索。④ 邹振环不仅梳理了《西洋记》现存各版本,而且指出这部小说在明末清初和清

---

① 孙楷第编著《中国通俗小说书目》,人民文学出版社,1982,第67页。
② 李春香:《〈西洋记〉版本的文化学研究》,《明清小说研究》1998年第4期。
③ 庄为玑:《论明版〈三宝太监西洋记通俗演义〉》,《海交史研究》1985年第1期。
④ 〔日〕山根幸夫:《对日本现存〈三宝太监西洋记〉版本的考证》,张乃丽译,《郑和研究》1996年第2期。

代末期的两次刊刻高潮都与当时的海事危机有关:"《西洋记》的两次重刊,在海防危机中重构了民众的'郑和记忆',为我们提供了丰富的历史认识,正是该小说历史价值之所在。"① 上述成果实际上突破了对《西洋记》版本的研究,更多地揭示出该书不同版本的史料价值和历史背景。

四　小说人物虚实的研究

由于题材的选择,《西洋记》里的人物不可避免地与历史有着各种联系。因此,该小说中的人物塑造和历史原型引起了文学家和史学家的共同兴趣。

俞樾、向达等学者曾谈到,《西洋记》的主要人物除郑和之外,金碧峰在史上也实有其人。实际上,《西洋记》中的不少人物在前人文献中都有迹可循,李平指出:"作为统帅和使臣的郑和与王尚书,均见于《明史》。"他并认同俞樾、向达之论,据《客座新闻》与《图书集成》中的相关资料强调"国师金碧峰与徒弟非幻"都是现实中的人物。另外,小说人物张三丰、马欢也实有其人。②

冯汉镛在引用向达对金碧峰"真有其人"的推测时,还特别注意到小说对金碧峰面貌的描写,他在小说中的"国师"称号和明初"帝师"名号相符,他在小说中"水西洋"的活动与明初帝师从"旱西洋"到来对应等,从而认为金碧峰"系指永乐派人到西藏迎来'佛子'哈立麻的替身"。③

廖可斌在论述《西洋记》的主角问题时指出:该书"虽以郑和命

---

① 邹振环:《〈西洋记〉的刊刻与明清海防危机中的"郑和记忆"》,《安徽大学学报》(哲学社会科学版) 2011 年第 3 期。
② 李平:《平凡中见光彩——重读〈三宝太监西洋记通俗演义〉》,《上海大学学报》(社会科学版) 1985 年第 2 期。
③ 冯汉镛:《〈西洋记〉发微》,《明清小说研究》1998 年第 1 期。

名,但实际上最重要的人物是金碧峰,他相当于《西游记》中的孙悟空,而郑和则近似于唐僧"。他并依据明代宋濂《寂照圆明大禅师碧峰金公设利塔牌》所载金碧峰生平及其他相关史料,对小说中金碧峰及其徒弟非幻的人物原型进行了考证,资料丰富,论证严谨。另外,他还认为"《西洋记》乃是现存中国古典长篇小说中确实可信的最早主要由作家个人创作的作品之一"。①

刘红林同样强调,"小说主人公并非郑和,而是佛界长老金碧峰"。刘认为,罗懋登在选取主人公时舍弃真实的郑和而另行塑造金碧峰,并将其"塑造成集忠诚、仁爱、慈悲、智慧、无坚不摧为一身的正面形象",是因为他一方面从维护封建正统的角度去渲染永乐时代的强大,另一方面又对社会现实不满,对太监不满,因而不愿去塑造太监的高大形象。②从这种人物的虚构回到历史现实,时觉非据《金陵梵刹志》等史籍进行分析,认为历史上的金碧峰并未随郑和出使西洋,故"因其辅佐郑和七下西洋功绩卓著而为之建寺之说,应属无稽之谈"。③

在研究《西洋记》中人物的塑造及其与现实之间的联系时,郑和这一角色当然也比较引人注目。周茹燕曾对小说文本进行仔细解读,从军事、外交、宗教等层面分析了小说中的郑和这一文学形象。④她还运用类似的研究方法,对小说中王尚书的形象进行了解读。⑤

就目前成果来看,学界对《西洋记》人物虚实的研究多集中于金碧峰(碧峰长老)这一角色,对其关注度远超其他重要人物如郑和等。因而,从历史的角度审视《西洋记》,该小说的主角设定,以及

---

① 廖可斌:《〈三宝太监西洋记通俗演义〉主人公金碧峰本事考》,《文献》1996 年第 1 期。
② 刘红林:《〈三宝太监西洋记通俗演义〉主角谈》,《明清小说研究》2006 年第 3 期。
③ 时觉非:《〈三宝太监西洋记通俗演义〉人物辨析》,《郑和研究》1993 第 4 期。
④ 周茹燕:《〈西洋记〉中的郑和形象》,载时平、〔德〕普塔克编《〈三宝太监西洋记通俗演义〉之研究》第一辑,Wiesbaden: Harrassowitz Verlag, 2011, 第 71~92 页。
⑤ 周茹燕:《〈西洋记〉中的王景弘形象》,载时平、〔德〕普塔克编《〈三宝太监西洋记通俗演义〉之研究》第二辑,Wiesbaden: Harrassowitz Verlag, 2013, 第 73~90 页。

小说与历史人物之间的关系问题还值得更深入探讨。

五 语言学视角下的研究

如上所述，较早关注《西洋记》语言的学者是向达和赵景深，但学界21世纪以来才真正从语言学角度对《西洋记》的词语开展细致的研究工作，为关于郑和下西洋的海洋文化和历史研究提供了新视角。

集中于《西洋记》中的词语研究，王艳芳、王开生、王飞华等先后发表了论文，这些论文分别关注小说中"么、来、着、个、则个、些"等语气词在汉语中的来源与发展，并分析它们在该小说里的具体用法和含义。[1] 王祖霞、罗国强与程志兵等学者则诠释了《西洋记》中一些意义难明或易生误解的俗语和方言（例如江淮方言），并补正了有关辞书中的遗漏与误释之处。[2]

从《西洋记》中的词语运用转向句法和语法探讨，赵秀文发表了关于"被"字句的研究论文，对小说中的"被"字句进行了句法分类与分析，得出如下结论：《西洋记》中"被"字句的使用范围较窄，在小说中只表示"不幸"或"不愉快"的感情色彩；应用数量较多，是小说中有形式标志的五类被动句中使用频次最多的一种句式；使用形式多样化。在另外两篇论文中，她则从语法研究的"语义"和"语用"层面来探讨了《西洋记》中"被"字句的相关特征。[3]

---

[1] 王艳芳、王开生：《〈三宝太监西洋记通俗演义〉中的语气词"么"》，《青岛科技大学学报》（社会科学版）2003年第1期。王飞华：《〈三宝太监西洋记通俗演义〉中的语气词"来"》，《广西民族大学学报》（哲学社会科学版）2006年第A2期。王飞华：《〈西洋记〉中语的语气词"着、个、则个、些"》，《宁波教育学院学报》2007年第4期。

[2] 王祖霞：《〈西洋记〉词语拾零》，《淮北煤炭师范学院学报》（哲学社会科学版）2004年第4期。罗国强：《〈西洋记〉词语拾零》，《河池学院学报》2012年第6期。程志兵：《〈西洋记〉词语考释》，《合肥师范学院学报》2011年第4期。

[3] 赵秀文：《〈西洋记〉"被"字句研究》，《湖北第二师范学院学报》2008年第5期。赵秀文：《〈西洋记〉"被"字句的语义分析》，《湖北第二师范学院学报》2009年第4期。赵秀文：《〈西洋记〉"被"字句的语用分析》，《湖北第二师范学院学报》2011年第10期。

《西洋记》的语言学研究也显示了这一学科与史学的交叉，例如翟占国对《西洋记》中的海洋类词汇进行梳理，指出该小说对于深入认识古代海洋知识具有较高价值。他针对小说中使用的海洋类词汇，如表示船只的"宝船"、表示海洋地点的"海沿"、表示海洋工作人员的"舵工"等，进行了仔细统计与释义。[1]

以上成果表明，《西洋记》不仅对于近代汉语研究，包括词汇与语法分析等方面具有一定的应用价值，而且可以丰富以郑和下西洋为中心的海洋文化研究。

六 海洋文化与文史研究

中国海洋文化内涵丰富，包括海上神话、远洋交通、民间海神信仰等，与古代小说的创作与流传有着各种联系。《西洋记》以"郑和下西洋"为主要历史背景，是中国海洋文化的典型表现，值得文学、史学和其他多个领域的学者进行关注。

从海洋文化角度出发，唐琰将《西洋记》与清代小说《镜花缘》的海洋观念进行比较，着重探讨了两部小说"对外部世界的探求"和"对待海外贸易及华侨的态度"，指出"二者都把目光投向广阔的海外"。而《西洋记》更集中体现了作者"认同海外探险、渴望了解异域和异物的思想"。[2] 廖凯军联系小说所处的历史文化语境，分析了其中对海外异国的描写及其反映出的诸如明代作为"圣人之邦"的优越感等文化情结。[3] 陈美霞发现《西洋记》具有明显的海洋情结，表现于其"叙事目的的寄寓性"。作者认为该小说对水战的描写是明代抗

---

[1] 翟占国：《明清小说中的海洋类词汇研究——以〈三宝太监西洋记〉为例》，《现代语文》（语言研究版）2012年第5期。

[2] 唐琰：《海洋迷思——〈三宝太监西洋记通俗演义〉与〈镜花缘〉海洋观念的比较研究》，《明清小说研究》2006年第1期。

[3] 廖凯军：《〈三宝太监西洋记〉中的异域现象》，《安徽文学》2008年第12期。

击海上倭寇的一个缩影:"在郑和航海下西洋这一海洋大事的影响下,抒写明人心中的海洋情结在明代主流文化面前愈显珍贵。"①

由于《西洋记》艺术性地再现郑和下西洋的壮举,并书写了这一历史事件所代表的海洋文化,因而受到文学、史学、语言学等多种学科研究者的关注。除上述已刊发的论文和著作外,还有数篇博士、硕士学位论文也从不同角度对《西洋记》做出了各方面探讨。②

郑和下西洋所代表的海洋文化,不仅影响了明代小说《西洋记》的产生与传播,也催生了其他相关文艺作品,如明代杂剧《奉天命三保下西洋》等。③ 从海洋文化角度研究郑和下西洋与《西洋记》及其他文艺作品之间关系的工作,已得到越来越多的重视。④ 张祝平指出:"郑和下西洋……对中外交往产生了深远的影响,对明代海洋文学产生了重要的影响,而且对后代的海洋文学的发展也产生了重要的影响,清代彭鹤龄著有《三保太监下西洋》的小说、李汝珍的《镜花缘》、观书人的《海游记》、吕熊的《女仙外史》等都受其影响。"⑤

---

① 陈美霞:《论明代神魔小说中海洋情结的叙事特征》,《内江师范学院学报》2010年第3期。
② 据笔者检索,以《西洋记》为研究对象的学位论文,主要有博士学位论文1篇:张火庆:《三宝太监下西洋记研究》,台湾东吴大学中国文学研究所,1992。硕士学位论文11篇:王飞华:《〈三宝太监西洋记通俗演义〉中的语气词研究》,四川师范大学,2002;欧阳文:《〈西洋记〉的形式研究》,江西师范大学,2005;蒋丽娟:《〈三宝太监西洋记通俗演义〉研究》,苏州大学,2008;英娜:《〈西洋记〉的文学书写与文化意蕴》,陕西理工学院,2008;刘香玉:《〈西洋记〉研究》,首都师范大学,2009;张丽:《〈三宝太监西洋记通俗演义〉程度副词研究》,四川师范大学,2009;毛睿:《"郑和下西洋"俗文学综合研究》,南京师范大学,2010;邓珊:《〈三宝太监西洋记通俗演义〉称谓词研究》,浙江财经大学,2014;邹丹:《〈三宝太监西洋记通俗演义〉话题结构研究》,湖北大学,2017;史晓丽:《〈西洋记〉研究》,山东师范大学,2017;周利:《〈西洋记〉异文研究》,安徽大学,2017。
③ 万明:《明内府杂剧〈奉天命三保下西洋〉探析》,载万明《明代中外关系史论稿》,中国社会科学出版社,2011,第399~417页。
④ 例如,张祝平:《郑和下西洋与明代海洋文学》,《南通大学学报》(社会科学版)2008年第3期;赵君尧:《郑和下西洋与明代海洋文学刍论》,《职大学报》2008年第3期等。
⑤ 张祝平:《郑和下西洋与明代海洋文学》,《南通大学学报》(社会科学版)2008年第3期。

自鲁迅于1923年在《中国小说史略》中提出"神魔小说"概念至今，学术界对此类小说的研究已近百年。但作为神魔小说代表作，《西游记》几乎吸引了研究者的全部目光，其他作品包括《西洋记》则被无意中冷落。据冯汝常《明清神魔小说研究八十年》统计，1978年至1997年，研究《西游记》的论文有420篇，研究《西洋记》的论文仅有2篇。① 此统计依据的是中国人民大学中文系光盘所收论文，可能对相关会议论文、辑刊中的论文等有所遗漏。但不难看出，从民国时期鲁迅、向达、赵景深等学者探讨《西洋记》起，此部具有一定研究价值的小说长期以来并未得到相应重视。

这一结果的形成，除受《西洋记》本身艺术水平所限，也与中国海洋文化被长期忽略有很大关系。直至20世纪80年代，中外交流日益密切，中国逐渐重视对海洋文化的研究。特别从20世纪90年代中期开始，学界陆续出版了一系列著作，对中国海洋文化进行了经济、政治、军事、艺术等方面的研究。② 同时，中国与世界各地的郑和研究也蓬勃开展，中外学者对郑和下西洋的探讨持续升温。在此背景下，《西洋记》作为与历史事件郑和下西洋密切相关的小说，受到前所未有的关注。因此，本文所述《西洋记》研究成果，新中国成立以来集中于20世纪90年代中期之后。由此可见，就某种意义而言，《西洋记》的价值实际上已超越了它作为文学作品的价值，或者说它的价值从来都不仅仅在于其艺术技巧层面。

---

① 冯汝常：《明清神魔小说研究十八年》，《闽江学院学报》2004年第1期。
② 例如，宋正海：《东方蓝色文化》，广东教育出版社，1995；曲金良主编《中国海洋文化研究》（系列辑刊），文化艺术出版社、海洋出版社，1999、2000、2002、2005、2008；李明春：《海洋龙脉》，海洋出版社，2007；曲金良主编《中国海洋文化史长编》，中国海洋大学出版社，2012；等等。

参考文献

一 古籍文献

吴则虞:《晏子春秋集释》,中华书局,1982。

杨伯峻译注《论语译注》,中华书局,2009。

(清)郭庆藩辑《庄子集释》,中华书局,1961。

(清)王先谦:《荀子集解》,中华书局,2013。

杨伯峻:《列子集释》,中华书局,2012。

(汉)司马迁:《史记》,中华书局,1959。

(汉)袁康、吴平辑,李步嘉校释《越绝书校释》,武汉大学出版社,1992。

(汉)高诱注《淮南子注》,上海书店,1986。

(汉)刘熙:《释名》,上海古籍出版社,2002。

(汉)杨孚,(清)曾钊辑《异物志》,中华书局,1985。

(魏)王粲,俞绍初校点《王粲集》,中华书局,1980。

(后秦)鸠摩罗什译《佛教十三经·观世音菩萨普门品》,中华书局,2010。

(南朝梁)刘勰,陆侃如、牟世金译注《文心雕龙译注》,齐鲁书社,1995。

(南朝梁)萧统编《昭明文选》,中国戏剧出版社,2002。

（南朝梁）萧子显：《南齐书》，中华书局，1996。

（唐）欧阳询撰《艺文类聚》，上海古籍出版社，1965。

（唐）杜佑，王文锦等点校《通典》，中华书局，1988。

（唐）张九龄撰，刘斯翰校注《曲江集》，广东人民出版社，1986。

（唐）释玄应、释慧琳编撰，徐时仪校注《一切经音义（三种校本合刊）》，上海古籍出版社，2008。

（唐）杜光庭：《洞天福地岳渎名山记》，《四库全书存目丛书》子部第258册，齐鲁书社，1995。

（宋）周去非撰，杨武泉校注《岭外代答校注》，上海古籍出版社，1999。

（宋）李焘撰，（清）黄以周等拾补《续资治通鉴长编（附拾补）》，上海古籍出版社，1986。

（宋）李俊甫：《莆阳比事》，江苏古籍出版社，1988年影印版。

（宋）王溥编撰《唐会要》，上海古籍出版社，2006。

《宋元方志丛刊》影印版，中华书局，1990。

（元）脱脱等：《宋史》，中华书局，1977。

（元）马端临编撰《文献通考》，《四库全书存目丛书》子部第235册，齐鲁书社，1995。

（元）陈澔注，金晓东校点《礼记》，上海古籍出版社，2016。

（明）刘基撰，林家骊点校《刘基集》，浙江古籍出版社，1999。

（明）何乔远纂《闽书》，福建人民出版社，1994。

（明）陈侃：《使琉球录》，"丛书集成初编"本，中华书局，1985。

（明）马欢、冯承钧校注《瀛涯胜览校注》，中华书局，1955。

（明）郑若曾：《郑开阳杂著》，文渊阁《四库全书》本。

（明）巩珍：《西洋番国志》，中华书局，2000。

（明）张燮：《东西洋考》，中华书局，2000。

（明）何乔远辑撰《明山藏》，江苏广陵古籍刻印社，1993。

（明）王彝：《王常宗集》，台湾商务印书馆，1972。

（明）李时珍：《本草纲目》，山西科学技术出版社，2014。

（明）王世贞：《弇州四部稿》（外六种），上海古籍出版社，1993。

（明）陈子龙选辑《明经世文编》，中华书局，1962。

《明实录》，台北"中研院"历史语言研究所校印，1962。

（清）张廷玉等：《明史》，中华书局，1974。

（清）顾炎武编撰《天下郡国利病书》，上海涵芬楼1935年景印昆山图书馆本。

（清）屈大均：《广东新语》，中华书局，1985。

（清）谷应泰：《明史纪事本末》，中华书局，2015。

（清）郁永河：《伪郑逸事》，见《台湾府志》，中华书局，1985。

（清）蘅塘退士选编《唐诗三百首》（名家集评本），中华书局，2005。

（清）朱景英：《海东札记》，台湾成文出版社，1983。

（清）徐葆光：《中山传信录》，《台湾文献丛刊》第九辑，台湾大通书局，1987年印行。

（清）崔弼辑，闫晓青校注《波罗外纪》，广东人民出版社，2017。

（清）蒋廷锡等修撰《大清一统志》，《续修四库全书》本，上海古籍出版社，2002。

（清）永瑢等编撰《四库全书总目》，中华书局，1965。

（清）程夔初集注，程朱昌、程育全编《战国策集注》，上海古籍出版社，2013。

（清）李祖陶：《迈堂文略》，《续修四库全书》本，上海古籍出版社，2002。

（清）昆岗等修，刘启端等纂《钦定大清会典事例》，《续修四库全书》本，上海古籍出版社，2002。

（清）梁廷枏撰，袁钟仁点校《粤海关志》，广东人民出版社，2014。

《清实录》，中华书局，1986。

二　古代小说作品

（汉）东方朔撰，（晋）张华注，王根林校点《神异经》，上海古籍出版社，2012。

（汉）东方朔撰，王根林校点《海内十洲记》，上海古籍出版社，2012。

（汉）刘向撰，滕修展等注译《列仙传》，百花文艺出版社，1996。

（魏）曹丕撰，郑学弢校注《列异传等五种》，文化艺术出版社，1988。

（晋）张华撰，（宋）周日用等注，王根林校点《博物志》（外七种），上海古籍出版社，2012。

（晋）葛洪：《抱朴子》，上海书店，1986。

（晋）干宝撰，胡怀琛标点《搜神记》，商务印书馆，1957。

（前秦）王嘉撰，（南朝梁）萧绮录，王根林校点《拾遗记》（外三种），上海古籍出版社，2012。

（南朝梁）任昉：《述异记》，"丛书集成初编"本，中华书局，1991。

《汉魏六朝笔记小说大观》，上海古籍出版社，1999。

（唐）段成式撰，曹中孚校点《酉阳杂俎》，上海古籍出版社，2012。

（唐）牛肃撰，李剑国辑校《纪闻辑校》，中华书局，2018。

（唐）刘恂：《岭表录异》，中华书局，1985。

（五代）孙光宪撰，林艾园校点《北梦琐言》，上海古籍出版社，2012。

《唐五代笔记小说大观》，上海古籍出版社，2000。

李剑国辑较《唐五代传奇集》，中华书局，2015。

（宋）李昉等编《太平广记》，中华书局，1961。

（宋）郭彖撰，李梦生校点《睽车志》，上海古籍出版社，2012。

（宋）刘斧：《青琐高议》，古典文学出版社，1958。

（宋）朱彧撰，李伟国校点《萍洲可谈》，上海古籍出版社，2012。

（宋）洪迈：《夷坚志》，中华书局，2006。

（宋）吴自牧撰，（清）张海鹏订《梦粱录》，清嘉庆十年（1805）虞山张氏照旷阁刻本。

（元）姚寿桐：《乐郊私语》，台北艺文印书馆，1965年景明万历《宝颜堂秘籍》本。

（元）周致中纂集《异域志》，"丛书集成初编"本，商务印书馆，1936。

《宋元笔记小说大观》，上海古籍出版社，2007。

（明）陶宗仪编《说郛三种》，上海古籍出版社，1988。

（明）叶子奇撰，吴东昆校点《草木子》，《明代笔记小说大观》本，上海古籍出版社，2005。

（明）瞿佑撰，周楞伽校注《剪灯新话》，上海古籍出版社，1981。

（明）朱国祯撰，王根林校点《涌幢小品》，《明代笔记小说大观》本，上海古籍出版社，2005。

（明）周清原：《西湖二集》，人民文学出版社，1989。

（明）陆粲：《庚巳编》，中华书局，1987。

（明）沈德符撰，杨万里校点《万历野获编》，《明代笔记小说大观》本，上海古籍出版社，2005。

（明）谢肇淛撰，傅成校点《五杂组》，《明代笔记小说大观》本，上海古籍出版社，2005。

（明）王同轨撰《耳谈类增》，《续修四库全书》本，上海古籍出版社，1995。

（明）陆容撰，李健莉校点《菽园杂记》，《明代笔记小说大观》本，上海古籍出版社，2005。

（明）都穆撰，（明）陆采编次，李剑雄校点《都公谈纂》，《明代笔记小说大观》本，上海古籍出版社，2005。

（明）吴承恩：《西游记》，人民文学出版社，2010。

（明）罗懋登撰，陆树仑、竺少华校注《三宝太监西洋记通俗演义》，上海古籍出版社，1985。

（明）吴还初：《新刊出像天妃济世出身传》，《古本小说集成》本，上海古籍出版社，1991。

（明）许仲琳编《封神演义》，中华书局，2009。

（明）余象斗等：《四游记》，上海古籍出版社，1986。

（明）南州西大午辰走人订撰，朱鼎臣编辑《南海观世音菩萨出身修行传》，《古本小说集成》本，上海古籍出版社，1991。

（明）佚名：《戚南塘剿平倭寇志传》，《古本小说集成》本，上海古籍出版社，1991。

（明）顾起元：《客座赘语》，中华书局，1987。

（明）周元暐：《泾林续记》，中华书局，1985。

（明）冯梦龙编撰，朱子南等标点《情史》，岳麓书社，1986。

（明）黄衷：《海语》，"丛书集成初编"本，中华书局，1991。

（明）冯梦龙编纂《古今谭概》，文学古籍刊行社，1955。

（明）冯梦龙编撰，许政扬校注《喻世明言》，人民文学出版社，1958。

（明）冯梦龙编撰，严敦易校注《警世通言》，人民文学出版社，1956。

（明）凌濛初撰，陈迩东、郭隽杰校注《拍案惊奇》，人民文学出版社，1991。

（明）陆人龙：《型世言》，中华书局，1983。

（明）周清原：《西湖二集》，人民文学出版社，1989。

《明代笔记小说大观》，上海古籍出版社，2005。

（清）李渔：《连城璧》，华文出版社，2018。

（清）沈起凤撰，伍国庆标点《谐铎》，岳麓书社，1986。

（清）东鲁古狂生：《醉醒石》，上海古籍出版社，1956。

（清）陈忱：《水浒后传》，《古本小说集成》本，上海古籍出版社，1991。

（清）梦庄居士：《双英记》，清十二室刊本。

（清）吕熊：《女仙外史》，《古本小说集成》本，上海古籍出版社，1991。

（清）乐钧著，石继昌校点《耳食录》，时代文艺出版社，1987。

（清）曾衍东撰，盛伟校点《小豆棚》，齐鲁书社2004。

（清）张潮：《虞初新志》，河北人民出版社，1985。

（清）李百川著《绿野仙踪》，北京大学出版社，1986。

（清）孔尚任：《桃花扇》，人民文学出版社，1959。

（清）佚名：《绣球缘》，时代文艺出版社，2003。

（清）蒲松龄撰，张友鹤辑校《聊斋志异》，会校会注会评本，上海古籍出版社，2011。

（清）钮琇：《觚剩》，台湾文海出版社，1982。

（清）袁枚编撰《子不语》，上海古籍出版社，2012。

（清）夏敬渠：《野叟曝言》，人民文学出版社，1997。

（清）李绿园著，李颖点校《歧路灯》，中华书局，2004。

（清）汪寄著，廖东、黎奇校点《希夷梦》，辽沈书社，1992。

（清）庾岭劳人：《蜃楼志》，凤凰出版社，2013。

（清）李汝珍：《绘图镜花缘》，中国书店，1985年据光绪十四年上海点石斋本影印。

（清）俞梦蕉著，孙顺霖校注《蕉轩摭录》，中州古籍出版社，2012。

（清）磊砢山人（屠绅）著，张巨才校点《蟫史》，人民文学出版社，2006。

（清）江日昇：《台湾外记》，福建人民出版社，1983。

（清）褚人获辑撰，李梦生校点《坚瓠集》，上海古籍出版社，2012。

（清）长白浩歌子撰，刘连庚校点《萤窗异草》，齐鲁书社，1985。

（清）陆寿名辑《续太平广记》，北京出版社，1996。

（清）王椷撰，华莹校点《秋灯丛话》，黄河出版社，1990。

（清）董含：《三冈识略》，辽宁教育出版社，2000。

（清）青城子撰，于志斌标点《亦复如是》，重庆出版社，2005。

（清）许奉恩：《里乘》，齐鲁书社，1988。

《清代笔记小说大观》，上海古籍出版社，2007。

（清）钱泳著：《履园丛话》，中华书局，1979。

（清）荆园居士撰，陈久仁、张凤桐校点《挑灯新录》，南海出版公司，1990。

（清）王韬：《遁窟谰言》，河北人民出版社，1991。

（清）王韬：《淞隐漫录》，人民文学出版社，1983。

（清）雪溪八咏楼主述，吴中梦花居士编《绣像蜃楼外史》，光绪二十一年（1895）上海文海书局石印本。

（清）曾朴：《孽海花》，人民文学出版社，2020。

（清）沈惟贤等：《万国演义》，光绪二十九年（1903）杭州上贤斋出版。

（清）慵讷居士：《咫闻录》，重庆出版社，2005。

（清）王韬撰，刘文忠校点《淞滨琐话》，齐鲁书社，1986。

（清）宣鼎：《夜雨秋灯录》，上海古籍出版社，1987。

奚弱翻译：《秘密海岛》，光绪三十一年（1905）上海小说林出版。

（清）朱翊清：《埋忧集》，重庆出版社，1996。

（清）王韬：《淞隐漫录》，人民文学出版社，1983。

（清）陆士谔：《新中国》，载黄霖校注《世博梦幻三部曲》，东方出版中心，2010。

（清）吴沃尧：《新石头记》，载黄霖校注《世博梦幻三部曲》，东方出版中心，2010。

（清）佚名：《台战演义》，载《台湾文献史料丛刊》第七辑，台湾大通书局，2009年印行。

（清）李伯元撰，郭洪波校点《文明小史》，岳麓书社，1998。

（清）李宝嘉：《官场现形记》，人民文学出版社，2020。

（清）黄小配：《廿载繁华梦》，团结出版社，2017。

（清）吴趼人：《二十年目睹之怪现状》，人民文学出版社，2020。

〔日〕大桥乙羽撰《累卵东洋》，忧亚子翻译，爱香社印刷。

〔日〕樱井彦一郎：《航海少年》，《说部丛书》初集第七十五编。

（清）洪兴全：《说倭传》，中国国际广播出版社，2012。

（清）佚名：《苦社会》，菲律宾华裔青年联合会，2002。

梁冬丽、刘晓宁整理《近代岭南报刊短篇小说初集》，凤凰出版社，2019。

三　现当代研究著作

〔德〕黑格尔：《历史哲学》，王造时译，生活·读书·新知三联书店，1956。

〔德〕康德撰《判断力批判》，宗白华译，商务印书馆，1985。

梁启超：《饮冰室文集》，中华书局，2015。

鲁迅：《中国小说史略》，上海古籍出版社，1998。

鲁迅校录《唐宋传奇集》，文学古籍刊行社，1956。

郑振铎：《中国文学研究》，作家出版社，1957。

钱静方：《小说丛考》，古典文学出版社，1957。

蒋瑞藻编纂《小说考证》，商务印书馆，1935。

蒋瑞藻：《小说枝谈》，古典文学出版社，1958。

钱锺书：《管锥编》，中华书局，1979。

阿英：《晚清小说史》，人民文学出版社，1980。

袁行霈、侯忠义编《中国文言小说书目》，北京大学出版社，1981。

〔日〕田中健夫：《倭寇——海上历史》，杨翰球译，武汉大学出版社，1982。

周秉钧：《尚书易解》，岳麓书社，1984。

袁珂编《中国神话传说词典》，上海辞书出版社，1985。

郑一钧：《论郑和下西洋》，海洋出版社，1985。

孙佳迅：《〈镜花缘〉公案辨析》，齐鲁书社，1985。

李剑国辑释《唐前志怪小说辑释》，上海古籍出版社，1986。

宋正海、郭永芳、陈瑞平：《中国古代海洋学史》，海洋出版社，1989。

江苏省社会科学院明清小说研究中心编《中国通俗小说总目提要》，中国文联出版公司，1990。

蒋维锬编校《妈祖文献资料》，福建人民出版社，1990。

江应樑：《江应樑民族研究论文集》，民族出版社，1992。

李剑国：《唐五代志怪传奇叙录》，南开大学出版社，1993。

董文成：《清代文学论稿》，春风文艺出版社，1994。

宋正海：《东方蓝色文化：中国海洋文化传统》，广东教育出版社，1995。

广东炎黄文化研究会编《岭峤春秋——海洋文化论集》，广东人民出版社，1997。

广州海关编志办公室编《广州海关志》，广东人民出版社，1997。

张俊：《清代小说史》，浙江古籍出版社，1997。

林仁川、黄福才：《闽台文化交融史》，福建教育出版社，1997。

欧阳健：《晚清小说史》，浙江古籍出版社，1997。

广东炎黄文化研究会编《岭峤春秋——海洋文化论集》（二），广东人民出版社，1999。

曲金良主编《海洋文化概论》，青岛海洋大学出版社，1999。

曲金良主编《中国海洋文化研究》（系列辑刊），文化艺术出版社，1999；海洋出版社，2000、2002、2005、2008。

陈大康：《明代小说史》，上海文艺出版社，2000。

广东炎黄文化研究会编《岭峤春秋——海洋文化论集》（三），中山大学出版社，2002。

福建省地方志编纂委员会编《福建省志·文物志》，方志出版社，2002。

程国赋：《唐五代小说的文化阐释》，人民文学出版社，2002。

朱一玄、刘毓忱编《水浒传资料汇编》，南开大学出版社，2002。

王清原、牟仁隆、韩锡铎编纂《小说书坊录》，北京图书馆出版社，2002。

黄国华：《妈祖文化》，福建人民出版社，2003。

广东炎黄文化研究会编《岭峤春秋——海洋文化论集》（四），海洋出版社，2003。

占骁勇：《清代志怪小说集研究》，华中科技大学出版社，2003。

李剑国、占骁勇：《镜花缘丛谈》，南开大学出版社，2004。

费振刚、仇仲谦、刘南平校注《全汉赋校注》，广东教育出版社，2005。

朱一玄、宁稼雨、陈桂声编撰《中国古代小说总目提要》，人民文学出版社，2005。

刘世德主编《中国古代小说百科全书》（修订本），中国大百科全书出版社，2006。

王元林：《国家祭祀与海上丝绸之路遗迹——广州南海神庙研究》，中华书局，2006。

朱一玄编《明清小说资料选编》，南开大学出版社，2006。

陈文新：《传统小说与小说传统》，武汉大学，2007。

凤山祖庙理事会编《广东汕尾凤山祖庙志》，中国国际图书出版社，2008。

杨宪益：《去日苦多》，青岛出版社，2009。

金庭竹：《舟山群岛·海岛民俗》，杭州出版社，2009。

徐东日：《朝鲜朝使臣眼中的中国形象》，中华书局，2010。

王昊：《从想象到趋实——中国域外题材小说研究》，人民出版社，2010。

胡士莹：《话本小说概论》，商务印书馆，2011。

程国赋注评《唐宋传奇》，凤凰出版社，2011。

王青：《海洋文化影响下的中国神话与小说》，昆仑出版社，2011。

胡益民：《清代小说史》，合肥工业大学出版社，2012。

孙楷第：《中国通俗小说书目》（外二种），中华书局，2012。

高津孝、陈捷等编《琉球王国汉文文献集成》，复旦大学出版社，2012。

冯承钧：《中国南洋交通史》，上海古籍出版社，2012。

倪浓水：《中国古代海洋小说与文化》，海洋出版社，2012。

陈大康：《中国近代小说编年史》，人民文学出版社，2014。

〔法〕希勒格：《中国史乘中未详诸国考证》，冯承钧译，上海古籍出版社，2014。

袁珂校注《山海经校注》（最终修订版），北京联合出版公司，2014。

《琉球文献史料汇编》明代卷，海洋出版社，2014。

陈伯海主编《唐诗汇评》（增订本），上海古籍出版社，2015。

《中国海洋文化》编委会编《中国海洋文化》丛书，海洋出版社，2016。

韦祖辉：《海外遗民竟不归：明遗民东渡研究》，商务印书馆，2017。

陈大康：《中国近代小说史论》，人民文学出版社，2018。

滕新贤：《沧海钩沉：中国古代海洋文学研究》，生活·读书·新知三联书店2018。

李松岳：《中国古代海洋小说史论稿》，中国社会科学出版社，2019。

四 学位论文

郭杨：《乾隆嘉庆时期涉海小说研究》，湖南师范大学，硕士学位论文，2006。

李宁宁：《明清海洋小说叙事特色研究》，中国海洋大学，硕士学位论文，2010。

范涛：《海洋文化与明代涉海小说的关系研究》，暨南大学，硕士学位论文，2011。

陈敏：《明清小说中的出海叙述及其文化内涵》，浙江师范大学，硕士学位论文，2013。

马方琴：《从〈镜花缘〉透视清代海洋书写》，重庆师范大学，硕士学位论文，2014。

罗丝：《唐五代涉海小说研究》，湖南师范大学，硕士学位论文，2014。

徐玉玲：《宋元涉海小说研究》，湖南师范大学，硕士学位论文，2014。

靖丹：《明清航海小说及其传播价值研究》，沈阳师范大学，硕士学位论文，2014。

庄黄倩：《清代涉海小说研究》，暨南大学，硕士学位论文，2015。

刘晓婷：《明代涉倭小说研究》，暨南大学，硕士学位论文，2015。

邹冰晶：《清代涉倭小说研究》，暨南大学，硕士学位论文，2017。

程雁群：《明代涉海小说研究》，广西师范大学，硕士学位论文，2019。

五 单篇论文

康有为：《闻菽园居士欲为政变说部诗以速之》，《清议报》1900年11月。

梁启超：《中国唯一之文学报〈新小说〉》，《新民丛报》1902年8月18日，第14号。

吴趼人：《月月小说·序》，《月月小说》1906年11月1日，第1号。

李丰楙：《六朝仙境传说与道教之关系》，《中国文学》1980年第8期。

黄启臣：《清代前期海外贸易的发展》，《历史研究》1986年第

4 期。

何满子：《古代小说退潮的别格——"杂家小说"——〈镜花缘〉肤说》，《社会科学战线》1987 年第 1 期。

张锦池：《论〈西游记〉中的观音形象——兼谈作品本旨及其他》，《文学评论》1992 年第 1 期。

詹义康：《"女儿国"释》，《江西师范大学学报》（哲学社会科学版）1993 年第 2 期。

邓聪：《海洋文化起源浅释》，《广西民族学院学报》（哲学社会科学版）1995 年第 4 期。

宁志新：《唐代市舶使设置地区考辨》，《海交史研究》1996 年第 2 期。

曲金良：《发展海洋事业与加强海洋文化研究》，《青岛海洋大学学报》（社会科学版）1997 年第 2 期。

郁龙余：《评〈东方蓝色文化〉》，《广西民族学院学报》（哲学社会科学版）1997 年第 2 期。

徐杰舜：《海洋文化理论构架简论》，《江西社会科学》1997 年第 4 期。

单有方：《〈镜花缘〉引用〈山海经〉神话手法浅析》，《殷都学刊》2002 年第 2 期。

王立：《东亚海中大蛇怪兽传说的主题学审视》，《唐都学刊》2003 年第 1 期。

袁世硕：《〈镜花缘〉与〈山海经〉》，《长江大学学报》（社科版）2004 年第 1 期。

王青：《中国小说中相对性时空观念的建立》，《南京师范大学学报》（社会科学版）2004 年第 3 期。

郭扬：《春秋历历 海国茫茫——不应被冷落的〈希夷梦〉》，《明清小说研究》2005 年第 2 期。

王赛时：《唐朝人的海洋意识与海洋活动》，《唐史论丛》2006 年第 1 期。

王青：《女儿国的史实、传说与文学虚构》，《南京大学学报》（哲学·人文科学·社会科学版）2008 年第 3 期。

石昌渝：《清代小说禁毁述略》，《上海师范大学学报》（哲学社会科学版）2010 年第 1 期。

黄伟宗：《珠江文化与海洋文化》，《岭南文史》2013 年第 2 期。

陈占彪：《论郭汝霖"使琉"及其〈重编使琉球录〉》，《海交史研究》2016 年第 2 期。

赵荦：《国外贝丘遗址研究略论》，《东南文化》2016 年第 4 期。

倪浓水：《古代海洋生物的变形书写及政治与人伦因素附加》，《浙江海洋大学学报》（人文科学版）2018 年第 1 期。

蔡亚平：《论清初涉海小说创作的崇实倾向》，《河南大学学报》（社会科学版）2023 年第 1 期。

蔡亚平：《晚清涉海小说艺术探微》，《文艺理论研究》2023 年第 3 期。

图书在版编目（CIP）数据

海洋文化对明清小说的影响研究 / 蔡亚平著 . -- 北京：社会科学文献出版社，2023.5
ISBN 978 - 7 - 5228 - 1673 - 9

Ⅰ.①海… Ⅱ.①蔡… Ⅲ.①海洋 - 文化 - 影响 - 古典小说 - 小说研究 - 中国 - 明清时代 Ⅳ.①P72 ②I207.41

中国国家版本馆 CIP 数据核字（2023）第 064062 号

海洋文化对明清小说的影响研究

著　　者 / 蔡亚平

出 版 人 / 王利民
责任编辑 / 赵晶华
文稿编辑 / 王　倩
责任印制 / 王京美

出　　版 / 社会科学文献出版社·联合出版中心（010）59367180
　　　　　　地址：北京市北三环中路甲29号院华龙大厦　邮编：100029
　　　　　　网址：www.ssap.com.cn

发　　行 / 社会科学文献出版社（010）59367028

印　　装 / 三河市龙林印务有限公司

规　　格 / 开本：787mm×1092mm　1/16
　　　　　　印 张：19.5　字 数：262 千字

版　　次 / 2023 年 5 月第 1 版　2023 年 5 月第 1 次印刷

书　　号 / ISBN 978 - 7 - 5228 - 1673 - 9

定　　价 / 128.00 元

读者服务电话：4008918866

版权所有 翻印必究